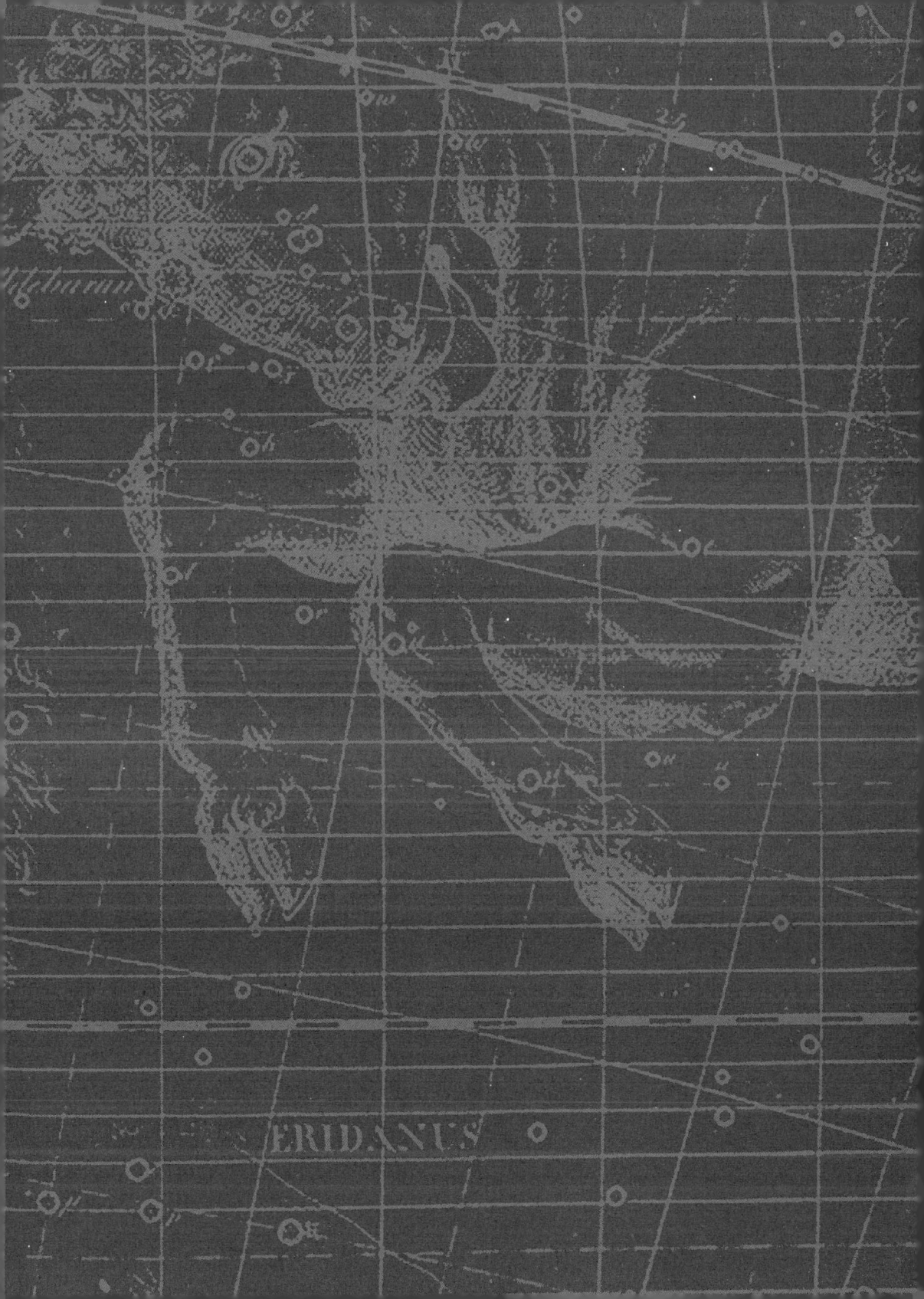

망원경으로 떠나는 4백 년의 여행

**Stargazer: The Life and Times of the Telescope**
Copyright ⓒ 2005 by Fred Watson

No part of this book may be used or reproduced in any manner whatever without written permission except in the case of brief quotations embodied in critical articles or reviews.

Korean Translation Copyright ⓒ 2006 by Human & Book Publishing Co.
Korea edition is published by arrangement with Allen & Unwin
through BOOKCOSMOS, Seoul.

이 책의 한국어판 저작권은 북코스모스를 통한 저작권자와의 독점 계약으로 사람과책에 있습니다.
신저작권법에 의해 한국 내에서 보호를 받는 저작물이므로 무단전재와 복제를 금합니다.

# 망원경으로 떠나는
# 4백 년의 여행

프레드 왓슨 지음 | 장헌영 옮김

사람과책

## 추천의 말

먼저 프레드 왓슨의 《망원경으로 떠나는 4백 년의 여행》이 한국 독자들에게 소개가 되는 것을 매우 기쁘게 생각하고 축하한다. 2009년은 갈릴레오가 망원경을 만든 지 꼭 400주년이 되는 해이다. 이를 기념하려고 2006년 8월, 국제천문연맹 제26차 총회에서 2009년을 '세계 천문의 해'로 결정하고 대대적인 행사를 준비하고 있다. 다시 말하자면 곧 다가올 '천문의 해'에 앞서 적절한 시기에 반드시 읽어야 할 책을 갖게 됐다는 뜻이다.

이 책은 망원경에 관해 지금까지 발전해온 모든 과정을 체계적으로 다루었다. 그러나 왓슨은 갈릴레오의 망원경 발명 이전의 역사를 먼저 소개하고 있다. 이것은 한 세기에 한 명 날까 말까 하는 천재적인 관측자였던 티코 브라헤의 공적이다. 그러나 그는 맨눈으로 밖에는 관측할 수 없었던 시대에 살았던 인물로서 그 한계를 넘지는 못했다. 재미있는 것은 최초의 망원경 발명자는 갈릴레오가 아니라, 그 이전에 이미 여러 사람이 있었다는 사실이다. 이것은 분명 역사적인 기록으로 남아있기에 부인할 수는 없다. 그러나 이들 망원경이 갈릴레오의 업적을 깎아내리는 것이 아니라, 오히려 갈릴레오의 업적을 더욱 빛내 주고 있음을 이야기한다.

이 책은 천문학에 관심을 두고 공부하는 학생과 전문가뿐만 아니라, 이 시대를 사는 모든 사람이 꼭 읽어 두어야 할 책이다. 막연하게 생각하던 그리고 의문투성이이던 우주에 대해서 풍부한 지식과 지혜를 얻을 수 있을 것이다.

나일성 연세대학교 명예교수
국제천문연맹 천문학사위원회 위원장

**우주** 공간, 시간, 물질, 에너지를 포함해서 우리가 현재 알고 있는 모든 것.

**패트릭 무어**(1923~) 패트릭 무어 경은 영국의 유명한 천문학 강연자이다. 일반인들을 위해 천문학에 관련된 책을 수십 권 이상 집필했으며, 특히 BBC 방송국의 〈The Sky at Night〉 프로그램을 50여 년 동안 진행해오고 있다. 2001년에는 이러한 공로를 인정받아 영국 여왕으로부터 기사 작위를 받았다.

망원경에 대해서 얘기하려면 거의 4백 년 전으로 거슬러 올라가야 한다. 망원경에 얽혀 있는 사람들의 면면만 살펴보아도 지금부터 시작하려는 망원경 이야기가 얼마나 흥미로운지 알 수 있다. 갈릴레오가 조그마한 '렌즈를 끼운 통'으로 하늘을 보았던 그날부터 우주*의 아주 먼 곳까지 볼 수 있는 망원경을 갖게 된 오늘날까지, 망원경에 일어난 일들과 변화는 실로 경이로울 정도이다.

이 책을 쓴 프레드 왓슨Fred Watson은 현대 천문학 연구의 핵심적인 부분인 광섬유와 관련해서 아주 중요한 연구를 책임지고 있는 세계적인 천문학자이다. 까다로운 문제를 쉽게 이해할 수 있게 만드는 능력을 가진 프레드 왓슨이야말로 이 책을 쓰기에 딱 알맞은 사람이다. 비전문가를 위한 책을 쓰는 데에 노련할 뿐만 아니라 라디오와 텔레비전에서 타고난 '끼'를 보여주는 사람이기 때문이다. 그와 함께 방송에 많이 나가봐서 안다.

왓슨은 그가 알고 있는, 사실이지만 믿기 어려운 이야기들을 그만의 독특한 방법으로 풀어놓아 초보자나 전문가 모두 즐길 수 있게 했다. 하늘에 대해 별로 관심 없는 독자들도 함께 즐길 수 있을 것이다.

이 책의 서두에 펜을 잡게 되다니 영광스러울 뿐이다.

영국 셀세이Selsey 해안에서
패트릭 무어Patrick Moore*

## Contents

## 망원경으로 떠나는 4백 년의 여행

추천의 말 • 004

프롤로그 • 008

**1** 덴마크의 눈 • 012 • 망원경의 탄생 / 벤 / 유산

**2** 수수께끼 • 031 • 고대 망원경의 속삭임 / 맨눈에 옷 입히기 / 전설과 렌즈

**3** 개화 • 049 • 망원경의 등장 / 소송과 반소 / 공공연한 비밀

**4** 개화기 • 063 • 천재의 손길 / 별세계의 보고 / 티코의 문하생

**5** 진화 • 079 • 망원경이 극단으로 가다 / 별을 보는 관 / 개선 / 공룡

**6** 반사 • 102 • 망원경을 만드는 더 좋은 방법 / 상상 속의 망원경

**7** 거울 상 • 121 • 반사하는 거울이 현실이 되다 / 천재와 기술 / 완성된 이론

**8** 중상 • 140 • 망원경과 변호사 / 성공과 실패 / 참을 수 없는 비통함

**9** 하늘로 가는 길 • 159 • 반사 망원경의 시대가 오다 / 하늘의 음악가 / 최상의 것 / 돌연한 비약

**10** 예의 없는 천문학자 • 184 • 망원경의 뒤섞인 운명 / 똘똘한 아이 / 전면적인 전쟁

**11** 레비아탄 • 203 • 금속거울을 가진 괴물 / 나선형 구조 / 위로와 기쁨

12 마음 아픈 일 • 222 • 남반구 대형 망원경 / 공학적 대작 / 쇠퇴와 재난

13 꿈의 광학 • 236 • 큰 굴절 망원경을 회상하다 / 별빛을 채질하다 / 기록 갱신

14 은과 유리 • 255 • 20세기 망원경 / 성운 모양 / 더 넓은 전망 / 팔로마와 그 후 / 공장 마루에서

15 은하와 함께 걷기 • 279 • 5백 년을 향해 / 우주 망원경

16 강력한 망원경 • 290 • 새천년으로 과감하게 나아가다 / 보이지 않는 것을 보다 / 강력한 망원경 / 병을 약화시키다

에필로그 • 308

그림 출처 • 315

주석과 출처 • 316

참고 문헌 • 338

세계의 대형 망원경 • 349

세계의 대형 망원경 지도 • 353

감사의 글 • 354

옮긴이 후기 • 357

찾아보기 • 360

## 프롤로그

독자들로부터 사랑을 많이 받고 있는 게리 라슨Gary Larson의 시사만화 〈파 사이드Far Side〉를 보면 커다란 망원경 옆에서 일하는 세 명의 천문학자 이야기가 나온다. 한 사람은 눈에 두꺼운 검은색 원이 그려진 줄도 모르는 채 접안경* 옆에 앉아 있고, 나머지 두 사람은 검정 펜을 숨기고는 뒤에서 낄낄대고 있다. 라슨이 그린 다른 만화들처럼 기발하고 엉뚱한, 정말 웃기는 만화이다.

이 만화는 실제로 천문학을 하는 사람을 웃게 만드는데, 왜냐하면 천문학에 대한 고정관념을 완벽하게 묘사하고 있을 뿐만 아니라 천문학자에 대한 상투적 표현을 모두 담고 있기 때문이다. 라슨의 만화에 나오는 천문학자들은 흰 실험실 가운을 입은 얼간이 같은 중년 남성들이다. 게다가 길쭉한 구닥다리 휴대용 소형 망원경을 엄청나게 부풀려 놓은 듯한 망원경이 별이 빛나는 하늘을 향해 있는 둥근 돔에서 불쑥 삐져나와 있고, 망원경 한쪽 끝에는 과장된 눈—검은 원이 그려진—이 보이는 거대한 렌즈가 있다.

한마디로 이 만화는 천문학자들을 매우 잘못 표현하고 있다. 최근 박사 과정을 마친 젊은 천문학자들을 한번 보라. 절대 얼간이들이 아니다. 침착하고 재능이 있으며 품위 있는 사람들이다. 그리고 4세기 전의 망원경과 오늘날의 망원경—아직도 4세기 전 그리스 시인이 지은 이름을 갖고 있기는 하지만—은 전혀 다른 모습이라는 것도 잊으면 안 된다. 오늘날의 대형 망원경들은 최첨단 기술의 입체 구조물로, 입사*된 빛

**접안경** 대물렌즈에 의해 만들어진 상을 확대하는 역할을 하는 렌즈 또는 렌즈 군.

**입사** 망원경의 광축과 나란하게 망원경으로 들어오는 빛.

**초점** 렌즈나 거울이 멀리 있는 물체의 상을 만드는 위치.

을 모아 초점을 맞추기 위해 렌즈 대신 얕은 접시 모양의 완벽한 곡면 거울을 사용한다. 또한, 망원경이 덮개를 불쑥 비집고 나오지도 않으며, 망원경으로 하늘을 직접 보지도 않는다. 절대로 말이다.

망원경으로 하늘을 보지 않는다니, 놀라고 실망했을지도 모르지만 사실이다. 망원경은 정보처리 기능을 가진 전자 장치로 별빛을 곧바로 흘려보내기만 한다. 이 장치는 별빛을 냉정하게 분석하고 평가해 그 결과를 컴퓨터 망에 숫자 형태로 저장한다. 이런 사실은 천문학자들의 작업을 낭만적으로 보이지 않게 한다. 그러나 인간의 눈은[1] 민감한 TV형태의 검출기에 비해 훨씬 뒤떨어진다. 컴퓨터는 지루한 숫자 형태로 된 자료를 사람들보다 더 잘 기록한다. 그리고 모든 과학에서처럼, 믿기지 않는 사실을 객관적으로 수집하는 것이야말로 우리로 하여금 하늘을 더 잘 이해하게 해줄 뿐만 아니라 천문학 이론들을 만들게 하고, 그 이론들을 검증하게 해준다.

이러한 천문학 이론들은 인류가 직면한 심오한 질문들과도 관계가 깊다. 우리는 어디에서 왔는가? 우주에는 우리만 존재하는가? 우리의 운명은 무엇인가? 낭만적이든 그렇지 않든 과학의 궁극적 목적은 신비한 것과 불가사의한 것들로 가득 차 있다.

〈파 사이드〉가 현실을 매우 잘 포착한 면도 있다. 천문학자들은 쓸모 있는 농담을 자주 하지 않지만(이들이 농담을 할 때는 대부분 정말 웃기

다) 굉장히 경쟁적인 관계에 있는 사람들이다. 천문학자들은 신비스런 우주에 대한 새로운 사실을 발견하려는 열정만 갖고 연구하는 게 아니라 누구보다 먼저 새로운 사실을 발견하려는 욕심을 갖고 연구한다. 다시 말해 평범한 사람이 되고 싶은 사람들이 아닌 것이다. 따라서 천문학자들은 자신들이 사용하는 망원경에 몹시 민감하다. 즉, 자신이 쓰는 망원경이 가장 좋은 망원경이어야만 하는 것이다. 천문학자들은 이러한 경쟁의식으로 최고의 망원경을 만들어왔다.

현대인들은 기술적으로 더 작게 만든 물건을 선호하는 데에 비해 천문학자들은 더 큰 망원경을 선호한다. 그 결과 천문학자들은 망원경의 크기에 필요 이상으로 집착하게 되었다. 망원경의 크기에 대한 이러한 집착은 쉬운 말로 '구경병'이라고 하는 유별난 과대망상증으로 발전하기도 한다.

'구경'*은 빛을 모으는 망원경 거울의 표면 지름을 뜻하는 것으로, 뒷마당에서 하늘을 보는 아마추어 천문학 열광자들이 만들어낸 용어이다. 훨씬 더 큰 망원경을 갈망하는 이 구경병 환자들은 구경보다 중요한 것은 아무것도 없다고 생각하는 사람들이다. 하지만 전문 천문학자들도 이 병에 걸린다.

이 구경병은 망원경을 제작하는 추진력이 되기도 하고 골칫거리가 되기도 한다. 아마 이 병이 없었다면 오늘날의 대형 망원경도 없었을 것이다. 지난 두 세기에 걸친 망원경의 역사는 지난번 망원경보다 더 큰 망원경을 만들어야 한다는 신념을 잃지 않은 사람들이 이루어낸 역사이기 때문이다. 문제는 망원경이 새로운 것을 발견할 능력을 채 발휘하기도 전에 너무 일찍 폐기처분되어 날짜 지난 신문처럼 버려진다는 사실이다. 이는 망원경이 본래 오랫동안 작동할 수 있는 물건이라

**구경** 망원경에 사용되는 렌즈나 거울의 직경.

는 사실을 도외시한 근시안적 생각이 빚어낸 결과이다.

이 책이 이상한 심리를 가진 이단자 같은 사람들이 벌이는 별난 장난에 대한 이야기가 아니라서 실망할 독자도 있을지 모르지만, 어떤 의미에서 이 책은 구경병의 역사에 관한 책이라고 할 수 있다. 망원경 제작자와 그들이 만든 망원경에 관한 이야기이기 때문이다. 그리고 강철 제품과 유리 제품만큼 위대한 성공과 비극에 관한 이야기이며, 망원경 기술 개발은 오늘날도 계속되기 때문에 아직 진행 중인 이야기이기도 하다. 전염성 높은 풍토병인 구경병은 여봐란 듯이 점점 더 큰 대형 망원경을 세우게 하고 있다.

# 1 덴마크의 눈
### The Eyes of Denmark

**망원경의 탄생**

 천문학의 역사를 비웃는 희극들 가운데 정말이지 우스꽝스러운 일화가 하나 있다. 1566년 12월 29일, 독일의 어느 신학 교수의 집에서 있었던 일이다. 고향을 떠나온 두 명의 성미 급한 젊은이가 있었다. 저녁 식사를 마친 두 젊은이는 두 사람 사이에 오랫동안 계속되어온 논쟁을 또다시 벌이다가 폭발하고 말았다.[2] 두 사람은 칼을 뽑아들었다. 두 사람 다 귀족 가문의 가정교육을 받았기 때문에 칼을 잘 다루었다. 아주 빠르고 격렬했던 즉흥적인 결투는 불행 중 다행으로 금방 승부가 났다. 그들과 함께 저녁 식사를 한 다른 동료가 제발 싸움을 그만두라고 간청하기도 했지만, 두 사람 중 한 사람 얼굴에 비스듬한 상처가 난 것이다.

## 덴마크의 눈

한 젊은이가 이마에 깊은 상처를 입고 코까지 잃어버리는 것으로 결투는 잔인하게 끝이 났다. 그 젊은이는 평생 동안 보철 코를 하고 다녀야만 했다. 그나마 그 정도에서 그친 게 다행이었다. 칼끝이 1센티미터만 더 나갔으면 두개골이 부서졌을 것이고, 2센티미터만 더 나갔어도 시력을 잃었을 테니까. 오늘날 그 시대에 가장 뛰어난 과학자로 기억되는 이 사람은 독수리의 눈처럼 시력이 예민하고, 재능도 뛰어난 사람이었다. 이 사람은 인류가 우주에 대해 갖고 있던 혼란스러운 인식을 자신의 능력으로 제자리로 돌려놓은 사람이다. 그런 사람이 북부 독일의 한 교회 마당의 꽁꽁 언 땅에 재능을 쏟아버릴 뻔했던 것이다.

이 두 젊은이는 맨드럽 파스버그Manderup Parsberg와 티게 브라헤Tyge Brahe였다. 덴마크 귀족인 그들은 먼 친척뻘로, 당시 학생이었다. 35년 후, 티게가 때 이른 죽음을 맞자[3], 맨드럽은 비록 티게에게 상처를 입혔어도 일생 동안 티게와 좋은 친구로 지냈다는 것을 알리고 싶었다. 1580년, 맨드럽의 사촌 한 명이 티게의 동생과 결혼했다는 사실을 보면 맨드럽의 마음을 짐작할 수 있다. 맨드럽의 증언만 남아 있는 것이 사실이지만, 그 시절에는 귀족 사이에서 결투가 일상적인 일이었던 것도 사실이기 때문이다.

맨드럽이 1580년에 왕정 고문관의 정예로 등용되어 덴마크 정부에서 중요한 일을 했다는 것도 잘 알려져 있지만, 티게의 일생이 훨씬 더 많이 알려져 있다. 신분 높은 맨드럽이 볼 때에도 티게는 매우 높은 귀족 신분이었다. 그런데도 티게는 지식을 추구하기 위해 나랏일을 하는 집안의 전통을 단호하게 거부했다. 티게가 천문학에 얼마나 큰 공헌을 했는지에 대해서는 아직도 다 헤아리기 힘들다. 티게의 재능이 그만큼 광범위했기 때문이다.

1561년, 코펜하겐 대학교 학생이었던 티게는 자신의 이름을 라틴식으로 바꾸어 썼다. 오늘날 우리가 알고 있는 티코Tycho가 바로 티게의 라틴식 이름이다. 전통적으로 '티코 브라헤'라고 발음되지만, 그는 음을 생략하고 연구개음으로 '트코 브라'로 불렀다. 티코는 1546년 12월 14일, 크누스트루프에서 대가족의 장남으로 태어났다.[4] 크누스트루프는 현재 남부 스웨덴에 속한 랜드스크로나 항구에서 멀지 않은 곳이다.

현재 스웨덴과 덴마크를 나누는 외레순 해협에서 20킬로미터 안쪽에 있는 크누스트루프는 지형이 낮고, 기복이 심한 언덕이 많고, 활엽이 우거진 토지 구역이다. 그가 태어난 옛날 건물은 티코가 다섯 살 때 아주 큰 요새화된 영지로 바뀌었지만, 1670년에 일어난 전쟁 때 약탈당하고, 1950년대에는 화재가 발생하는 바람에 매우 초라해지고 말았다. 하지만 여전히 위용을 자랑하고 있다. 이곳은 아이가 나고 자라기에 훌륭한 곳이었지만, 티코는 이곳에서 어린 시절을 보내지 않았다. 오늘날에는 생각할 수 없는 일이지만, 암흑기인 16세기에 덴마크의 상황에서는 쉽게 설명되는 사건이 발생했다. 티코는 아기일 때 삼촌인 요르겐 브라헤Jørgen Brahe와 숙모 잉거 옥스Inger Oxe에 의해 '도둑맞았다.' 티코의 부모는 자신의 아들이 그들의 아들로 자라자 절망했지만, 그냥 아기를 더 낳는 수밖에 다른 수가 없었다.

티코가 학문을 연구하기 위해 덴마크 궁궐에서 일하거나 군인의 길을 포기한 것은 양부모, 특히 숙모의 영향이었을 것이다. 1561년 말, 코펜하겐 대학교에서 학업을 마친 티코는 기사의 상징인 황금 박차를 얻을 수 있는 외국의 궁전으로 가는 여행을 포기했다. 15세 소년 티코

## 덴마크의 눈

는 그 대신 외국 대학교를 계속 방문하면서 말로는 법학을 공부하고 싶어서라고 핑계를 댔다. 하지만 누가 봐도 정부 요직에 나가려는 사람의 행동은 아니었다.

티코는 라이프치히에서 천문학에 처음으로 심각하게 다가섰다. 코펜하겐에서 남들보다 더 열심히 천문학 공부를 했지만(예를 들면 학교 수업에 필요한 것보다 훨씬 더 어려운 책을 사는 등) 라이프치히에서 보낸 3년은 천문학에 대한 관심이 꽃핀 시기이다. 역사적인 인물들의 어린 시절이 그렇듯, 티코의 어린 시절에도 독특하고 은밀한 요소가 있었다.

망원경이 없던 그 시절에는 태양과 달, 별이나 행성 같은 천체의 위치가 천문학의 전부나 마찬가지였다. 그것들이 하늘 어디에서 나타나는지, 그것들이 시간에 따라 어떻게 움직이는지 하는 것이 자연에 대해 알고 있는 유일한 것이었다. 실제로 태양은 열과 빛의 주된 원천으로 여겨졌다.[5] 사람들은 달이 지구의 바다와 대륙의 모습을 우리에게 반사해줄 정도로 반들반들하다고 믿었지만, 기본적으로는 달도 우리가 사는 지구와 별반 다르지 않다고 생각했다. 그렇다면 별에 관해서는 어땠는가? 마치 술에 취해 별들 사이를 떠도는 듯한, 고대에서 알려진 다섯 개의 행성들은 무엇인가?[6]

오늘날 우리는 3차원 공간에 태양계를 그릴 수도 있으며, 지구를 포함해서 태양 주위를 도는 아홉 개의 행성과 태양을 상상할 수도 있다. 또한, 별과 가스와 먼지로 이루어진 거대한 우리 은하를 회전하는 태양을 상상할 수도 있다. 그러나 티코가 살던 시절에는 하늘은 단순히 2차원 면으로, 밤마다 천체가 공연을 벌이는 무대였다. 사람들에

**은하** 별과 기체 먼지로 이루어진 거대한 천체. 발견 초기에는 성운과 구별되지 않았다.

게 하늘은 속이 텅 빈 아주 큰 공인 게 당연했다. 물론 그 중심에는 지구가 있었다.

그러나 몇몇 사람들은 관측되는 것에 기초한 3차원 그림을 생각해 내기도 했다. 톨레미Ptolemy의 관점은 1,400년 동안 유행했는데,[7] 그의 관점으로 보면 지구를 중심으로 태양과 달, 행성이 중첩된 원을 따라 복잡하게 돌았다. 그러나 16세기 후반에 신임을 얻기 시작한 코페르니쿠스Copernicus의 새로운 모형에서는 행성들이 태양을 중심으로 원운동을 했다. 이러한 새로운 관점은 고대 독단적 주장을 대치하던 르네상스 시대의 정신이 계속되고 있음을 반영한다.[8] 하지만 이러한 생각은 코페르니쿠스의 조국인 폴란드를 포함해서 유럽의 일부 지역에서만 받아들여졌을 뿐, 보편적으로 받아들여지지는 않아서 18세기에도 여전히 태양계의 지구 중심 이론을 가르쳤다.

태양계의 진정한 성질을 평가하기 위해 필요한 것은 '고정된' 별들 사이를 움직이는 행성들의 위치를 정확하게 측정하는 방법이었다. 아주 오랫동안 행성의 위치를 정확하게 측정한 결과를 기존의 이론들이 예측한 행성의 움직임과 비교함으로써 태양계에 대한 다양한 이론들을 시험할 수 있었다. 티코가 세상을 떠난 후에야 완전한 대답을 얻을 수 있

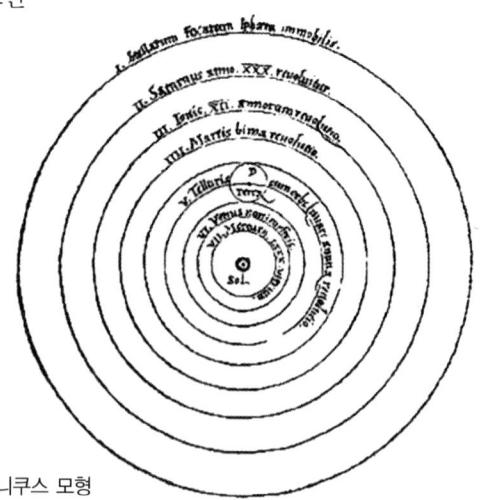

■ 우주의 코페르니쿠스 모형

**천구** 관측자가 중심에 있고 크기가 무한대인 가상의 구.

었지만, 티코는 평생 동안 이러한 연구를 했다. 1562년, 어린 티코가 라이프치히에서 시작한 비밀스러운 연구는 벌써 이 문제에 초점을 맞추고 있었다.

티코는 천문학 책을 사서 읽고, 하늘의 모든 별자리가 표시된 천구*의를—숨기기 좋게 작은 것으로—사고, 톨레미와 코페르니쿠스의 이론을 바탕으로 한 행성의 위치를 예측하는 표도 샀다. 티코의 관측 방법은 유치하기 이를 데 없는 것으로, 두 천체 사이의 거리를 측정하기 위해 팔 길이만큼 떨어진 곳에 달린 실을 이용하는 방법이었다. 하지만 티코는 이러한 관측 방법을 통해 톨레미와 코페르니쿠스의 두 이론 모두 오류가 있다는 것을 추론해냈다. 어느새 자신의 길로 들어섰던 것이다.

하늘을 향한 티코의 열정은 위기를 맞기도 했는데, 이는 4년 뒤 맨드럽 파스버그와의 숙명적인 대결 같은 것이기도 했다. 16세기에는 점성술이 정당한 과학 연구로 천문학과 나란히 인정받던 시절이어서⁹ 급료를 받고 일하는 천문학자는 부자나 유명인사를 위해 별점을 봐주기도 했는데, 티코도 예외는 아니었다. 사람들은 천문학을 많이 연구한 티코가 점성술가로서의 능력도 뛰어날 거라고 생각했다.

1566년 중반, 라이프치히에서 연구를 마친 티코는 덴마크에 돌아와 1년을 보낸 후, 다시 외국으로 여행을 떠났다. 이번에는 엘베 강가에 있는 비텐베르크로 갔으나 흑사병이 창궐하는 바람에 5개월밖에 머물지 못하고, 9월 말에 로스토크의 북부 독일 대학촌으로 가 대학 입학 허가를 받았다. 그곳에서 자리를 잡고 천문학과 점성술을 연구하기 시작한 티코는 곧 점성술 때문에 곤란해지고 말았다.

10월 28일에 일어난 월식은 19세의 티코에게는 대단히 중요한 사건이었다. 티코는 이 월식이 오토만 제국의 술탄, 위대한 술레이만 Suleiman의 죽음을 예언하는 것이라고 믿었다. 당시 술레이만의 나이 70세였던 걸 감안하면 상당히 안전한 예측이었을 것이다. 그래서인지 티코는 자신의 생각을 공개적으로 발표했다. 그러나 얼마 후, 월식 몇 주 전에 술레이만이 죽었다는 사실을 알고 나서는 곧 무안해서 어쩔 줄 몰랐다. 아마 그 이후 얼마 동안은 몹시 부끄러웠으리라. 12월 10일, 티코와 맨드럽이 약혼 파티에서 만났을 때에도 여전히 그 소문에 시달리고 있었을까?[10] 그들이 성탄절과 그 숙명적인 밤에 다시 만났을 때에도 여전히 기분 나빴을까? 사실이 어떠했는지는 결코 알 수 없지만, 아마도 기분이 나빴을 것이다.

그날 밤 얼굴에 입은 상처가 아무는 데에는 꽤 오랜 시간이 걸렸다. 이 기간 동안 티코는 약에 대해 높은 관심을 보였다.[11] 또한, 보철 코를 발명할 정도의 재주는 그로 하여금 화학에도 깊은 관심을 갖게 했다. 티코는 평일에는 구리로 된 보철 코를, 일요일에는 은과 금의 합금으로 만든 보철 코를 끼고 다녀야 했다. 아무튼 티코는 일생 동안 약과 화학에 관심을 갖고 살았다. 천문학자 티코가 어느새 만물박사가 되어가고 있었던 것이다.

■ 티코 브라헤, 덴마크의 별의 영주

## 벤

햇빛 좋은 어느 날, 외레순의 푸른 물 위로 벤 섬이 녹색과 갈색 보석처럼 앉아 있었다. 외레순은 1959년에 스웨덴 랜드스크로나의 행정구역으로 편입되었는데도[12] 여전히 오래된 덴마크식 철자를 썼다. 벤 Hven은 영어권 사람이 들으면 '베인vain'처럼 들리기 쉽다.

작고 낮은 이 섬은[13] 길이가 4.5킬로미터에 폭이 2.4킬로미터, 가장 높은 곳이 해발 45미터이다. 인구는 방문객들이 빌려 타는 자전거 8백 대보다 적은 362명에 불과하다. 여섯 개의 마을과 작은 농가들로 이루어져 있어, 이른 여름에 보면 녹색의 근채류의 밭과 노란 평지의 빛나는 밭이랑이 꼭 농촌 같다. 하지만 관광 엽서에는 이러한 전원 풍경이 나오지 않는다.

섬의 한가운데에 부분적으로 복원한 폐허 두 채가 동쪽으로는 베크비켄 항구, 서쪽으로는 키르크바켄으로 연결되어 있는 좁은 길에 걸쳐 있다. 길 북쪽에는 돌로 뒤덮인 커다란 흙벽이 있는데, 이 흙벽은 정확하게 대칭인 울타리를 만들고 있다. 면적이 78제곱미터인 이 울타리 안에는 자갈길과 쾌적한 정원, 네덜란드 르네상스 양식으로 된 작은 덩굴시렁이 있고, 중앙에 공간이 있다. 길의 다른 쪽에는 역시 정확한 대칭을 이루는, 한 변이 18미터인 나무 울타리로 둘러싸인 작은 구획이 있다. 이 경계 안에 있는 폐허는 밖에서는 보이지 않고, 현대식 구리로 뒤덮인 울타리들로 둘러싸여 있다. 이 폐허 가운데 가장 큰 건축물은 인상적인 반구 형태의 돔이다.

이 두 개의 오래된 유물은 티코가 살던 집과 관측소 터이다. 둘 중에서 더 큰 것은 천문학의 여신으로부터 이름을 빌려온 우라니보르그

Uraniborg 즉, '우라니아의 성'이다. 우라니아의 성은 티코와 티코 가족의 집일뿐만 아니라 티코 주변에 모여드는 과학자 공동체의 안식처 역할도 했다.[14] 그의 집에는 서재와 도서관, 화학 실험실이 갖추어져 있고, 수많은 관측 기기*들이 가득했다. 티코의 집은 오늘날의 왕립 천문대나 국가 실험실에 맞먹는 과학 시설을 갖추고 있었다.

나중에 더 작은 구역이 추가되었는데, 이 구역이야말로 티코의 본심과 가까운 곳이었다. 이곳은 스테르네보르그Stjerneborg[15] 즉, 티코의 '별의 성'으로, 여기에 있던 기기들은 천체의 위치를 측정하기 위해 고안된 것들 가운데 가장 정밀한 기기들이었다. 바닥은 땅 밑으로 깊게 꺼져 있는데, 우라니보르그의 솟아오른 마루는 안정감이 없었기 때문에 일부러 깊게 만든 것이었다. 이는 처음 시도한 것으로, 그 시대의 최첨단 시설이 있던 체로 빠라날 산에 있었다.

**관측 기기** 천체에서 나오는 빛을 측정하고 분석하기 위해 망원경에 장착하는 보조 장치.

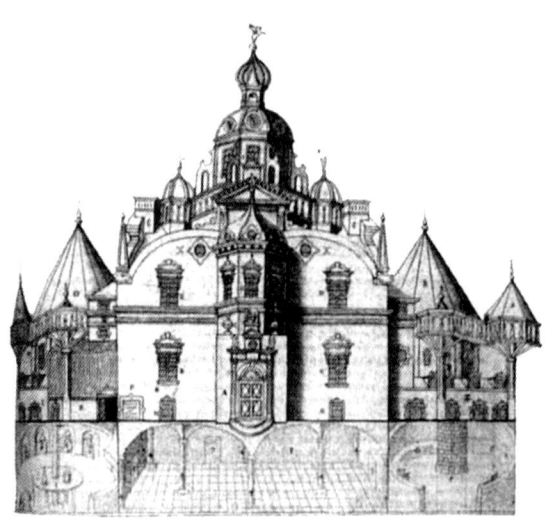

■ 우라니보르그, 티코의 우라니아의 성.《아스트로노미에 인스타우라테 메카니아Astronomiae instauratae mechanica》(1598)에 그려진 대로.

## 덴마크의 눈

오늘날 우라니보르그 유적에는 구내를 둘러싼 토목공사물만 남아 있다. 성이 있던 곳은 텅 비어 있고, 그 규모도 놀라울 정도로 작다. 정원의 일부만 아름답게 복원되어 있다. 울타리의 동쪽 끝 모서리에 실물의 두 배 크기로 만든 티코의 동상이 벤의 하늘을 영원히 응시하고 있다. 부분적으로 땅 밑에 있는 티코의 천문대는 티코가 거처하던 성보다 더 잘 꾸며져 있다. 구리로 뒤덮인 울타리 아래에 계단 모양의 원형 지지대가 남아 있는데, 이 지지대는 기기가 하늘 어딘가를 향해 서 있든 관측자가 편하게 볼 수 있도록 해준다. 티코가 걸었을 벽돌로 포장된 길도 있다. 이것은 현대식으로 만든 티코의 동상보다 옛날을 더 잘 환기시켜주는 기념물이다.

결투를 벌인 날로부터 거의 10년이 지난 후인 1576년 8월 8일, 티코는 우라니보르그를 설립하고 자축했다.[16] 학창 시절 이후, 경력도 빠르게 쌓아갔다. 티코의 가족이 티코가 과학에 흥미를 갖고 있는 것을 이해해준 것은 티코가 로스토크에서 운명적인 체류를 한 뒤 잠시 덴마크에 머물렀을 때였다. 물론 아주 어렵고 길게 늘어졌지만. 1568년, 티코는 장인과 함께 기기 제조의 중심지인 아우구스부르크로 여행을 가서 기술을 익혔다. 그런 후 천체의 위치를 정밀하게 측정하는 관측 기구를 처음으로 만들었다. 1570년 말, 덴마크로 돌아온 지 넉 달 반이 지나 친아버지가 세상을 떠나자 티코는 부유한 귀족이 되었다. 무엇보다 자기의 운명을 자기 마음대로 할 수 있게 되었다.

운명도 티코 편이 되어주었다. 1572년 11월 11일, 카시오페이아자리에 새로운 별이 나타났다.[17] 낮에도 보일 만큼 밝은 이 별은 오늘날 초신성*이라고 불리는 별이다. 초신성은 멀리 있는, 질량이 큰 별이

**초신성** 질량이 큰 별이 진화의 마지막 단계에서 일으키는 폭발.

일생의 마지막에 맹렬히 터질 때 보이는 현상이다. 맨눈으로도 보일 만큼 밝은 초신성은 아주 드물어, 1604년에 또 하나가 발견된 후, 다음 초신성이 발견되기까지 오랜 세월을 기다려야 했다. 이 초신성이 1987년에 나타난, 그 유명한 남반구 초신성이다.

1572년, 여러 달에 걸쳐 나타난 새 별은 다시 어두운 별로 되돌아갔다. 하지만 티코는 이 새 별의 위치가 행성과는 달리 고정되어 있다는 것을 알아냈다. 이로써 티코는 항성구*는 완벽하며 변하지 않는다는, 고대로부터 내려오던 믿음에 반대되는 생각을 갖게 되었다. 1573년, 티코는 자신이 발견한 것을 소책자로 출판했다. 이 책은 젊은 과학자 티코에게 국제적 명성을 안겨주었다. 오늘날 우리는 이 책의 다소 긴 라틴 제목을 《데 스텔라 노바 *De stella nova* 신성》라고 줄여 부른다.

우라니보르그의 건물이 형태를 갖추기 전, 또 하나의 징조가 있었다. 코펜하겐 대학교와 다른 곳들에서 시간을 낭비하는 의무들을 부과하고, 덴마크 궁정도 점점 더 많은 책임을 요구하자 티코는 덴마크 밖으로 나가야만 과학 연구에 몰두할 수 있을 것 같았다. 1575년, 네 번째 유럽 대륙 여행은 티코에게 확신을 가져다주었다. 티코는 라인 강 상류에 있는 바젤에 정착하기로 마음먹었다.

그러나 티코는 군주로부터 거절하기 어려운 제안을 받게 되었다.[18] 당시 42세인 덴마크와 노르웨이의 왕인 프레데리크Frederick 2세는 외레순 서쪽 해안에 있는 헬싱괴르에 새로운 성을 짓느라 여념이 없었다. 이 성은 크론보르 성으로, 셰익스피어의 《햄릿Hamlet》에 나오는 엘시노어 성이다. 눈치 빠른 프레데리크는 재능 있는 젊은 사람의 업적이 남의 나라 것이 되게 놔둘 수 없었다. 새로 짓는 성에서 벤이라는 작은 섬을 본 프레데리크 2세는 이 섬을 티코가 연구를 계속할 수 있

**항성구** 옛날 사람들은 지구나 태양을 중심으로 여러 궤도에 각각 행성과 별들이 존재한다고 믿었다. 우리로부터 가장 멀리 있고 위치가 변하지 않는 별들 즉, 항성이 위치하는 곳을 항성구恒星球라고 불렀다.

## 덴마크의 눈

는 완벽한 장소로 만들어야겠다고 생각했다. 그리고 티코에게 평생토록 넉넉한 후원을 보장한다는 약속과 함께 이 섬을 쓰라고 제안했다. 티코는 왕의 제의를 받아들였다. 아주 이상적인 해결책이었다.

1580년, 우라니보르그가 완성되었고, 그로부터 6년 후인 1586년에는 스테르네보르그가 완성되었다. 티코가 자신의 인생에서 가장 생산적인 시기에 들어선 것이다. 티코는 일련의 대형 천문 기기들을 만들었다.[19] 티코와 그의 조수들은 대형 천문 기기로 하늘의 모든 현상들을 관측했다. 혜성과 일식 현상 같은 일시적인 것은 물론이고, 태양, 달, 행성의 운동을 꼼꼼하게 관측했다. 물론 별의 위치도 정밀하게 측정했다.

맨눈으로 보는 이 기기들은 티코가 의도한 특별한 목적에 따라 생김새가 모두 달랐지만, 기본적으로 세 가지 공통 요소를 갖고 있었다. 기기와 천체가 시야*를 나란히 한다는 것과, 기기를 하늘로 향하게 할 수 있는 축이 있다는 것, 위치를 읽을 수 있도록 정확하게 표시된 눈금이 있다는 것, 이 세 가지였다. 그리고 망원경의 역사처럼, 티코의 기기들도 새 모형으로 바뀔 때마다 정밀도가 점차 개선되었다.

기기가 갖고 있는 결정적인 한계는 눈의 해상도였다. 즉, 눈이 감지할 수 있는 가장 섬세한 세부 사항인 해상도는 부분적으로 눈의 구경, 다시 말해 동공의 크기에 의해서 결정되므로 고정된 값이 아니었다. 우리가 잘 아는 대로 동공은 어둠에 익숙해짐에 따라 점점 커지는데, 가장 커졌을 경우에는 최대 지름이 7밀리미터에 이른다. 물론 이 역시 40세가 넘으면 어려워진다. 앞에서 이야기한 용어로 하면 7밀리미터 구경의 눈이 가질 수 있는 본래 분해능*은 대략 20초쯤이다.

---

**시야** 광학 기구를 통해서 볼 수 있는 영역의 각지름. 단위로 도를 사용한다.

**분해능** 분해능은 가까이 있는 두 물체를 두 개로 인식할 수 있는 능력을 의미한다. 즉, 분해능이 좋다면, 아주 가깝게 위치한 두 물체도 서로 다른 물체로 볼 수 있다. 도나 초 등의 각거리로 표시되는 분해능이란 망원경에서 보이는 상이 얼마나 예리한가를 나타내는 광학 기기의 성능을 나타내는 중요한 기준이다.

사실 대부분의 상황에서 눈의 분해능은 망막의 수용체 크기에 의해 결정된다.[20] 그런데 이것은 위에서 얻은 분해능보다 못해서 거의 60초, 다시 말해 1분쯤 된다. 그럼에도 티코는 잘 고안된 자신의 관측 기기로 계속해서 관측했다.[21] 별빛은 공기에 의해 휘어지기 때문에(대기의 굴절*) 별의 위치가 잘못될 수도 있지만, 티코는 끝없이 반복 관측하면서 대기의 미묘한 효과를 보정함으로써 유례없는 위치 정확도를 얻었다. 종종 정확도는 25초까지 이를 만큼 뛰어났는데,[22] 이는 전보다 열 배 이상 좋은 값이었다.

1585년, 티코가 만든 기기 중에서 가장 크고 가장 볼 만한 기기가 스테르네보르그에 세워졌다.[23] 이것은 벤의 기기 중에 가장 정확한 기기인 대적도의식* 혼천의Great Equatorial Armillary로, 축들 가운데 하나를 지구의 자전축과 나란하게 만든 것이었다. 이는 지구가 자전을 해도 관측자가 그 축만 돌리면 별이 관측자의 시야에서 벗어나지 않는다는 것을 의미했다. 이 번뜩이는 개념은 결국 망원경에도 적용되었다. 하지만 말처럼 쉬운 일은 아니었다. 나무와 동 그리고 철로 만들어진 이 원은 지름이 거의 3미터에 달했고, 움직이기에도 몹시 무거웠다.

이 멋진 모습은 여전히 스테르네보르그에 남아 있다. 스테르네보르그에 재건된 반구형 돔은 원래 것과 비슷한 크기로 만든 것으로, 마치 현대의 천문대 건물처럼 보인다. 하지만

**굴절** 한 매질에서 다른 매질로 빛이 진행할 때 빛의 경로가 휘는 현상.

**적도의식** 지구의 자전을 고려하여 만든 망원경 설치법. 지구의 회전축에 나란한 극축과 그 축에 수직인 적위 축을 중심으로 망원경을 움직인다. 경위식과 달리, 별을 추적하기 위해 극축으로만 망원경을 회전시키면 된다.

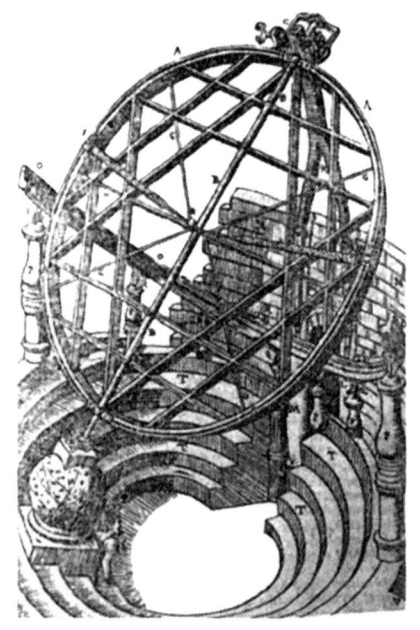

■ 티코의 대적도의식 혼천의(1585). 스테르네보르그에서 가장 큰 기구.

지하실은 텅텅 비어, 대적도의식 혼천의가 있던 충계식 지하방만 남아 있다.


## 유산

티코는 다양한 분야에 과학적 관심을 보였지만 행성들과 태양, 달의 움직임을 도표로 만드는 일과 하늘의 지도를 작성하는 일에 집중했다. 티코 브라헤는 1580년대와 1590년대를 거쳐 '가족' 같은 조수와 동료의 노련한 도움을 받아 고정밀 관측 결과 자료를 만들었다. 이는 16세기 천문학에서 화려하게 반짝이는 보석과도 같은 통일성 있는 자료로서, 티코가 과학에 남긴 실로 위대한 유산이었다. 그의 사후에 밝혀진 것처럼, 이 관측의 영향력은 지구를 산산이 부술 만한 것이었다.

1509년으로 돌아가보자. 르네상스 시기의 가장 위대한 만물박사인 57세의 레오나르도 다 빈치Leonardo da Vinci(1415-1519)는 지구가 삼라만상의 중심에 있다고 확신했다. 빌 게이츠Bill Gates 부부의 공동 소유로 되어 있는 그의 연구 노트인 〈코덱스 레스터Codex Leicester〉에 나오는 지구와 해, 달의 도식을 보면, 레오나르도 다 빈치가 얼마나 확신을 갖고 있었는지 알 수 있다.[24] 레오나르도는 원으로 천체의 궤도를 나타내고, 그 원들의 중심에 지구를 놓았다. 이 놀라운 확신은 원본에 오랫동안 남아 있는, 뚜렷한 컴퍼스 자국으로도 알 수 있다.

1609년에는 《아스트로노미아 노바Astronomia nova 새 천문학》라는 책이 출판되었다. 이 책이 행성들이 태양을 중심으로 하는 타원 궤도를 돈다는 사실을 증명하자, 학계는 행성들이 지구를 중심으로 하는 타원 궤도를 돌지 않는다는 사실을 받아들일 수밖에 없었다. 이로써 태양계에 관한 현대적 이해가 제자리에 놓이게 되었는데, 이것을 제자리에 놓은 사람 즉, 이 책의 저자가 바로 요하네스 케플러Johannes Kepler이다. 케플러는 똑똑하지만 사회에 적응하지 못한 수학자였다. 케플러가 역사에서 차지하는 위치는 순전히 티코 덕분이다.[25] 왜냐하면 케플러가 행성 운동에 관한 법칙을 만드는 데에 필요로 했던 원자료가 바로 티코의 관측 결과였기 때문이다. 케플러는 그 가운데 특별히 화성 관측 결과를 이용했다.

요하네스 케플러는 1571년 12월 27일, 독일 남부 지역인 슈바벤에서 태어났다. 케플러는 일찍이 시기에 자신의 천재성을 명백히 드러냈다. 1600년 2월, 티코 곁에서 동료로서 일하던 케플러는 태양이 중심이 되는 코페르니쿠스의 태양계 이론에 매력을 느끼고 있었다.[26] 다시 말해 케플러는 티코의 신기한 복합 모형을 거부하고 있었다. 티코의 모형에서는 행성이, 지구를 중심으로 돌고 있는 태양 주위를 돌고 있다. 그럼에도 티코는 연역법을 사용해서 혜성이 타원 궤도를 따라 움직일 수 있다고 하는 급진적인 결론을 내렸다. 케플러로 하여금 우라니보르그의 관측을 환상적으로 해석할 수 있도록 길을 내준 셈이다. 벤 섬의 천문학자 티코가 미리 준비해놓은 방법론과 자료를 이용해 케플러가 태양계의 문제를 최종적으로 해결한 것이다.

요하네스 케플러가 망원경에 얼마나 큰 기여를 했는지에 대해서는 뒤에서 자세히 이야기할 것이다. 하지만 티코는 망원경에 대해서 전혀 알려진 바가 없던 시대에 살았던 인물이다. 무엇이 티코로 하여금 망원경의 역사에 두드러진 한 자리를 차지하게 하는가? 티코가 망원경의 역사에 기여한 기술은 거대한 천문학 기기의 지지대를 고안한 정도이다. 티코가 진정으로 공헌한 것은 기기의 한 축만 움직여 천체를 따라 잡을 수 있게 한 바로 그 개념이다. 따라서 티코가 만약 망원경을 갖고 있었다면 망원경을 어떻게 사용했을지 궁금해질 수밖에 없다. 망원경을 이용한 관측은 1670년대 들어서야 일반화되었다.[27] 하지만 이때는 위대한 폴란드 천문학자 요하네스 헤벨리우스Johannes Hevelius조차 천체의 정확한 위치를 측정한다면서도 망원경을 쓰지 않던 때였다. 아마도 티코라면 하늘에 숨겨진 것들을 자세히 밝히는 망원경의 능력을 아주 경제적으로 이용했을 것이다. 헤벨리우스처럼 행동했을지도 모르지만, 아마 갈릴레오와 경쟁했을 것이다.

망원경의 맥락에서 그의 전임 연구자들보다 티코를 더 돋보이게 하는 것은 기술적인 혁신보다는 훨씬 덜 실체적으로 보이기 쉬운 티코의 안목이다. 이는 연구 중인 문제를 바라보는 그의 전체적인 안목과 그리고 그 문제를 다루기 위해 자원을 모으는 방식과 관련이 있다. 그는 최초의 현대식 과학 기관을 맡은 기관장이었다. 중요한 국제 시설을 설립하는 유능한 조직 기술에다 자신의 연구 분야에 대한 전문적 이해를 결합할 수 있는 사람이었을 뿐만 아니라 특정한 전문 분야에서 지도자 격인 동료들을 참모로 둘 줄 아는 사람이었다. 동료들은 티코가 죽은 후 수십 년 동안 티코의 영향력이 천문학에 계속 메아리치게 했다.

티코는 자신이 갈 길에 놓인 장애물을 그냥 둘 사람이 아니었다.[28] 과학적 발견을 널리 알리려면 문자로 된 문서를 보급해야 한다는 것을 깨달은 티코는 우라니보르그에 인쇄소를 건립했다. 책과 여타 출판물의 제작이 종이 부족으로 어려움을 겪자 큰 제재소도 건설했다. 또한,

벤 섬의 남쪽 반을 제재소를 가동하는 데에 필요한 물을 대는 댐과 인공 저수지로 만들어 지형을 변화시키고, 지름이 7미터가 넘는 커다란 물레방아도 만들었다.

티코는 주요 과학 기반 시설을 성공적으로 경영하고 관리하는 표준, 다시 말해, 도래할 망원경 제작 시대에 허셜Herschel과 로스Ross, 헤일Hale과 같은 위대한 인물들에게 필요한 기준을 만들었다. 만약 괴상한 물리 법칙이 시공간에 기형적인 벌레 구멍을 만들어 티코를 16세기의 벤에서 새천년의 뮌헨으로 끌어당긴다면 어떻게 될까? 아마 티코는 아주 만족했을 것이다. 그리고 '새천년을 향한 강력한 망원경과 기기'라고 하는 무모한 분위기에서 그 스스로 개척한 큰 과학적 기획의 윤리성을 당장 생각해냈을 것이다. 단지 유일한 차이점이라고는 티코에게 망원경은 인간의 눈이었을 뿐이니까.

1588년 4월 4일, 덴마크와 노르웨이의 왕 프레데리크 2세가 사망하자, 그의 열 살 난 아들 크리스티안 4세가 왕위를 계승했다. 처음에는 알아차리지 못했지만, 벤의 티코 브라헤의 세계는 누적되는 여러 가지 일 때문에 붕괴되기 시작했다.[29] 티코가 세심하게 왕위 계승에 형식적 책임감을 유지하지 못해서이기도 했지만, 젊은 왕의 주변에 있는 대신이 티코를 시기했기 때문이었다. 결국 벤에 필요한 연구비가 점점 말라가더니 나중에는 연금마저 끊기고 말았다. 1597년 3월 말, 티코는 학자로서의 명성과 체면에도 아랑곳하지 않고, 만약 왕이 약속한 대로 계속 후원해주지 않는다면 덴마크를 영원히 떠나겠다고 위협하고는 식구들을 코펜하겐으로 이주시켰다.

단지 으름장에 불과했던 것이 아니었다. 왕의 총애가 없어지자 티코가 벤 섬 주민을 학대했다는 고소가 잇따랐고, 이어 교구 교회의 교회 의식 침해를 조사하는 재판이 열렸다. 티코의 세계는 무너지고 있었다. 1597년 이른 6월, 티코는 덴마크를 떠나 독일로 가서 다시는 돌아오지 않았다.

첫 번째 목적지는 32년 전의 결투 현장인 로스토크였다. 이곳에서 가족들과 석 달을 머무는 동안, 상황을 개선하려는 노력을 보이지 않는 젊은 왕에게 긴 편지를 쓴 후, 함부르크 근처의 반텐부르크로 이사했다. 반텐부르크는 티코가 학문적 동지이자 슐레스비히—홀스타인의 총독인 하인리히 란차우Heinrich Rantzau의 손님으로서 정착한 곳이다. 티코의 삶이 비로소 정상으로 돌아온 듯했지만, 연구를 계속하는 데에 꼭 필요한 후원은 전혀 없었다.

티코는 길고 긴 외교적 노력을 들인 후인 1599년에야 유럽에서 가장 강력한 지배자인 로마 교황인 루돌프Rudolph 2세로부터 후원을 받고 프라하로 이사했다. 훌륭한 천문학 연구에 대한 루돌프의 열의는 티코에게 새로운 인생에 대한 희망을 가져다주는 듯했지만, 그마저 얼마 가지 못했다.

1601년 10월 13일, 만찬 파티가 끝난 후, 티코는 자신이 소변을 잘 볼 수 없다는 것을 알았다.[30] 전립선 비대증 때문에 갑작스럽게 발병한 듯했다. 요즘은 이 병을 빠르고 쉽게 고칠 수 있지만, 당시에는 그렇지 않았기 때문에 요독증이 뿌리를 내리자 티코는 참기 어려운 고통을 받았다. 10월 24일, 티코는 병세가 심각해져 결국 세상을 떠나고 말았다. 1901년, 티코의 시체를 발굴해 검시한 결과, 머리칼과 수염에서 높은 수준의 수은과 납이 검출되었다. 티코 스스로가 만든 약물의 결과로 사망한 것 같다. 정작 자기 자신은 고치지 못했던 것이다.

1601년 11월 4일, 티코는 성대한 장례식과 함께 프라하의 테인 성당에 묻혔다. 티코가 모국을 떠났을 때 '덴마크는 눈을 잃어버렸다'는 말이 유행했는데, 이 말은 이때에도 전 유럽에 적용되었고, 지식인들은 비탄에 빠졌다. 사랑스러운 남편과 아버지를 잃은 티코의 가족은 망연자실했다. 평민이었던 키르스텐 요르겐스다터Kirsten Jorgensdatter와의 결혼은 티코가 자신의 일생에서 이룬 위대한 성공 가운데 하나였다. 티코의 자식들은 아버지를 사랑했다. 자식들에게 티코는 숭고함과 선한 모든 것의 화신이었다.

	그러나 오늘날 중요하게 생각되는 문제들 가운데 하나가 걸린다. 그것은 바로 티코가 벤 섬 주민들에게 행한 처우에 대한 것이다. 우리로서는 그가 어떠한 잘못을 했는지 알 수는 없지만, 아마도 엄한 감독관이었던 듯하다. 티코의 토지 관리인이 티코의 사업을 청산하려 하자 섬 주민들은 자발적으로 나서 성과 천문대, 인쇄소와 제재소의 벽돌과 돌들을 완전히 제거해버렸고, 벽돌과 돌은 사람들의 주거지에 쓰이기 위해 재생되었다.

	티코가 죽은 지 50여 년 후에 나온 보고서를 보면, 건물들이 완전히 분해되었다고 적혀 있다.[31] 우라니보르그와 스테르네보르그는 더 이상 존재하지 않는다. 벤에 있던 신기원을 여는 티코 브라헤의 관측 기기들은 아침 안개가 외레순의 강물에 사라지듯이 순식간에 사라지고 말았다.

# 2 수수께끼
Enigma

### 고대 망원경의 속삭임

우리가 티코의 생애를 아주 자세히 알 수 있는 것은 티코가 남긴 기록과 메모 덕분이다. 티코는 천문학 연구 결과도 철저하게 문서화해 두어 그가 우라니보르그로 모여든 동료들과 이야기를 나누었을 뿐 아니라 유럽에 널리 흩어져 있는 학자들과도 문서와 서신을 활발히 주고 받았음을 보여준다. 이런 성격은 그로 하여금 새로운 과학 발전과 진전을 빈틈없이 알게 해주었고, 과학자로서도 빨리 인정받을 수 있게 해주었다.

티코는 천문 기기 설계와 제작의 선구자이다. 실제로 오늘날 대형 망원경의 족보는 벤 섬에 있던 티코의 관측 시설에 있는 대적도의식 혼천의까지 거슬러 올라간다. 그러나 그가 남긴 기록을 샅샅이 훑어보아도 망원경에 관련된 기기에 대해 쓴 글은 하나도 없다. 그러므로 티코가 세상을 떠난 지 7년이 지난 1608년에 망원경이 역사에 갑자기 등장하기 전까지는 망원경이란 것이 세상에 알려져 있지 않았을 것이다. 하지만 티코가 살던 시대 이전부터 망원경에 대한 소문이 끊임없이 있어왔다. 다음에 나오는 이야기를 어떻게 생각하면 좋을까?

> 아버지는 수학적 증명이 필요한 힘든 실험을 계속해 적절한 각으로 놓여진 '크게 보이게 하는 유리'로 여러 차례 놀라운 일을 했다. 이 유리로 멀리 있는 사물을 발견할 수 있었고, 글자도 읽을 수 있었다. 아버지 친구가 들판에 던진 동전 수를 셀 수 있었을 뿐 아니라 그 동전이 얼마짜리 동전인지도 알 수 있었다. 7마일이나 떨어진 장소에서 일어나는 일을 훤히 볼 수도 있었다.

이 글은 1570년경에 토머스 디게스Thomas Digges라는 영국 사람이 쓴 글이다. 그는 티코와 동시대인이자 실제로 티코와 자주 서신을 교환하던 사람으로, 1595년, 일찍 세상을 떠났다. 디게스는 선친인 레오나드Leonard가 시작하고 자신이 끝맺은 책의 서문에 위의 구절을 적어 놓았다.[32] 길고 산만했던 제목 대신 간단히 《판토메트리아Pantometria》로 불리는 이 책은 측량술과 항해술, 포격술 등에 수학을 응용하는 일에 관한 책이다. 이 책에는 망원경의 개념을 설명하는 글이 위의 구절 말고도 더 있다. 멀리 있는 풍경을 확대해서 볼 수 있는 기구에 관한 설명인데, 이는 단순한 이론적 탐구에 그친 게 아니라 레오나드가 힘들게 실험을 거듭한 결과라고 적혀 있다.

망원경을 만드는 방법은 양파 껍질 벗기는 방법만큼이나 다양하다.

🌸 수수께끼

망원경을 만드는 가장 간단한 방법은 유리 렌즈 두 개를 조합하는 것이다. 하나는 눈 쪽에 가까이 대고, 또 다른 하나는 대상을 향하게 하는 조합 말이다. 또는 접시 모양의 오목한 거울과 렌즈의 조합이다. 이 경우에는 빛의 경로를 변경시킬 수 있는 거울이 추가된다. 이 두 가지 형태는 오늘날 카메라 상점에서도 흔히 볼 수 있다. 최첨단 카메라들이라 할지라도 기본 요소는 과거와 동일하다. 전문적으로는 굴절 망원경*이라고 알려진 렌즈 형태는 쌍안경*처럼 짝으로 생산된다. 반면 거울 형태, 다시 말해, 반사 망원경*이라고 알려진 것은 움직일 수 있는 이동식 지지대 위에 매혹적으로 서서 아마추어 천문학자들을 유혹한다.

**굴절 망원경** 빛을 모으는 광학 부품이 볼록렌즈 또는 렌즈들의 조합인 망원경.

**쌍안경** 두 눈을 사용해 볼 수 있도록 만든 망원경.

**반사 망원경** 빛을 모으는 광학 부품이 오목거울인 망원경.

현대식 반사 망원경과 다른 방식이었겠지만, 레오나드와 그의 아들 토머스 디게스가 설명한 기기에는 접시 모양의 거울이 포함되어 있었던 게 분명하다. 《판토메트리아》와 엘리자베스 시대 즉, 토머스 디게스와 동시대 사람인 수학자 윌리엄 본William Bourne이 쓴 책을 보면 알 수 있

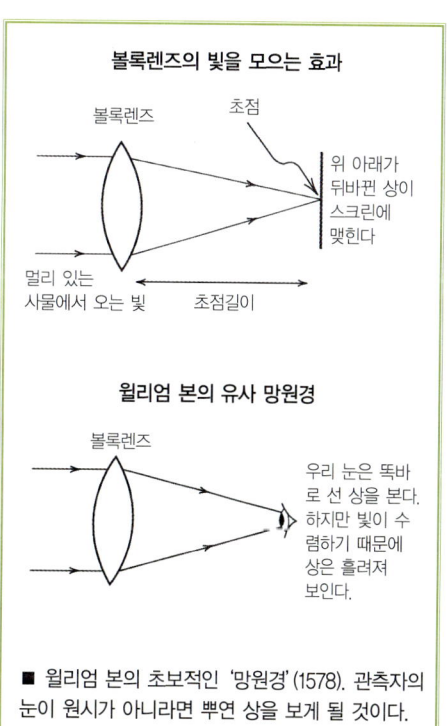

■ 윌리엄 본의 초보적인 '망원경'(1578). 관측자의 눈이 원시가 아니라면 뿌연 상을 보게 될 것이다.

33

다.³³ 그럼에도 불구하고 작고한 콜린 로난Colin Ronan과 같은 몇몇 연구자들은 레오나드 디게스가 1540년과 1559년 사이에 반사 망원경을 발명했다고 생각한다. 이 주장은 역사학자들 사이에 격렬한 논쟁을 불러일으켰다.³⁴ 이에 반해 소위 주류 학자들은 실질적인 첫 번째 반사 망원경은 그보다 1세기 후인 1668년에 아이작 뉴턴 경이 만들었다고 주장한다.

두 번째 주장이 매우 합당한 이유는 망원경에 적당한 렌즈보다 거울을 만드는 것이 훨씬 더 어려우므로 굴절 망원경이 먼저 등장한 후에 반사 망원경이 등장하는 것이 자연스럽게 느껴지기 때문이다(6장에서 왜 그런지 볼 것이다). 그러므로 본이 내막을 알 수 있게 자세히 쓴 설명을 볼 때 레오나드 디게스가 그럴 듯한 망원경을 만들었을 가능성은 매우 낮다.³⁵ 어쩌면 반사 망원경과 공통된 특징을 가진 무언가를 만들었을 수는 있다. 하지만 들판에 떨어진 동전의 종류를 알아내거나 7마일(11킬로미터) 밖에서 일어나는 사적인 일을 볼 수 있을 정도의 광학적 성능은 그 시대의 기술보다 훨씬 앞선, 다시 말해 뉴턴 시대에나 가능했던 기술이다.

토머스가 《판토메트리아》에서 묘사한 것은 공상에 가까운 것으로, 어쩌면 희망사항이었을지도 모르겠다. 본이 자신의 글을 통해 디게스를 과장되게 표현한 이유는 지적이고 호감이 가는 젊은이였던 디게스의 업적에 경외심을 갖고 있었기 때문이다. 하지만 이러한 과장된 설명은 본 자신을 믿을 수 없는 사람으로 만들어버리고 말았다.

참으로 안타까운 일이 아닐 수 없다. 왜냐하면 윌리엄 본이 쓴 다른 저술을 보면 렌즈의 작용에 대해 과장되지 않게 설명한 부분이 나오는데,³⁶ 이 글이야말로 초보적 망원경을 암시해주고 있기 때문이다. 그러

## 🌸 수수께끼

나 역사학자들이 이 초보적인 망원경을 인정해주지 않는 이유는 시력에 문제가 있는 관측자만이 이 망원경을 효과적으로 사용할 수 있었기 때문이다.

**태양열 수렴 유리** 태양빛을 모아 물체를 태울 수 있도록 만든 렌즈 또는 거울 형태의 유리.

어떤 목적으로 만들어진 유리는 같은 종류의 작은 태양열* 수렴 유리와 같고 동그래야만 하며, 틀에 끼워져 있어야 하고, 아주 커야 한다. 폭은 적어도 1피트 즉, 14인치 혹은 16인치쯤 되거나 그보다 더 넓을수록 좋다. 이 유리를 통해 사물을 볼 경우에 눈이 사물과 가까이 있을 때에는 사물이 있는 그대로의 크기로 보이지만, 몇 걸음 뒤로 물러나서 보면 그 사물이 점점 더 크게 보여, 괴물만큼 크게 보일 수도 있다.

■ 1920년대 창문 망원경

놀랍게도 350년 후에 이르러, 잘 나가던 런던 광학 회사가 팔던 '창문 망원경'에 대한 설명과 정확하게 일치한다.[37] 창문 망원경은 1920년대에 유행하던 응접실 창문에 걸려 있었다. 이 지름이 15인치(38센티미터)인 이 렌즈는 '창가에서 몇 피트 떨어져서도 창문에 걸린 렌즈를 통해 멀리 있는 경치를 자세히 보게 해주고, 응접실에서도 대문에 있는 손님을 알아볼 수 있게 해주며, 멀리 있는 새와 동물들도 볼 수 있게 해준다.'

이 망원경이라고 하는 것이 작동하는

방식은 매우 유치하다. 학교에서 배운 간단한 물리학 지식을 되살려보면, 볼록렌즈*가 멀리 있는 물체를 거꾸로 된 모습으로 카드처럼 평평한 면에 투영시킨다는 사실이 기억날 것이다. 이러한 현상은 볼록렌즈가 멀리서 오는 평행광*을 수렴하는 빛으로 만들기 때문에 일어나는데, 이 빛들이 한 점으로 모이는 위치가 상이 명확하게 나타나는 곳이다. 만약 카드 위에 상이 맺혔다면 그 카드가 초점에 있으며, 카드가 렌즈로부터 초점거리*만큼 떨어져 있다고 말할 수 있다.

만약 카드 대신 눈이 초점에 있다면, 렌즈를 통해서 들어온 시야는 혼란스럽게 번진 상태일 것이다. 본의 표현대로 하면 '안개나 물' 같을 것이다. 그러나 눈을 렌즈 쪽으로 조금 움직이면 멀리 보이는 경치가 확대된 상으로 나타난다. 그리고 여전히 뿌옇게 보일 것이다. 왜냐하면 우리 눈은 수렴하는 빛을 받아들이도록 만들어져 있지 않기 때문이다. 눈은 발산하는 빛이나 평행광을 더 좋아한다. 그러나 만약 수렴하는 정도가 작거나(렌즈가 긴 초점거리를 가질 경우) 관측자가 원시라면 (수렴하는 빛을 참아낼 수 있다는 의미이다) 맘에 들 정도로 뚜렷하게 확대된 직립상을 볼 수 있을 것이다. 하지만 세 배 정도 이상으로 '엄청나게' 확대되어 보이지 않고, 맨눈으로 볼 때보다 두 배 정도 커 보일 것이다. 물론 이것도 대단한 것이지만 말이다. 결론은 이 렌즈가 일종의 망원경이 되었다는 것이다.

20세기 중반, 위대한 망원경 역사학자인 헨리 킹Henry King은 본의 설명을 바탕으로 본이 원시였을 것이라고 결론지었다.[38] 이 말이 사실일지도 모르는 것이, 노화한 눈은 원시가 되게 마련이기 때문이다. 그러나 불행히도 본은 곧 이어 16세기의 '창문 망원경'에 대해 '광택이 좋고, 상당히 큰, 보는 유리(거울)'이라고 설명하고 있다. 이 설명은 혼

**볼록렌즈** 가운데가 가장 자리보다 두꺼운 렌즈.

**평행광** 진행 경로가 서로 나란한 빛.

**초점거리** 렌즈나 거울로부터 그것의 초점까지의 거리.

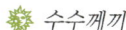

란스럽기 짝이 없다. 자신이 한 일과 관측한 것을 정확하게 증언하는지 그렇지 않은지를 피해가기 때문이다. 이 문제 역시 망원경의 역사 이전에 관한 수많은 질문과 마찬가지로 답을 알 수 없을 것이다.

### 맨눈에 옷 입히기

망원경을 설명한 것으로 유명해진 16세기 광학 기계사에 관한 문서가 하나 더 있지만, 본이 기술한 렌즈와 매우 다른 크기를 가진 광학 렌즈 이야기로 넘어가겠다. 16세기에는 큰 태양열 수렴 유리(투박하게 만들어진 짧은 초점거리의 볼록렌즈)가 친숙했다.[39] 크고 초점거리가 긴, 본의 렌즈는 실제로 매우 희귀했을 것이다. 유리의 균일도나 표면의 정확도 같은 광학적 품질은 매우 열악했겠지만, 안경에 사용되는 렌즈는 더 작은 데다 여러 군데에서 만들어졌기 때문에 질이 비교적 좋았다.

망원경의 기원과 마찬가지로 안경 역사의 초기도 비밀과 추측으로 가득하다.[40] 훌륭한 학자들에 따르면 안경은 13세기 말경에 노안을 고치기 위해서 나온 것으로, 이탈리아에서 유럽으로 처음 건너왔다. 나이가 들면 눈은 가까운 것의 초점을 잘못 맞추다가 본이 그랬던 것처럼 원시가 되는데, 이를 만회하려면 볼록렌즈가 필요하다. 볼록렌즈는 눈이 잃어버린 빛을 집중시키는 능력을 되찾아주는 확대경 역할을 한다. 잘 어울리는 볼록렌즈 두 개를 틀에 넣고 나란히 고정시킨 것이 바로 안경이다. 만약 여러분이 불빛 아래에서 문서를 힘들여 베껴 써야 하는 수도승이라면 안경은 신이 주신 선물 같았을 것이다.

오목렌즈*는 나이 든 사람뿐 아니라 젊은 사람을 괴롭히는 시력 장

**오목렌즈** 가운데가 가장 자리보다 얇은 렌즈.

애들을 개선하는 데에 쓰인다. 오목렌즈가 평행광을 발산하는 빛으로 만들어주면 근시를 앓는 사람은 먼 곳에 있는 사물에 초점 맞출 수 있게 된다. 오목렌즈는 볼록렌즈보다 만들기가 어렵기 때문에 볼록렌즈보다 나중에 안경으로 만들어졌는데, 이 역시 이탈리아에서 1450년경에 처음으로 등장했다. 오목렌즈가 북유럽에 등장한 것은 훨씬 뒤의 일이었다.

망원경이 발명되기를 소망하던 17세기 이전 사람들의 가슴을 뛰게 만든 사람은 이탈리아의 광학 기계사인 지오바니바티스타 델라 포르타Giovannibattista Della Porta(1538-1615)이다. 이 사람이 쓴 책은 기념비적인 베스트셀러가 되었는데,[41] 이 책이 바로 1589년 출판된 《자연의 마술 Magia naturalis》로 다음과 같은 구절이 나온다.

> 오목렌즈는 멀리 있는 것을 아주 선명하게 볼 수 있게 해주고, 사물을 가까이 보이게 해주기 때문에 필요한 대로 사용할 수 있다. 오목렌즈로는 멀리 있는 작은 것을 분명하게 볼 수 있고, 볼록렌즈로는 가까이 있는 것을 크게 볼 수 있다. 더 흐리게 보이기는 하지만. 만약 이 둘을 잘만 짝지으면 멀리 있는 것과 가까이 있는 것 모두를 더 크고 더 선명하게 볼 수 있다. 나는 이 둘을 잘 써서 멀리 있는 사물이 잘 안 보이거나 가까이 있는 사물이 희미하게 보이는 친구들로 하여금 사물을 잘 볼 수 있게 도와주었다.

사람들이 이 구절에 열광한 이유는 1608년 말, 마침내 망원경이 볼록렌즈와 오목렌즈 '이 둘을 함께 짝지은' 형태로 나왔기 때문이다. 설계는(물론 훨씬 작은 크기였지만) 볼록렌즈의 초점 안에 눈이 놓이게 한

## 수수께끼

**갈릴레오식 망원경** 볼록렌즈와 오목렌즈의 조합으로 만든 망원경.

본의 '창문 망원경'과 비슷했다. 그러나 이것이 진짜 망원경이 되는 데에 추가된 것은 눈 바로 앞에 있는, 심하게 굽은 오목렌즈이다. 심하게 굽은 오목렌즈는 정상적인 눈을 인공적인 원시로 만들어주기 때문에 볼록렌즈가 보여주는 뚜렷하고, 직립한, 확대된 상을 보는 데에 꼭 필요하다. 이러한 렌즈의 조합을 갈릴레오식 망원경*이라고 하는데—물론 갈릴레오는 발명가라기보다는 개선하는 사람이었지만—오늘날에도 오페라용 소형 망원경 형태로 남아 있다.

델라 포르타의 설명을 읽어보면 분명히 망원경을 설명하고 있는 듯해서 오싹해진다. 분명히 디게스의 '보는 큰 유리' 형태에 대해서가 아니라 좋지 않은 시력을 보정하는 일에 대해 이야기하고 있기 때문이다. 오늘날 가장 먼저 이 점을 알아본 사람이 초기 망원경을 연구하는 학자 가운데 가장 까다로운 연구가인 알베르트 반 헬덴Albert van Helden 이다. 반 헬덴은 델라 포르타가 극도로 시력이 약한 사람들을 도와주는, 약한 갈릴레오식 망원경을 이야기한 것이라고 해석한다.[42] 이 원리를 사용한 어색한 안경은 20세기 말에 더 복잡한 치료법이 나타나기

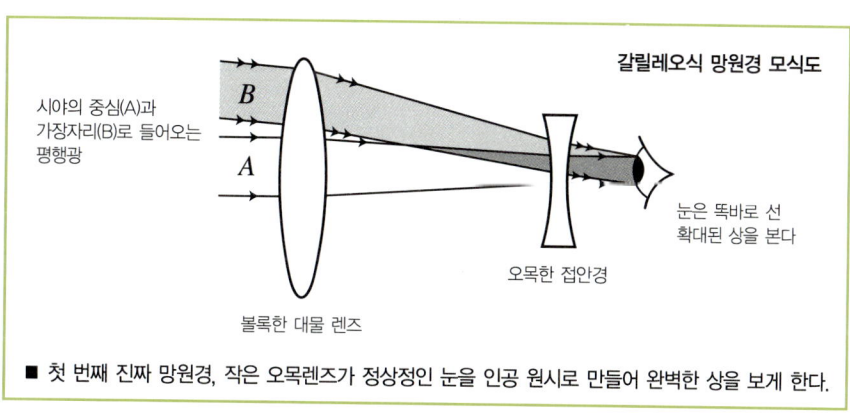

■ 첫 번째 진짜 망원경, 작은 오목렌즈가 정상정인 눈을 인공 원시로 만들어 완벽한 상을 보게 한다.

전까지 상당히 보편화되었던 것도 사실이다.

그러나 델라 포르타가 초보적인 다중초점 렌즈를 설명한 것이라고 해석하는 사람도 있다. 두 렌즈를 반으로 잘라서 하나로 합친 다중초점 렌즈는 약한 근시인 사람으로 하여금 가까이 있는 것과 멀리 있는 것을 다 잘 보게 해준다. 흔히 다중초점 렌즈는 1750년대에 벤자민 프랭클린Benjamin Franklin(1706-1790)이 발명했다고 알려져 있지만,[43] 《자연의 마술》에 나오는 구절로 미루어보면, 1589년 이전에 델라 포르타가 렌즈를 가지고 실험했을 가능성도 있다.

그렇다고 해서 일반적인 망원경으로 생각할 수는 없다. 만약 실제로 망원경을 만들어냈다면 1608년에 그랬던 것처럼 소문이 재빨리 퍼졌을 것이고, 1609년에도 그랬듯이 이 망원경도 빠른 속도로 개선되었을 것이다.[44] 그렇게 놀라운 사건이 16세기에 기록되지 않았다는 사실은 디게스의 설명과 같은, 놀라운 기기에 대한 이야기가 단순히 이야기에 불과했을 것이라는 결론에 이르게 한다. 망원경이 갖고 있는 군사적 기능과 과학적인 기능을 고려하면 그리 놀라운 결론도 아니다.

16세기, 르네상스 시기의 위대한 인물인 레오나르도 다 빈치는 차분한 논조로 망원경에 대해 이야기했다. 빛의 성질에 자연스럽게 흥미를 느낀 사람이었던 레오나르도 다 빈치는 대기가 별빛을 휘게 하는지, 하늘은 왜 파랗게 보이는지 하는 것들을 깊이 생각했다. 레오나르도의 예술적 능력과 과학과 기술에 기여한 위대한 업적은 자연을 관찰하는 이러한 능력에서 나왔다.[45] 그러나 늘 옳은 답을 알아낸 것은 아니었다.[46] 그러나 그가 사용할 수 있었던 과학 도구를 감안해보면 그의 관찰은 놀라울 정도로 정확했다. 적어도 천문학적 관측 하나는 아주

## 수수께끼

정확했다.⁴⁷ 레오나르도 다 빈치는 초승달이 떴을 때 흐릿하게 빛나는 부분이 나타나는 것은, 빛이 지구에 의해 반사되기 때문이라고 맨 처음으로 추론했다.

레오나르도 다 빈치의 연구 노트를 보면—언제나 추상적 용어를 썼지만—망원경에 대한 그의 생각을 알 수 있다. 그는 갈릴레오식 망원경의 비밀을 거의 발견할 뻔했는데, 만약 그랬다면 망원경을 완벽하게 연구했을 것이고, 자신이 발견한 것을 분명히 기록으로 남겼을 것이다. 밀란에 있는 〈코덱스 아틀란티쿠스Codex Atlanticus〉에 있는 다음 메모를 보면 성공하지 못했음을 알 수 있다.⁴⁸ '확대된 달을 볼 수 있는 유리를 만들어라.'

어떤 의미에서 16세기와 르네상스 시기의 자연 과학자들이 망원경을 발명했다고 말할 수도 있다. 그들이 발명한 것은 바로 광학의 성배로, 여기에는 고대로부터 알려져 내려오던 귀중한 지식이 증발해버리고 말았다는 전제가 깔려 있다. 실제로 1608년 10월, 야코프 메티우스Jacob Metius는 망원경 특허 청구권 신청서에 '유리를 이용해서 고대인이 알아낸 숨겨진 지식을' 연구했다고 적었다.⁴⁹

숨겨진 지식을 알아내는 일은 지금도 여전히 매혹적이다. 하지만 16세기 작가의 글도 해석하기 어렵다면 그보다 더 앞선 작가들의 글은 얼마나 더 해석하기 어렵겠는가? 특히 광학 분야의 발명에 대해 공개적으로 이야기했다가 강신술이나 악마의 힘을 빌려왔다고 고소당할지도 모르는 상황이라면 말이다.

## 전설과 렌즈

델라 포르타가 《자연의 마술》을 쓰기 3백 년 전, 망원경에 대한 지식을 가진 것으로 생각되는 과학자 한 사람이 바로 이 죄목으로 감옥에 갇혔다. 프란시스코파 수사이자 옥스퍼드의 학자였던 로저 베이컨 Roger Bacon(1214-1294)은 교황 클레멘트Clement 4세의 환심을 사려고 했다가 《오푸스 마이우스Opus Maius》라고 하는 위대한 저서를 쓰게 되었다. 1266년, 로저 베이컨이 교황에게 편지를 보내 가톨릭교회가 나서서 위대한 과학 백과사전을 제작할 것을 제안하자,[50] 클레멘트 4세는 불행히도 베이컨이 실제로 그런 작품을 완성했다는 것으로 오해하고는 하루 빨리 작품을 읽고 싶어 했다. 기겁을 한 베이컨은 교황을 거역할 수 없다는 것을 깨닫고, 재빨리 세 권의 훌륭한 책을 써냈다. 그 가운데 첫 번째 책이 《오푸스 마이우스》였다. 로저 베이컨은 내심 클레멘트 4세가 어느 정도 감동받기를 바랐다.

하지만 불행하게도 교황은 얼마 못 가 책을 덮고 말았고, 로저 베이컨은 교회로부터 유죄 선고를 받고 감옥에 갇혀 죽기 바로 전까지—체재 하에서 10년—살았다. 《오푸스 마이우스》에는 이단으로 간주될 만한 내용이 많다.[51] 베이컨이 쓴 다음 글은 매우 흥미롭다.

> 누구든 투명한 물체(즉, 렌즈)의 형체를 만들 수 있고, 우리가 바라는 방향으로 빛이 굴절되거나 꺾일 수 있게 배열할 수 있다. 그리고 가까이 있거나 멀리 있는 물체를 어느 각도에서도 다 볼 수 있다. 따라서 아주 먼 거리에서도 작은 글자를 읽을 수 있는 것은 물론 먼지와 모래까지 셀 수 있다.

## 수수께끼

로마 교회 당국은 위 문단이 보여주는 대담함에 화가 났을 것이다. 그러나 실제로 베이컨은 무지개에 관한 책인 《데 이리데 De Iride 무지개》에서 자신의 스승인 로버트 그로스테스테 Robert Grosseteste(1168-1253)가 한 말을 반복하고 있다.[52] 수많은 과학 논문을 쓴 그로스테스테는 추기경을 건너뛰어 1235년에 링컨의 주교가 될 수 있었다. 이 책은 두 사람 모두 망원경을 생각해낼 능력이 있는 사람들이라는 것은 물론 망원경을 만드는 장비의 종류까지 보여주고 있다. 학식 있는 수사가 실제로 망원경 제작 방법을 알고 있었다는 것을 입증할 것은 이 글과 나중에 나온 증언 외엔 아무것도 없다. 16세기 영국 과학자 로버트 레코드 Robert Recorde는 베이컨의 광학 연구는 마술이 아니라고 말했다.[53]

악마와 거래한 죄로 고소당한 사상가가 한 사람 더 있었다.[54] 그가 교황이었기 때문에 투옥되지는 않았지만, 동시대인들로부터 깊은 의혹을 받았다. 999년 실베스테르 Sylvester 2세로 교황에 오른 프랑스인 오릴락의 제르베르 Gerbert는 10세기 후반 사람으로, 기술에 열정을 가진 사람이었다. 특히 유럽에 주판을 도입했기 때문에 그를 '천 년의 빌 게이츠'라고 부르는 학자들도 있다. 제르베르는 음악에서 수학, 해부학에서 천문학에 이르기까지 폭넓은 관심을 갖고 있었던 만물박사였다.

제르베르는 '통'으로 묘사된 관찰 장비를 포함하는 천문학 시계를 만들었는데,[55] 이것이 망원경이라는 의견도 있었지만, 제르베르의 광학에 대한 기록이 지극히 평범한 것으로 보아 믿기 어려운 이야기이다. 적어도 아리스토텔레스 시대 이후 꽤 오랫동안, 가는 관을 통해 보면 시력이 향상된다고 알려져 온 것을 보면 그 '통'은 단순히 비어 있는 가는 관이었을 것이다.

**천 년의 빌 게이츠** 개인용 컴퓨터의 발전과 시장 개척으로 엄청난 돈과 명예를 얻은 20세기 인물 빌 게이츠에 견줄 만한 인물로 묘사하고 있는 것.

이 생각은 그렇게 바보 같은 생각은 아니다. 눈의 시야를 작은 영역으로 제한하면 눈부신 빛을 줄이게 되고, 보이는 부분의 집중도를 향상시키기 때문이다. 이것은 쉽게 할 수 있고, 해볼 만한 실험이다. '통시력'으로 낮에도 별을 볼 수 있는 것은 아니지만, 티코 브라헤의 업적에 적으나마 영향을 끼친 것은 사실이며, 밤하늘에 떠 있는 별의 방향을 측정할 수 있게 해주기 때문이다. 고대의 공예품이나 문서에 눈에 얇은 관을 들고 있는 사람들이 나오는 것도 이 때문인데, 이런 모습은 문명이 최초로 개화한 시기의 흔적에서도 나타난다.

그럼 고대인들은 어떤가?[56] 고대인들도 망원경의 비밀을 알고 있었는데 오랜 세대를 거치면서 그 지식이 사라져버린 것일까? 고대인들은 렌즈에 대해서 알고는 있었을까? 이 고대인들은 누구일까?

로저 베이컨이 쓴 《오푸스 마이우스》를 보면 아주 흥미로운 주장이 나온다. 기원전 54년, 율리우스 카이사르Julius Caesar가 골Gaul에서 광학 기구를 이용해 영국의 해안선을 자세히 조사했다는 것이다. 이러한 소문은 로마로 하여금 망원경을 갖고 있었던 고대 문명 가운데 하나가 되게 해주었다. 기원전 2세기의 그리스 역사학자는, 카르타고인들이 그보다 약 2백 년가량 앞선 시대에 시실리 서쪽 끝에서 134킬로미터 떨어진 북 아프리카까지 신호를 보낼 수 있는 엄청난 기술을 갖고 있었다고 했다. 그것이 망원경이었을까? 기원전 750년경,[57] 고대 아시리아인들이 기록한 쐐기 모양의 서책을 보면 렌즈와 금관을 갖고 있다고 적혀 있다. 아시리아인들은 토성을 뱀으로 된 고리에 둘러싸인 신으로 묘사했는데, 그렇다면 궁정 천문학자들이 하늘을 관측하기 위해 원시 망원경을 사용했다는 뜻일까?

## 수수께끼

아마 모든 것 가운데 가장 호기심을 갖게 하는 것은 기원전 1세기의 디오도로스Diodorus가 쓴 작품일 것이다. 그의 작품에는 북쪽 아주 먼 북방정토인Hyperboreoi이라고 하는 신화적인 민족이 나오는데, 이 사람들은 '달이 지구에서 아주 가깝고, 지구처럼 산이 많으며, 물론 눈으로 볼 수 있다'고 했다. 일부 학자들은 이 북방정토인들을 고대 영국인이라고 생각한다. 에이브버리Avebury와 스톤헨지Stonehenge[58]를 만든 사람들이 정말 기원전 2000년에 망원경을 알고 있었을까?

흥미로운 이야기이기는 하지만 그것을 입증할 만한 것은 아무것도 없다. 예를 들어, 초기 역사학자들은 카이사르가 영국 해안을 실제로 관찰한 게 아니라 염탐꾼을 보낸 것이라고 설명한다. 로저 베이컨이 의심을 받은 것도, 카이사르가 영국의 도시와 군대 야영지를 거울을 이용해 관찰했다고 말했기 때문이다. 이미 알고 있는 것처럼 망원경에 사용되기에 적합한 곡면을 가진 거울을 만드는 것은 렌즈를 만드는 것보다 훨씬 더 어렵다.

따라서 지중해를 건너 수십 킬로미터나 나가는 광학 신호를 만드는 것은 기원전 4세기가 아니라 20세기 초의 기술에서나 가능한 이야기이다. 토성의 고리가 17세기 이전에 발견되었다고 믿는 것도 마찬가지이다. 1659년에 토성의 고리가 갖고 있는 성질이 알려지기 전까지 망원경은 아주 오랫동안 진화해야 했다.[59] 북방정토인들이 달을 관찰했다는 신화가 재미있기는 하지만.

그러나 망원경 학자들을 애먹이는 것은 망원경이 역사에 등장하기 전, 분명히 언제 어디서엔가 누군가가 먼 데 있는 물체를 보는 기구를 만들었다는 사실이다. 고대인들은 렌즈를 갖고 있었으며, 어떻게 만드는지도 알고 있었다. 세계의 고대 역사박물관에 가면 이 렌즈들을 볼 수 있다.

가장 유명한 것은 가로 세로가 각각 42밀리미터와 34밀리미터이고, 가운데와 가장자리의 두께가 각각 6.2밀리미터와 4.1밀리미터인 타원 볼록렌즈이다.[60] 이 렌즈는 레이어드Layard 렌즈(1849년 고고학 발굴 작업을 통해 최초로 발견한 오스틴 헨리 레이어드Austen Henry Layard의 이름) 또는 님루드Nimrud 렌즈(발견된 고대 아시리아의 수도 유적의 이름)로 알려져 있다. 고대 아시리아 망원경에 열광하는 사람들은 대영 박물관에 있는 이 렌즈를 근거로 망원경이 기원전 7세기 이전에 만들어졌다고 주장한다.

님루드 렌즈는 무색의 천연수정을 유리처럼 광이 나게 가공해 만든 것이다. 고대 렌즈는 수정으로 된 것이 대부분이지만, 유리로 된 것도 많다. 사실 고대에도 유리가 널리 알려져 있었다.[61] 기원전 3000년에 만든 것으로 추정되는 유리 조각이 메소포타미아에서 발굴되기도 한다. 그러나 화학적인 유리렌즈는 천연수정렌즈에 비해 고고학적 시간을 거치는 동안 불투명하게 변한다. 공기에 노출되면 더욱 불투명해져서 부드럽고 둥근 자갈과 구별할 수 없을 정도가 된다.

고대에 만들어진 렌즈는 에베소와 카이로, 카르타고, 트로이, 미케네 그리고 유럽의 로마 식민지와 같은 고대 세계의 중심지에서 주로 발굴되는데, 가끔은 영국에서도 발견된다. 서기 11세기경으로 추정되는 바이킹의 수정렌즈들은 티코 브라헤의 벤 섬에서 4백 킬로미터도 떨어지지 않은 발트 해의 고틀랜트 섬에서 발견된다.[62]

예외가 몇 개 있기는 하지만 렌즈의 형태는 모두 같다. 모두가 노안에 쓰이는 몇 센티미터의 초점거리를 가진 볼록렌즈들이다. 주인이 아

## 수수께끼

**대물(렌즈 또는 거울)** 망원경에서 멀리 있는 물체의 상을 만들거나 천체로부터 오는 빛을 모으는 역할을 하는 렌즈 또는 거울.

주 작은 고대 장식품을 볼 수 있도록 만들었던 것 같다. 님루드 렌즈도 같은 범주에 속하는 것으로, 이 역시 망원경 제작에 필요한 렌즈는 아니다. 대물렌즈*는 상을 만드는 렌즈로서 초점거리가 긴데, 고대에 만들어진 렌즈 중에는 망원경의 주된 렌즈인 대물렌즈로 쓸 만한 것이 하나도 없다. 대물렌즈에 필요한 살짝 굽은 곡면은 고대 장인의 기술로는 만들 수 없는 것이므로 놀라운 일이 아니다(뒷면에 있는 '왜 고대 망원경 렌즈가 없을까'를 보라).

그런데도 몇몇 현대 작가들은 앞에서 이야기한 것 같은 신화나 고대의 렌즈 같은 확실한 증거를 무시하면 안 된다고 주장한다. 그러나 냉정하게 생각해보면 증거들이 모호하고 상당히 정황적이라는 것을 알 수 있다.

당연히 주류 학계는 이들이 주장하는 것을 받아들이지 않는다. 17세기 이전의 망원경의 존재 여부는 완전한 망원경이나 출처가 명백한 그림 같은, 과학적으로 증명될 수 있는 증거가 나오기 전까지 불확실한 것으로 남을 것이다. 하지만 우리가 이미 알고 있는 것들로 미루어 보면 그런 공예품은 나올 수 없다. 혹시라도 증거가 나온다면, 그 증거가 초기 기술을 이해하는 데에 미칠 영향력은 엄청날 것이다.

### 왜 고대 망원경 렌즈가 없을까?

렌즈는 처음에는 딱딱한 도구로 연마하다가 점차 더 미세한 연마제로 연마한다. 제작 초기 단계에는 고운 모래를, 마지막 광택 단계에는 보석을 연마할 때 쓰는, 가죽 혹은 피치라고 하는 광택 연마용 송진같이 아주 부드럽고 미세한 재질의 연마제를 사용한다. 고대에 만든 렌즈는 면이 심하게 굽어 있는데, 이는 면의 곡률을 조절하기가 어렵기 때문이다.[63] 광학 장인들이 망원경의 대물렌즈에 필요한 얕은 곡면을 만들 수 있는 기술을 개발한 것은 16세기 말이었다.

또 한 가지 어려운 점은[64] 볼록렌즈를 안경이나 확대경으로 사용하게 되면 이를 통과하는 개개의 빛 다발이 동공과 넓이가 비슷해서 빛이 어느 방향에서 오든 기껏해야 몇 밀리미터 정도라는 것이다. 곡면의 곡률이 일정하지 않으면 렌즈가 부정확해지고, 렌즈가 부정확하면 눈이 다른 방향을 보는 것처럼 상이 일그러져 보인다. 망원경의 대물렌즈에서 렌즈의 전체를 채우는 빛 다발은 상에 영향을 미치므로 렌즈가 부정확하면 상 전체의 질이 낮아진다.

고대에 만든 렌즈를 망원경 대물렌즈로 쓴다면 상이 형편없이 나쁠 것이다. 17세기 초의 망원경 대물렌즈는 좋은 상을 얻기 위해 면이 불규칙한 바깥 부분을 가려야만 했다.

# 3 개화
Enlightenment

### 망원경의 등장

망원경을 만든 사람은 오릴락의 제르베르나 레오나르도 다 빈치 혹은 티코 브라헤와 같은 위대한 사상가가 아니었다. 망원경은 17세기 초, 네덜란드의 국가 위기 상황에서 쉽게 한몫 잡아보려던 안경 제작자와 안경 상인의 손에서 나왔다.

망원경은 종교적 논쟁의 결과물로서 역사에 극적으로 등장했다.[65] 14세기와 15세기는 고위 관리의 만연한 부패 때문에 로마 가톨릭교회에 항거하는 정도가 계속 세어지던 때였다. 16세기 초에는 개신교도들이 종교개혁이라고 하는 종교적 혁명을 통해 새로운 교회를 만들었다. 종교개혁은 완고한 가톨릭이 지배하던 남부 유럽으로부터 북부 유럽을 분리시켰다.

신성로마제국의 일부였던 네덜란드의 열일곱 개 주는 개신교를 채택하고, 그 동안 종교재판을 열어 개종자들을 탄압하던 에스파냐의 필리페Felipe 2세를 몰아냈다. 1568년, 네덜란드 사람들은 자신의 의사와 상관없이 에스파냐와 전쟁을 하게 되었다. 80년 전쟁이라고 알려져 있는 이 길고 지루한 전쟁은 1648년, 유럽 전역에 베스트팔렌 조약이 발효되기 전까지 계속되었다.

전쟁이 10년째로 접어들자 현재 벨기에의 대부분을 차지하는 네덜란드 남부 지방은 에스파냐의 압제에 굴복했다.[66] 하지만 북부 일곱 개 주는 네덜란드 주의 헤이그를 중심으로 공화국을 신설해 저항을 계속했다. 연합된 주는 북부 네덜란드에 최고 사무실을 둔 총독이 이끄는 국회가 다스렸다. 나사우의 마우리츠Maurits 왕자는 1585년부터 1625년, 세상을 떠나기 전까지 총독을 지냈다(나사우는 후에 신성로마제국의 공국이 된 오늘날의 독일인 바하마 제국의 수도인 나소와는 관계가 없다). 마우리츠는 1608년 9월 마지막 주, 망원경임을 증명해주는 견본품을 처음으로 손에 넣었다.

망원경이 이 시대에, 그것도 마우리츠의 손에 들어온 것은 우연이 아니었다.[67] 총독이면서 연합 주의 군대 최고 사령관으로, 에스파냐와의 전쟁에서 뛰어난 전술을 발휘한 마우리츠는 1608년 내내 프랑스 사람들이 주도한 길고 복잡한 평화협정에서 뛰어난 외교 능력을 발휘하고 있었다. 실제로 헤이그는 17세기 유럽의 다윗성이 되어 수많은 국가에서 온 외교관들로 북적거렸다.

1609년, 12년간의 휴전협정으로 네덜란드가 성공한 게 확인되었지만, 1608년 9월에는 모든 것이 캄캄해 보이기만 했다. 남부 네덜란

## 개화

드에 주둔한 에스파냐 군대 최고 사령관인 암브로기오 스피놀라Ambrogio Spinola가 이끄는 에스파냐 대표단이 떠남으로써 그 달의 마지막 날에 벌어진 협상은 교착 상태로 끝났다. 그런데 놀랍게도 그 주에 전술적으로 매우 중요한 군사 장비를 우연히 얻게 되었는데, 그것이 바로 작동하는, 최초의 망원경이었다.

이 망원경을 가져온 사람은 망원경을 만든 당사자로, 한스 리퍼라이Hans Lipperhey라는 '겸손하고 매우 종교적이며 신을 두려워하는 사람'(샴에서 온 대사의 말에 따르면) 이었다.[68] 리퍼라이는 남부 네덜란드에 있는 젤란트 주의 수도인 미델뷔르흐 출신으로, 원래는 독일 출생이지만, 안경 제작자로서 미델뷔르흐에서 잘 나가는 사업을 하고 있었다. 나중에는 단순하고 기발한 렌즈로 조합된 갈릴레오식 망원경 때문에 난처해지기는 했지만 말이다.

이것이 우연이었는지, 그의 천재성 때문이었는지 아니면 누군가가 그에게 보여주었기 때문인지 결코 알 수 없지만, 제대로 된 렌즈들만 있으면 망원경을 쉽게 조합할 수 있다는 것을 생각하면 우연일 가능성이 가장 크다. 나도 열한 살 때 렌즈 두 개를 가지고 놀다가 똑같은 비밀을 발견했으니까. 아버지가 집에서 만든 사진 확대경에서 빠져나온 렌즈들이었다. 놀랍고 즐거웠다. 한마디로 필연이었다.

대물렌즈로 쓸 조금 약한(긴 초점거리를 가진) 볼록렌즈와 접안경으로 쓰일 조금 강한(짧은 초점거리를 가진) 오목렌즈만 있으면 된다. 앞에서도 이야기한 것처럼, 안경 제작자가 초점거리가 긴 대물렌즈를 생산하는 기술을 개발한 것은 17세기였다. 이와 마찬가지로 초기 광학을 연구하는 학자들은 접안경의 심하게 굽은 오목한 면 때문에 애를 먹었다.

그런 의미에서 이 망원경은 이 시대에 꼭 맞는 작품이었다. 한스 리퍼라이가 한 일은 그저 적당한 렌즈 두 개를 골라 통에 끼워 넣고는 헤이그로 떠난 것뿐이었다. 그가 얼마나 겸손하고, 얼마나 종교적이며, 얼마나 신을 두려워한 사람이었는지는 모르지만, 국가의 안전을 볼모로 한몫 잡아보겠다고 결심하기에 알맞은 순간이었을 것이다.

주도면밀한 리퍼라이는[69] 젤란트의 고문관으로부터 헤이그의 국회에 있는 대표자들에게 보내는 편지를 받아 가져갔다. 편지는 이렇게 시작된다.

> 아주 멀리 있는 것들을 가까이 볼 수 있는 기구를 갖고 있다고 주장하는 사람이 있습니다. 이 발명품을 통해 보면 그렇게 보인다고 합니다. 이 사람은 마우리츠 왕자께 이 기구를 전하고 싶어 합니다. 의원님들께서 그를 폐하께 추천해주십시오. 나중에 기구가 어떤지 보시고 그를 도와주십시오.
>
> 1608년 9월 25일
> 고문관

계속되는 사건을 살펴보면 리퍼라이가 정작 관심을 두었던 것은 발명품이라고 주장하는 물건에 대한 특허였거나 그 물건을 정부에 납품하기 위한 보조금을 받는 것이었다. 그러려면 물건이 잘 작동한다는 것부터 증명해야 했다. 9월 25일과 30일 사이, 물건이 작동하는 것을 증명해 보인 안경 제작자는 발명품을 증정하기 위해 대총독에게 안내되었다. 마우리츠 왕자는 이 기구를 시험하기 위해 비넨호프에 있는 저택의 탑으로 올라갔다.[70] 이곳은 국회가 들어서게 된 인상적인 13세기 건물로서, 오늘날 공식 자택으로 남아 있다. 마우리츠는 새 기구를 가지고 각각 한 시간 반과 세 시간 반 거리에 떨어진 델프트의 시계탑과 라이덴에 있는 교회의 창문을 보았다고 한다.

실제로 이 도시들은 헤이그에서 직선 거리로 8.6킬로미터와 17.6킬로미터 떨어져 있었다. 이 역시 그보다 앞선 시기에 떠돌던, 존재가 증명되지 않은 망원경에 대한 과장된 소문처럼 수상쩍게 들릴지도 모르겠지만, 그렇지 않다는 증거가 있다. 그러나 리퍼라이의 렌즈들은 배율*이 세 배 정도로 제한되어 있었을 것이고, 따라서 두 경계표가 여전히 먼 거리인 각각 3킬로미터와 6킬로미터에 있는 것처럼 보였을 것이다. 그러나 이것들은 매우 실제적인 건물인 데다 시계탑의 시계가 몇 시를 가리키고 있었다고는 말하지 않았다.

마우리츠 왕자가 처음으로 인간의 감각 중 하나를 확대할 수 있는 망원경을 갖게 된 그 순간은 국제적 분쟁 시기에 역사의 전환점이 된, 아주 극적인 순간이었다. 군사적·과학적·철학적인 면에서 엄청난 잠재성을 내포한 의미심장한 순간이었다. 그러나 이러한 극적 효과는 얼마 못 가 우스꽝스러운 일이 되어버리고 말았다. 그토록 오래 기다린 망원경은 실수라고 하는 웃지 못할 희극의 주인공이 되었기 때문이다.

**배율** 맨눈으로 보았을 때와 망원경으로 보았을 때 멀리 있는 물체의 크기 비율.

### 소송과 반소

외교적 예의였는지, 잘못된 계략이었는지, 단순히 실수였는지는 알 수 없지만,[71] 상상도 못할 일이 벌어졌다. 며칠 후, 마우리츠 왕자가 스피놀라에게 망원경을 보여주자 적군 총사령관이 9월 30일, 헤이

그를 떠났기 때문이다. 이로써 마우리츠 왕자는 새로운 전략을 갖게 되었다.

스피놀라는 마우리츠의 이복형제 프레데리크 헨드리크 왕자에게 이렇게 말했다. '당신이 날 멀리서 볼 테니 나는 더 이상 안전하지 못하오.' 그러자 헨드리크 왕자가 시피놀라를 안심시켰다. '우리 군사가 당신에게 총을 쏘지 못하도록 할 것이니 걱정하지 마시오.' 정말이지 웃지 않을 수 없는 일이다.

며칠 후, 브뤼셀에 도착한 스피놀라는 알베르트Albert 대공에게 새로운 발명품에 대해 자세히 이야기했다.[72] 그리고 늘 로마와 연락을 취하는 구이도 벤티볼리오Guido Bentivoglio라고 하는 고위 교황 대사에게도 이야기했다. 갈릴레오가 망원경에 대해 듣게 된 것은 아마 구이도의 편지 때문이었던 듯하다. 1609년, 벤티볼리오는 새 발명품의 견본품을 실제로 로마에 보냈다. 이렇듯 마우리츠가 망원경을 공개하는 바람에 망원경은 엄청난 속도로 과학에 이용되었다.

한편 헤이그에 있는 국회의원들은 마우리츠 왕자가 받은 그 놀라운 새로운 기구를 직접 보고 싶어 했다. 마우리츠는 국회의원들에게 망원경을 보내면서 이것을 가지고 '적들의 속임수를 볼 수 있을 것이다' 라고 적힌 메모를 동봉했다. 그러나 적도 이미 망원경의 존재를 알고 있다고 이야기는 하지 않았다. 그 후 10월 2일 화요일, 국회는 비넨호프에 리퍼라이를 출석시켜 망원경 청문회를 열었다. 리퍼라이는 자신 외에 아무도 망원경을 만들지 못하도록 30년 동안 특허권을 달라고 요구했다. 제안이 실패하더라도 국가를 위해 망원경을 독점으로 생산할 수 있는 돈을 받는 데에 만족했을 것이다.

### 개화

■ 1608년 10월 2일자 국회 의사록. 한스 리퍼라이의 망원경 특허 신청에 대해 적고 있다.

  당직 서기는 후세 사람들을 위해 깔끔하게 적어두는 문서에 국회의 반응을 적어놓았다.[73] 그 시대에도 다음에는 무엇을 할 것인지를 정했던 그들은 우선 위원회를 만들었다. 그리고 리퍼라이에게 발명품을 두 눈을 사용할 수 있도록 개선하라는 별난 주문을 했다. 오늘날에는 접안경을 통해 한 눈만 가지고도 자세히 볼 수 있다는 게 자연스럽지만, 17세기 초에는 부자연스럽고 이상했던 게 틀림없다. 아무튼 이러한 일은 그들이 자신들이 얻게 될 것들이 얼마나 중요한 것인지 인식하지 못했다는 것을 말해준다. 어쨌든 이것이 인류 최초의 진정한 광학 기구였다.

이때까지 망원경은 아직 이름이 없어서 국회의 위원회가 리퍼라이의 특허 청구의 운명에 대해 논의하는 동안 '멀리 보기 위한 도구', '한스 리퍼라이가 발명한 기구' 또는 '시력을 높여주는 발명품' 등으로 불렸다. 3년 반이 지난 후, 이탈리아와 그리스의 지식인 전문가 집단이 갈릴레오와 갈릴레오의 천문학적 발견을 축하하는 축하연을 베풀었을 때,[74] 비로소 멀리 보는 도구라는 의미의 텔레스코피움Telescopium이라는 이름이 붙었다. 유럽에서도 비슷한 의미를 갖는 이름들이 붙어, 독일에서는 페르노어Fernrohr라고 불렸고, 네덜란드에서는 베레카이커Verekijker라고 불렸다. 그러나 영국에서 일반화되자 '멀리 보는 유리', '염탐하는 유리', '멀리 보는 원통', '네덜란드 통'* 등의 이름이 나왔다. 마지막 이름은 망원경을 만든 나라에 경의를 표하는 이름이다.

**네덜란드 망원경** 갈릴레오식 망원경의 초기 이름.

국회 회의록에 따르면 위원회는 리퍼라이가 낸 특허 청구에 대해서는 활발히 의견을 나누었지만, 리퍼라이의 요구를 서둘러 승인하지는 않았다. 10월 4일 토요일 일지를 보면, 리퍼라이에게 1년 안에 수정으로 된 여섯 개의 쌍안경을 만들라고 한 것이 보인다. 다음날, 리퍼라이는 이 야심적인 기구의 가격으로 3백 길더의 첫 번째 분할 지급금을 받았다. 그리고 쌍안경을 인도하면서 6백 길더와 함께 발명품의 비밀을 아무에게도 알려주지 말라는 권고를 받았다. 특허권이나 연금에 대한 꿈은 물거품이 되고 말았다.

2주도 채 안 되어 희극이 벌어지면서 리퍼라이의 포부는 또 한 번 꺾였다. 10월 17일 금요일, 또 다른 사람이 국회에 제출할 편지와 망원경을 가지고 헤이그에 나타났다. 이번에는 네덜란드의 북부 지역인

개화

알크마르 출신 공구 제작자였다.[75] 이름은 야코프 아드리안존Jacob Adraenszoon인데, 야코프 메티우스Jacob Metius로 더 많이 알려졌다. 그는 평범한 리퍼라이보다 훨씬 더 인상적인 인물이었다. 그의 아버지 아드리안은 알크마르의 전직 시장이었고, 형(또 다른 아드리안)은 다름 아닌 티코 브라헤와 함께 공부한 수학 교수이자 천문학 교수였다.

메티우스는 편지에 이렇게 썼다.

> 여가를 이용해 2년 넘게 연구했습니다. 고대인들이 유리를 이용해 얻었을지도 모르는, 감추어진 지식에 관한 연구입니다. 특허 청구권자는 다른 목적과 의도에 사용되던 어떤 기구 덕분에 시야가 넓어질 수 있음을 발견했습니다. 거리가 아주 멀어 잘 보이지 않던 것을 분명하게 볼 수 있게 된 것입니다.

메티우스는 망원경을 우연히 발견했다. 메티우스는 미델뷔르흐의 안경 제작자가 만든 발명품에 대해 들었으며, 자신의 발명품과 안경 제작자의 망원경을 비교해보았다며 장광설을 늘어놓았다. 그러면서 '천재성과 대단한 노력과 세심함(신의 축복을 통해)'을 지닌 자신이야말로 발명품에 대한 특허를 얻을 자격이 있다고 주장했다.

국회는 현명하게도 새로운 위원회를 만들지는 않았다. 그 대신 메티우스에게 1백 길더를 주면서 '특허에 관해 합당한 결정이 날 때까지 더 완벽한 발명품을 만들도록 열심히 일하라'고 했다.

그렇다고 해서 국회의원들이 너무 잘 알려진 발명품이라서 특허를 내줄 수가 없다고 생각한 것은 아니었다. 만약 그랬다면 메티우스가

■ 요하네스 스트라다누스의 안경상 그림. 상품이 인기 있어 보인다.

나타날 무렵에 미델뷔르흐에서 날아온 세 번째 편지를 물리쳤을 것이다. 망원경 없이 배달된 10월 14일자 편지는 리퍼라이에게 추천장을 써주었던 젤란트의 고문관으로부터 온 것이었다. 그 편지에는 멀리 있는 사물과 장소를 마치 가까이 있는 것처럼 볼 수 있게 하는 기술을 아는 사람이 미델뷔르흐에 한 사람 더 있다고 적혀 있었다. 그렇다면 국회는 고문관이 리퍼라이의 발명품과 비슷한 기구를 선보인 젊은이에게 어떻게 하기를 바랐을까?

### 공공연한 비밀

국회의 반응에 대해서는 기록되어 있는 것이 없다. 그러나 이 새로운 기구들이 여기저기서 마구 나타났다는 것만은 확실하다. 널리 알려진 천문학자이자 티코의 전직 동료인 시몬 마리우스Simon Marius에 의하면(1614), 자신을 후원하는 귀족으로부터 망원경에 대해 처음 들었다고 했다.[76] 이 귀족 후원자는 빔바흐의 요한 필리프 푹스Johann Philip Fuchs라고 하는 부러울 것이 없는 사람이었다. 그는 1608년 9월, 프랑크푸르트 가을 박람회에서 자신이 발명가라고 주장하는 네덜란드 사람이 팔려고 내놓은 망원경을 봤는데, 렌즈 하나가 금이 가 있어서 사지 않았다.

리퍼라이가 헤이그에서 5백 킬로미터나 떨어져 있는 프랑크푸르트로 와서 마우리츠 왕자를 방문한 그 달에 어떻게 망원경이 그곳에 나타났을까? 어떤 학자들은 미델뷔르흐의 고문관이 언급한 젊은이와 프랑크푸르트의 네덜란드 사람이 동일인이라고 주장한다. 이 사람이 9월 말에 프랑크푸르트 박람회장을 떠나 10월 둘째 주에 네덜란드의 집으로 돌아왔다는 것이다.

이 사람의 아들이라고 주장하는 요하네스 사카리아센Johannes Sachariassen의 설명을 보면 그 둘이 같은 인물이라는 생각이 든다.[77] 1634년, 요하네스는 아버지 사카리아스 얀센Sacharias Janssen이 망원경을 발명했다고 자기 친구에게 자랑했다. 얀센은 미델뷔르흐에 거주하는 안경 제작자로, 리퍼라이와 메티우스와는 달리 상당히 수상한 인물이었다. 빚도 있고, 폭행과 위조 같은 법적인 문제가 걸려 있어 잡히면 사형을 당할지도 모르는 상태였으므로 그런 일이 벌어지기 전에 현명하게 사라져버렸다.

얀센의 아들은 이 시시한 사기꾼이 1604년에 이탈리아인의 망원경을 이미 복제했다고 설명한다.[78] 그리고 '서기 1[5]90'이라는 명각이 새겨져 있다고 했다. 역사가 알베르트 반 헬덴은 이 불가사의한 기구가 지오바니바티스타 델라 포르타가 1589년에 《자연의 마술》에서 설명한, 시력에 도움을 주는 어설픈 망원경의 기능 가운데 하나였다고 주장한다(2장을 보시오). 미델뷔르흐에는 이탈리아에서 유배당한 자들이 많이 살았는데, 이들 대부분은 연합국을 뿌리 뽑기 위해 나선 에스파냐 군대를 돕는 데에 지쳐버린 용병들이었다. 얀센은 진짜로 복제품을 만들어 망원경의 배율을 개선했을 것이다.

역사학자들도 실제로 망원경을 발명한 사람이 누구인지, 망원경이 왜 갑자기 여러 군데에서 동시에 나타났는지 모른다. 그러나 이미 본 것처럼 필요한 구성 성분은 모두 갖춰져 있었기 때문에 알맞은 품질을 가진 렌즈를 생산하는 단계로 광학 기술이 발전할 수 있었고, 렌즈를 사용함에 따라 렌즈가 갖고 있는 능력도 발견할 수 있었다. 이와 더불어 망원경을 손에 넣으려는 정치가들 때문에 국제적 위기를 맞을 뻔한 적도 있었다.

다른 증거들도 있다. 한 예로 지금도 남아 있는, 17세기 초 30년 정도에 만들어진 망원경들은 베네치아 유리로 렌즈를 만든 것들이다.[79] 베네치아 유리는 거울을 만드는 데에 쓰이는 품질 좋은 유리로, 이 유리가 네덜란드로 보내져 1608년에 네덜란드에서 이렇듯 많은 망원경을 만들었을 것이다.

1600년대 초, 여러 명의 안경 제작자들이 망원경의 비밀을 알고 있었던 것은 틀림없다. 메티우스가 자신이 독창적인 사람이라고 한 말은 진짜인 듯하지만, 그가 만든 기구가 최초의 망원경은 아닌 것 같다. 알크마르는 북부 네덜란드와 상대적으로 먼 곳인 반면, 미델뷔르흐 젤란트에는 유일하게 큰 유리를 만드는 자체적인 공장이 있었다. 네덜란드

### 개화

에 있는 이 작은 마을이 망원경이 처음 세상으로 나온 가장 그럴 듯한 장소 같다.

1608년 12월 11일, 한스 리퍼라이는 납품하기로 한 첫 번째 수정렌즈 쌍안경을 국회로 가져왔다. 망원경에 만족한 위원회는 4일 후에 3백 길더를 지불하면서 마지막 지불금을 받으려면 두 개를 더 만들라고 했다.

그가 낸 특허 청구는 어떻게 되었을까? 놀랄 것도 없이, 이제는 발명품이 너무 잘 알려져서 안 되겠다고 거절당했다. 리퍼라이는 무척 실망했지만, 1609년 2월 13일에 두 개의 뛰어난 쌍안경을 납품함으로써 의무를 이행했다. 국회 회계 장부에 최종적으로 3백 길더를 지불했다고 적혀 있는 그 날짜가 리퍼라이의 이름이 역사 기록에 마지막으로 적힌 날이었다.[80] 1619년 9월 29일, 미델뷔르흐에서 열린 우울한 장례식 공지를 제외하면 말이다.

역사는 리퍼라이에게 최초로 망원경을 발명한 사람이라는 영예를 주지 않았지만, 세계의 무대에 망원경을 처음으로 올려놓은 사람이라는 자격을 부여했다. 그러나 사건들을 둘러싼 불확실한 상황은 그가 얻은 자격에 의구심을 갖도록 하는데, 역사는 적어도 한 가지 중요한 면에서 리퍼라이를 과소평가하고 있다. 그가 망원경에 기여한 공헌을 오늘날까지도 알 수 없는 상태로 남겨지게 한 것이다.

국회의 기록을 보면, 한스 리퍼라이가 적어도 망원경 한 개와 작동하는 쌍안경 세 개를 만드는 데에 성공했다는 것을 확신할 수 있는데, 그것이 바로 세상에서 처음으로 시도된 두 눈용 광학 기구라는 사실이다. 조잡하기는 했지만 쌍안경을 만들었다는 사실은 리퍼라이가 이룬 매우 중요한 업적이다.

쌍안경을 만들려면 광축이 나란히 고정되고 눈의 거리와 같게 떨어져 있는 두 개의 동일한 망원경이 있어야 한다.[81] 이것은 만들기가 너무 어려워 그 후 2백 년 동안 소수의 망원경 제작자들만이 시도했을 정도이다. 쌍안경은 1823년이 되어서야 베네치아의 요한 프리드리히 보이크틀랜더Johann Friedrich Woigtlander에 의해 오페라용 소형 망원경 형태로 제작되어 많이 팔려 나갔다. 유리 프리즘을 사용해 빛의 경로를 꺾고 상의 방향을 보정하는 현대적 쌍안경이 만들어진 것은 1894년 이후였다.

실제로 망원경을 발명했든 하지 않았든, 원리를 이해했든 하지 못했든, 리퍼라이는 광학 기구를 제작하는 데에서 가장 앞선 사람이었다. 이것만 가지고도 그리고 쌍안경의 발명만 가지고도 리퍼라이는 훨씬 더 많은 명예를 얻을 자격이 충분하다.

# 4 개화기

Flowering

### 천재의 손길

역사는 한스 리퍼라이를 홀대한 반면, 어느 위대한 이름 앞에서는 칭찬을 아끼지 않는다. 베네치아 근처 파도바 대학교 수학 교수인 갈릴레오 갈릴레이는 안경 만드는 사람들이 절대로 근접할 수 없는 고상한 사람이다.[82] 네덜란드 사람의 단순한 망원경은 이어달리기 경주에서 사용되는 바통처럼 생겼는데, 이것을 엄청난 발견을 해내는 위대한 기구로 바꾼 사람이 바로 갈릴레오이다. 갈릴레오는 이것을 가지고 과학계와 철학계의 기초부터 흔들었다.

오늘날 타블로이드판 신문의 헤드라인처럼 말하자면 이렇다. '세 개의 완벽한 망원경의 아버지, 우주를 탐색하다.' 물론 결혼은 하지 않았지만 정부는 있다는 말도 곁들였을 것이다. 그러나 1610년, 실제로 있었던 과학적 결과 발표는 훨씬 더 젊잖게 이루어졌다. 갈릴레오 자신은 자신의 연구 결과를 서둘러 소책자로 만들어 발표함으로써 단번에 국제적인 명성을 얻게 되었다. 이 책의 라틴식 이름은 《시데레우스 눈치우스 Sidereus Nuncius 별세계의 보고》이다.[83] 이 책의 표지를 읽어보면 이 책이 무엇에 관한 책인지 더 정확하게 알 수 있다.

> 위대하고 경이로운 광경을 펼쳐 보이는
>
> 별세계의 보고.
>
> 피렌체의 귀족이자
>
> 파도바 대학교의 수학 교수인
>
> 갈릴레오 갈릴레이가 최근 직접 설계한 망원경으로
>
> 관측한 것들을
>
> 철학자와 천문학자를 비롯한 모든 이에게 밝힌 책.
>
> 달의 표면, 무수히 많은 붙박이별들,
>
> 은하수, 성운\*처럼 보이는 별들,
>
> 특별히 이제까지 아무에게도 알려지지 않다가
>
> 얼마 전 저자가 처음으로 발견해
>
> 메디치의 별이라고 부르게 된,
>
> 서로 다른 공전 주기로 목성 주위를
>
> 빠르게 돌고 있는 네 개의 행성에 관한 이야기.

갈릴레오는 바보가 아니었다.[84] 목성 주위를 도는 네 개의 행성 이름을 위엄 있어 보이게 고향 피렌체의 지배자의—메디치 가문의 코시모 2세 대공 Grand Duke Cosimo II de' Medici—가족 이름으로 지어 공국의 총애를

---

**성운** 처음에는 별처럼 또렷한 상을 만들지 않고 뿌옇게 상을 만드는 천체를 말했으나, 지금은 기체와 먼지로 이루어진 구름을 지칭한다.

## 개화기

확보하고 싶어 했다. 게다가 교수로서의 강의 부담을 피하기 위해 아예 궁정으로 자리를 옮기고 싶어 했다.

계획은 성공했다. 갈릴레오는 1610년 7월 12일, 책이 출판된 지 꼭 4개월 만에 대공의 철학자와 수학자로 그리고 피사 대학교의 수학과장으로 임명받았다. 이것은 그의 일생에서 중대한 변화였지만, 이는 17세기 이탈리아의 분단된 국가에서 베네치아 공화국을 떠나야 한다는 것과 지난 18년 동안 파도바 대학교에서 누리던 혜택을 포기해야 한다는 것을 의미하기도 했다. 그러한 면에서는 더 나쁜 쪽으로의 변화였다.

처음으로 망원경을 이용해 하늘을 본 사람이 갈릴레오라는 것은 잘못된 생각이다. 1608년 10월 샴 대사는 리퍼라이의 첫 번째 망원경에 대해 '우리 눈이 약하고 작기 때문에 볼 수 없었던 별들까지도 이 기구를 사용하면 볼 수 있다'라고 말했다. 어떤 사람이 갈릴레오보다 앞서 흐린 빛을 보지 못하는 눈의 민감도를 향상할 망원경의 능력을 먼저 알아차렸던 것이다. 스피놀라가 헤이그를 떠나기 바로 며칠 전 일일 수도 있다.

망원경에 대한 소식이 네덜란드에 빠르게 퍼져나감에 따라 망원경을 천문학에 이용했다는 보고도 자주 들어왔다. 프랑스의 일지 기록원인 피에르 드 레스토이Pierre de l'Estoile은 리퍼라이가 국회에 망원경을 제출한 지 6주가 조금 지난 후인 1608년 11월 18일, 파리에서 새로운 발명품 소식을 들었다.[85] 그리고 1609년 4월 말, 피에르 드 레스토이는 퐁 마르샹 근처 안경 가게에서 '길이가 1피트(30센티미터) 정도쯤 되는' 망원경을 팔고 있었다고 적었다. 망원경에 대한 소식이 프랑스를 통해 영국으로 전해졌을 것이다. 영국의 한 유복한 천문학자가 그 의미를 이해했다.

그 사람은 월터 랄레이Walter Raleigh 경의 가정교사였던 엘리자베스 시대 유명한 과학자 토머스 해리엇Thomas Harriot(1560-1621)이다.[86] 해리엇의 기록에 따르면, 그는 1609년 7월 26일경, 런던 근처에 있는 자신의 집에서 망원경을 사용해서 달을 관측한 후, 최초로 달 표면을 그림으로 그렸다. 갈겨쓴 글씨이기는 하지만, 분화구에 대한 설명을 읽어보면, 달 표면을 맨눈으로 본 게 아니라는 것을 알 수 있다. 해리엇이 어떻게 망원경을 입수했는지는 추측에 맡길 수밖에 없지만, 파리에서 팔리던 것보다는 확실히 좋은 것이었다. 망원경은 약 여섯 배 배율이었는데, 그때 당시 사용 가능했던 렌즈로는 드 레스토이가 기록한 30센티미터보다 훨씬 길어야 했다. 아마도 해리엇이 고용한 기기 제작자 크리스토퍼 투크Christopher Tooke가 해리엇을 위해 특별히 만들었을 것이다.

헤리엇의 제자인 윌리엄 로워William Lower 경은 해리엇과 비슷한 시기에 달을 관측했다. 역사학자 헨리 킹은 로워가 자신의 관측 결과를 성명하는 방식을 '매우 유일한' 방식이라고 묘사했다.[87] 다음에서도 알 수 있듯이, 로워의 스타일을 볼 때 과찬이 아닐 수 없다.

> 그믐이 얼마 지나지 않아 흐리게 보이는 부분 위쪽 가장자리 부분이 별처럼 빛났다. 밝게 보이는 부분보다 훨씬 더 밝았다. 그리고 경계선 전체가 네덜란드 항해 책에 나오는 해안선에 대한 묘사처럼 보였다. 보름달은 요리사가 지난주에 만들어준 과일 파이처럼 밝은 부분과 어두운 부분이 여기저기 흩어져 있었다. 내 원통 없이는 이런 것

개화기

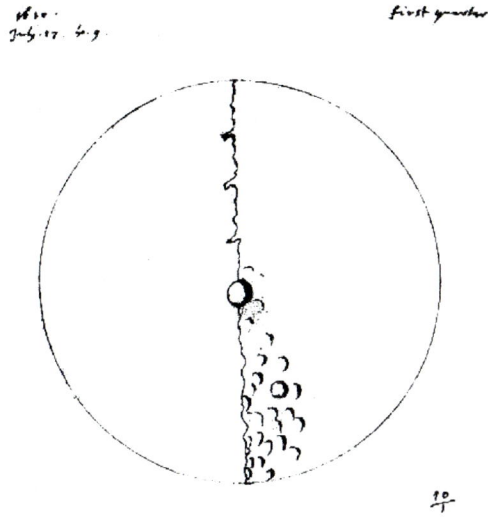

■ 토마스 해리엇의 달 그림. 그가 처음 달을 관측한 지 1년 뒤인 1610년 7월 17일 날짜로 되어 있다.

을 볼 수 없었을 것이다.

자신이 정성껏 만들어준 과일 파이를 달 표면과 비교한 것을 요리사가 어떻게 생각했을지 궁금하다.

얼마 후인 1609년 11월, 독일 천문학자 시몬 마리우스는 목성과 동행하는 별들을 보았다. 시몬 마리우스가 1614년, 《문두스 요비알리스 Mundus jovialis 목성의 세계》에서 제시한 이 주장은 갈릴레오와 마리우스 사이에 계속해서 논쟁거리가 되었다.[88] 1610년이 되어서야 목성의 위성을 관측하기 시작한 갈릴레오는 마리우스가 자신의 발견을 차지하려 든다고 생각했기 때문이다. 마리우스는 자신이 본 것이 얼마나 중요한 것인지 처음에는 미처 인식하지 못했던 것 같다. 하지만 갈릴레오와 거의 같은 시기에 목성을 관측했던 것만은 사실인 것 같다. 이러한 일련의 사건은 갈릴레오가 자신이 발견한 것을 《시데레우스 눈치우스》라는 소책자로 서둘러 출판한 이유를 설명해준다.

이러한 사실은 네덜란드에서 1609년 중반에 목성의 달을 보기에 충분히 좋은 망원경이 이미 만들어졌다는 것을 나타낸다. 《목성의 세계》에서 마리우스는, 절친한 친구인 요한 필리프 푸크스가 독일에서 망원경에 필요한 좋은 렌즈를 만들 수 있는 사람을 찾으려고 무척 노력했지만 찾을 수가 없어서 결국 네덜란드에서 망원경을 사야 했다고

썼다.[89] 마리우스에 따르면, '1609년 여름에 일어난 일이다.'

독일에서 최고인 뉘른베르크의 렌즈 가공 전문가들조차도 좋은 렌즈를 못 만들었다는 사실은 초기 망원경 제작자들을 애먹인 이 렌즈가 얼마나 독특하고 희한한 성질을 가졌는지 다시 한 번 보여준다.

## 별세계의 보고

《시데레우스 눈치우스》를 보면, 갈릴레오가 네덜란드의 페르스피실럼perspicillum 작은 소형 망원경에 대해 처음 들은 때가 1609년 5월이라고 적혀 있다. 이는 파리에 있는 전직 학생인 자크 바도브레Jaques Badovere로부터 온 편지에서도 확인할 수 있다. 소문은 적어도 두 가지 경로로 갈릴레오에게 전해졌다.[90] 첫 번째는 로마 대학교의 친구인 크리스토퍼 클라비우스Christopher Clavius를 통해서인데, 이 명성 있는 학자는 1609년 4월, 구이도 벤티볼리오가 로마로 보낸 망원경을 사용해 밤하늘을 본 네 명의 예수회 수학자 가운데 한 명이다. 두 번째는 1608년 12월, 두 달 일찍 헤이그에서 일어난 사건을 알고 있었던 친구이자 동료인 베네치아의 파올로 사르피Paolo Sarpi를 통해서인데, 사르피는 소문을 확인시켜주기 위해 프랑스에 있는 바도브레에게 편지를 썼다.

아무튼 자극을 받은 갈릴레오는 그런 기구가 만들어질 수 있는 광학 원리를 이해하기 위해 재빨리 움직였다. 두 렌즈를 우연히 나란히 놓는 것은 이미 다른 사람이 해놓은 일로, 수학자인 갈릴레오는 유리 렌즈의 앞면처럼 투명한 면을 빛이 통과할 때 굽어지는 굴절에 익숙한 사람이었지만, 굴절의 현대적 법칙은 모르고 있었다. 1621년, 이 법칙들을 발견한 사람은 티코의 또 다른 전직 동료인 라이덴의 빌레브로르드 스넬Willebrord Snel로,**91** 1637년에 르네 데카르트René Descartes가 쓴 저술에 스넬의 연구 결과가 나와 있다. 알다시피 1601년 7월, 토머스 해리엇은 실제로 이 법칙들을 발견했지만, 발표하지 않았다.**92**

갈릴레오는 망원경이 작동하는 원리를 곧 발견했다. 아마 거기에서 배율은 단순히 두 렌즈의 초점거리 비라는 것을 알아냈을 것이다. 갈릴레오는 납으로 만든 관에 바로 사용 가능했던 안경알을 집어넣어 《시데레우스 눈치우스》에서 말한 3배율짜리 견본품을 만들었다. 갈릴레오가 자신이 만든 렌즈를 갈고 광내는 기술을 완성하면서 렌즈는 계속 개선되었다.**93** 8배율, 20배율 그러다가 30배율 망원경을 만들었다. 갈릴레오는 20배율 망원경과 30배율 망원경으로 인류의 신기원을 여는 관측들을 해냈다.

《시데레우스 눈치우스》에는 갈릴레오가 새로운 망원경으로 하늘에서 새로운 것을 계속 발견하면서 느꼈던 흥분이 뚜렷이 드러나 있다. 갈릴레오는 달과 별의 연구로 시작되는 이 책을 통해, 달의 어두운 부분에서 태양 빛을 받은 봉우리의 위치로부터 달에 있는 산의 높이를 계산할 수 있다는 것을 증명했다. 그리고 은하수가 천상의 우유가 아닌 흐린 별들로 이루어졌다는 것을 증명해 보였으며, 목성이 네 개의 위성과 함께한다는 결론을 내린 극적인 관측을 자세히 설명했다. 이 관측은 1610년 1월 7일에 시작되어 책이 출판되기 10일 전인 3월 2일까지 계속되었다. 지금 보더라도 《시데레우스 눈치우스》가 주는 신선함과 즉시성은 매우 인상적이다.

《시데레우스 눈치우스》는 편견 없는 문체라는 점에서 17세기의 많은 문헌보다 현대 과학 출판물과 더 가깝다. 갈릴레오의 도입부와 월리엄 로워의 달에 대한 설명을 비교해보자.

> 맨눈으로 관측했을 때보다 달의 지름은 30배 정도로 더 크게 보인다. 달의 표면은 결코 부드럽거나 매끈하지 않다. 지구의 표면같이 거칠고 울퉁불퉁하다. 어디에나 높은 산과 깊은 계곡이 있고, 나선 모양으로 생긴 것들로 가득하다. 확실한 감각으로 보면 누구나 다 이해할 것이다.

로워는 친구인 토머스 해리엇 같은 사람에게 이야기하고 있는 반면, 갈릴레오는 책을 읽는 독자에게 직접 이야기하고 있는 게 틀림없지만, 이 둘 사이에 대비되는 것은 거의 없다.

케플러의 행성 운동에 관한 세 가지 법칙 가운데 처음 두 가지는 1609년, 《아스트로노미아 노바》에 발표되었다[94](1장을 보시오). 첫 번째 법칙은 행성은 태양이 한 초점에 위치한 타원을 따라 궤도 운동을 한다는 것이고, 두 번째 법칙은 태양과 행성을 잇는 선은 같은 시간에 같은 면적을 휩쓸고 지나간다고 하는 것이다. 하지만 태양이 중심이라고 하는 코페르니쿠스 이론은 아직도 널리 인정받지 못했다. 특별히 로마 가톨릭교회는 코페르니쿠스주의 냄새가 나는 것이면 어떤 것이든 힘껏 반대하면서 성경과 양립할 수 없다고 선언했다.

《시데레우스 눈치우스》를 보면 코페르니쿠스주의를 조장하는 주장은 한 군데도 없다. 물론 목성을 중심으로 돌고 있는 위성은 지구가 더 이상 모든 운동의 중심으로 여겨질 수 없다는 것을 의미하지만 말이다. 그럼에도 불구하고 종교 재판소와 신성 모독죄에 대한 총회 대표자를 포함한 교회 당국은 이 책을 출판해도 좋다고 허락했다. 모든 것이 잘 되어갔다.

대공의 수학자라고 하는 새 일자리를 얻은 갈릴레오는 피렌체로 이사했다. 그리고 그 직후인 1610년 후반에 자신의 망원경으로 또 다른 중요한 발견을 했다.[95] 금성이 달처럼 초승달 모양에서 보름달 모양으로 위상이 변화한다는 것이었다. 갈릴레오의 관측은 행성이 태양으로부터의 반사된 빛으로 빛난다는 것과 적어도 수성과 금성이 태양 주위를 돌아야 한다는 의심을 확인시켜주었다. 그리고 지구를 포함한 다른 행성들도 똑같이 불타는 중심을 따라 궤도 운동을 해야 한다는 확신을 강하게 심어주었다. 그러나 공공연히 코페르니쿠스주의를 드러내는 것은 매우 위험한 일이었다.[96] 10년 전에 '미친 태양의 사제'인 지오다노 부루노Giordano Bruno가 이단을 옹호했다는 이유로 로마의 캄포 데이 피오리에서 화형을 당했기 때문이다.

갈릴레오와 교회는 1613년에 출판된 새 책 때문에 마찰을 일으켰다.[97] 새 책이 코페르니쿠스주의에 명백히 동의했기 때문이다. 1616년, 로마를 방문한 갈릴레오는 코페르니쿠스주의를 방어하거나 코페르니쿠스주의의 기본 교의를 취하지 말라는 경고를 받았지만, 책은 더 많이 팔렸다. 결국 갈릴레오는 종교 재판소에 소환되고 말았다. 그리고 무서운 권력 앞에서 갈릴레오는 자신의 주장을 철회했다.

1633년, 가까스로 살아남은 갈릴레오는 남은 날까지 가택연금을 당해야만 했다. 눈이 보이지 않게 되었지만, 망원경이 발명되기 전에 관심을 두고 있었던 연구에 다시 몰두해 1642년 1월 8일, 죽을 때까지 새로운 동역학을 개발했다. 자신은 몰랐겠지만 갈릴레오의 연구는 천재 뉴턴Newton이 만유인력의 법칙을 개발하는 데에 초석이 되었다.

### 티코의 문하생

붙임성 있는 갈릴레오와 달리 요하네스 케플러는 사귀기 쉬운 사람이 아니었다.[98] 사소한 이야기나 일상적인 농담을 즐길 시간이 없었던 그는 여기저기를 끊임없이 왔다 갔다 했다. 지독하게 빈정거림으로써 사람들을 비난했기 때문에 무례하기 짝이 없는 사람이라는 소문도 나 있었다. 게다가 위생에는 전혀 관심도 없어서 지독한 악취를 풍기고 다녔다.

씻는 것을 싫어하기는 했지만, 케플러는 진정으로 뛰어난 사람이었다. 그는 불행한 사건의 연속인 삶에서—질병에서 사별, 늙은 어머니가 마녀라고 고발당해 터무니없는 종교재판을 받는 것에 이르기까지—17세기 초의 가장 중요한 지식의 진보를 일궈냈다. 수학의 거장들과 어깨를 나란히 할 정도로 추상적 개념을 명쾌하게 이해하는 아주 특별한 능력을 갖고 있었다.

■ 요하네스 케플러. 태양계의 발견자이자 망원경의 개선자이다.

케플러는 자신의 창조자 앞에서 경건하고, 진지하며, 거짓 없고, 겸손한 사람이었다. 티코 브라헤와의 관계는 케플러가 성공하는 데에 중요한 역할을 했다.[99] 케플러는 그해 초반, 티코 브라헤를 잠시 방문한 후, 1600년 10월에 프라하에서 다시 티코를 만났다. 처음 만났을

개화기

때에는 대놓고 심하게 충돌했는데, 대부분 사소한 문제들 때문이었다. 티코의 오만하고 전제적인 성격 때문이기도 하고, 케플러의 과민한 성격 때문이기도 했다. 그러나 1년 후, 위대한 천문학자 티코가 임종하면서 비밀을 털어놓은 상대는 다름 아닌 케플러였다. 티코는 자신이 평생 동안 연구한 것이 헛되지 않도록 케플러에게 자신이 하던 행성 관측 분석을 완수하라고 부탁했다.

1601년 10월 26일에 스승은 세상을 떠났고, 케플러는 2일 후에 루돌프 2세의 제국 수학자로 임명되었다. 이때 케플러의 나이 29세로, 이제 행성이 별들 사이를 당당히 움직이는 것을 이해할 자유와 자원, 적어도 그럴 수 있는 시간을 갖게 되었다. 처음에는 티코의 관측 결과를 실제로 누가 소유할 것인가 하는 문제로 어려움이 있었지만, 케플러가 연구를 계속하게 되었다. 그리고 1609년에 《새 천문학》을 발표했다. 신기원을 연 결론에 도달했던 것이다.

케플러는 1610년 3월, 갈릴레오가 새로운 망원경을 사용해 뛰어난 발견을 했다는 소식을 듣게 되었다.[100] 케플러는 특히 갈릴레오가 목성의 위성을 발견한 것을 보면 태양계에 대한 자신의 관점이 맞는다고 주장하며 갈릴레오와 열심히 의견을 주고받았다. 실제로 케플러는 그보다 더 앞으로 나아갔다.

> 다음 결론은 아주 분명하다(갈릴레오에게 그렇게 썼다). 우리의 달이 다른 천체를 위해 존재하는 것이 아니라 지구에 있는 우리를 위해 존재하듯이, 네 개의 이 작은 달들은 우리를 위해서 존재하는 것이 아니라 목성을 위해 존재한다. … 연장선으로 보면, 목성에 사람이 살고 있을 가능성이 아주 높다는 결론이 나온다.

케플러의 이 엄청난(그러나 완전히 근거 없는) 상상력의 비약이 현대 과학으로 하여금 지구 밖에도 생명체가 존재할지도 모른다고 추측하기 시작하게 만들었을 것이다. 아무튼 갈릴레오가 한참 지난 후에 보내온 회신은 훨씬 더 신중한 내용이었지만, 자신의 관측 결과를 절대적으로 지지하고 수용해준 케플러에게 고마움을 전하는 내용이 들어 있었다.

갈릴레오의 소식에 대한 흥분이 가라앉자 케플러는 자신이 풀 수 있는 유일한 문제로 관심을 돌렸다. 페르스피실럼은 무엇인가? 갈릴레오가 사용한 이 망원경은 무엇인가? 이 망원경은 어떻게 작동하는가? 개선할 수 있는가? 광학을 공부하기 시작한 케플러는 렌즈를 통과한 빛의 경로와 렌즈 조합 연구에 훌륭한 이론적 솜씨를 발휘했다. 케플러의 연구가 얼마나 완벽했는지, 학식 있는 이탈리아 교수의 수고는 유치하게 느껴질 정도였다.

케플러는 1611년 《디옵트리스 *Dioptrice* 굴절광학》라는 작은 책에 자신의 연구 결과를 발표했다.[101] 자신이 직접 발명한 단어로 제목을 지은 이 책은 광학 기구의 모든 것이 들어 있는 입문서였다. 갈릴레오는 질투가 났는지 이 책의 존재를 전혀 인정하지 않더니 곧 이어 재능 있는 이 책의 저자와 연락을 완전히 끊어버렸다.

《디옵트리스》의 진정한 가치는 네덜란드식(또는 갈릴레오식) 망원경의 결점을 크게 보완한 새로운 종류의 망원경을 제시했다는 사실이다. 앞에서도 이야기한 것처럼 갈릴레오식 망원경은 대물렌즈의 초점 안에 있는 급하게 깎인 오목렌즈 접안경과 상대적으로 긴 초점거리를 갖는 볼록렌즈로 이루어져 있다. 접안경은 초점으로 빛의 다발이 들어오기 전에 수렴하는 빛을 가로막아 다시 평행하게 만든다. 정확하게 말하면 대물렌즈로 들어오는 빛의 다발처럼 접안경에서 나오는 빛의 다발은 평행광으로 이루어져 있다. 그러나 먼 거리에 있는 다른 부분에서 오는 빛의 다발 사이의 각이 확대된다. 이것이 멀리 있는 사물이 더 크게 보이는 이유이다.

갈릴레오식 망원경이 갖고 있는 약점은 볼 수 있는 경치가 대물렌즈의 지름에 의해 제한되어 시야가 좁다는 것이다. 배율이 크면 클수록 시야는 점점 더 작아진다. 예를 들어, 갈릴레오가 만든 30배율 망원경으로 하늘을 보는 시야는 빨대로 하늘을 보는 시야와 비슷하다.

그런데 케플러가 이 문제를 해결하는 방법을 알아냈다. 갈릴레오식 망원경을 들고 있고 오목한 접안경을 빼냈다고 한 번 가정해보자. 평평한 면에 먼 경치를 위아래 뒤집어놓은 상을 투영할 긴 초점거리만 갖고 있다. 이제 그 평면이 투사지처럼 투명하다고 가정해보자. 그러면 그 뒤에서 상을 볼 수 있을 것이다(이렇게 투영된 상을 '실상'이라고 부른다). 그 다음에는 확대경(이번에는 초점거리가 짧은 또 다른 볼록렌즈)을 가지고 종이에 있는 상을 확대할 수 있다. 어떤가? 그게 바로 망원경

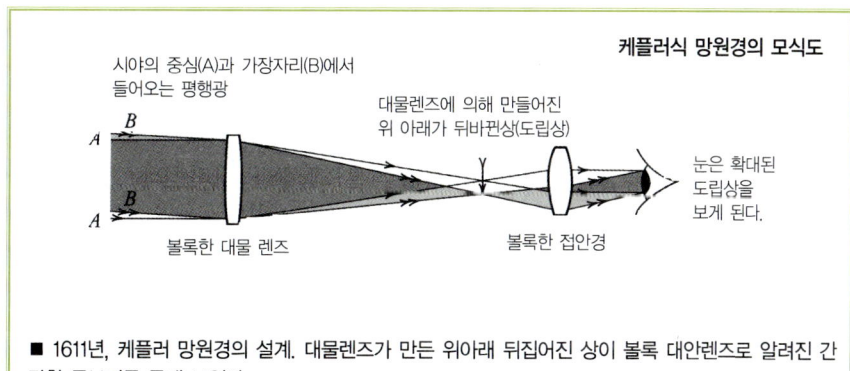

■ 1611년, 케플러 망원경의 설계. 대물렌즈가 만든 위아래 뒤집어진 상이 볼록 대안렌즈로 알려진 간단한 돋보기를 통해 보인다.

이다.

공교롭게도 투명한 영사막은 필요 없다. 왜냐하면 상은 공간에 단순히 매달려 있어도 동일하게 잘 확대될 수 있기 때문이다. 이것이 바로 케플러가 《디옵트리스》의 86번째 정리에서 정확하게 제시한 것으로, 초점거리가 다른 두 볼록렌즈로 이루어진 망원경이다. 대물렌즈는 접안경보다 초점거리가 더 길고, 이 두 개의 비율이 망원경의 배율이다.

케플러가 고안한 망원경의 시야는 대물렌즈의 지름과 상관없기 때문에 갈릴레오식보다 시야를 더 크게 만들 수 있다. 빨대 효과는 없어지거나 상당히 경감되었다. 그러나 이것은 불행히도 또 다른 단점으로 대치되었다. 접안경을 통해 본 상이 이제는 위아래가 뒤집혀버린 것이다. 별이나 행성을 볼 때에는 크게 문제가 되지 않지만, 군대에서 관찰용으로 쓰거나 평화로운 지상의 물체를 바라볼 때에는 목에 걸린 가시와도 같다. 이러한 이유 때문에 케플러가 고안한 망원경을 '천문학적 망원경'* 또는 '도립상 망원경'이라고 부른다. 그리고 이 망원경을 발명한 위대한 사람에게 영원성을 부여하기 위해 '케플러식'으로 부르기도 한다.

갈릴레오와 달리 케플러는 실험가가 아니었다. 그래서 망원경의 성능을 증명할 모형을 만들지 않았다. 그렇잖아도 케플러의 시력이 너무 나빠서 위대한 천문학적 발견은 이루지 못했을 것이다. 잘 만들어진 망원경은 갈릴레오의 잘 알려진 경쟁자이자 독일인 예수회 천문학자인 크리스토프 샤이너Christoph Scheiner(1573-1650)가 몇 년 후에 만든 망원경이었다.[102] 이 망원경은 정확히 케플러가 그럴 것이라고 말한 대

**천문학적 망원경** 케플러식 망원경의 다른 이름. 요즘은 천문학용으로 사용되는 모든 망원경을 일반적으로 일컫는다.

■ 크리스토퍼 샤이너.
케플러 망원경을 처음으로 만든 사람.

로 아주 잘 작동했다.

《디옵트리스》의 출판과 더불어 광학으로 연구 분야를 옮겼던 케플러는 곧 다른 연구로 돌아왔다. 큰 사건이 케플러를 덮쳤기 때문이다.[103] 1611년 5월 23일, 정치적 위기 상황 때문에 루돌프가 동생 마티아스Matthias에게 왕위를 물려줄 처지가 되었을 때, 케플러는 본의 아니게 이 사건에 대해 조언을 해주었다가 티코가 그랬던 것처럼 위대한 점성술사로 존경받았다. 1년 후에 루돌프가 세상을 떠나자 케플러는 교구 수학자가 되어 린츠의 도나우로 옮겨왔다. 그리고 여기에서 행성의 공전 궤도 주기를 태양과의 평균 거리와 연관짓는, 행성 운동의 세 번째 법칙을 유도함으로써 행성 궤도에 관한 위대한 연구를 완성했다.[104] 케플러는 1618년에 발표한 《하모니세스 문디 Harmonices mundi 우주의 조화》에 행성 운동의 법칙을 발표하는 방법으로 자신의 발견을 세상에 조용히 알렸다.

그리고 연구를 진전시켜 1601년에 티코가 시작한 행성 위치를 확장한 표를 완성했다.[105] 이 루돌프 표는 1672년에 발표되었다. 그리고 위대한 지도 교사인 티코의 충실한 제자 케플러는 1630년 11월 15일, 제국 도시 레겐스부르크에서 죽는 순간까지도 스승의 관측 결과를 분석하는 연구에 몰두했다. 이때 그의 나이 58세였다.

# 5 진화
Evolution

## 망원경이 극단으로 가다

케플러는 《디옵트리스》에서 자신이 만든 망원경의 큰 단점을 어떻게 하면 없앨 수 있는지 설명하고 있는데, 이것을 보면 케플러가 광학이론을 얼마나 깊게 이해하고 있는지를 알 수 있다.[106] 두 렌즈 사이 적당한 위치에 세 번째 볼록렌즈를 삽입하면 상을 다시 뒤집어 세워 똑바로 선 전경을 볼 수 있기 때문에 정립렌즈*라고 부르기도 한다. 문제는 상을 똑바로 보이게 하려면 망원경의 길이가 더 길어져야 한다는 것이었다. 더 정확하게 말하면, 정립렌즈 초점거리의 네 배만큼 더 길어져야 한다. 그래서 새로운 자재로 통을 만든 망원경이 그렇게 길고 무거웠던 것이다.

1620년대로 거슬러 올라가 이 망원경이 갈릴레오식 망원경을 대체

**정립렌즈** 대물렌즈와 접안경 사이에 위치하는 볼록렌즈. 케플러식 망원경의 뒤집어진 상을 바로 세우는 역할을 한다.

79

하지 못한 이유는 무거워서가 아니라 다른 이유들 때문이었다. 정말 이해하기 힘들지만, 첫 번째 이유는 《디옵트리스》가 출판되자마자 슬그머니 자취를 감추어버렸기 때문이다.[107] 이 책이 영국에서는 폭발적으로 인기가 있었는데, 유럽 대륙에서는 완전히 무시당했던 것이다. 게다가 상을 다시 뒤집는 케플러의 기술을 이해할 정도의 안경 상인이라면, 1620년대의 질 낮은 렌즈를 빛의 경로에 집어넣으면 나쁜 결과가 나온다는 것을 알고 있었을 것이다.[108] 렌즈의 불완전성 때문에 전혀 도움이 되지 못했기 때문이다. 보이는 모습이야 확실히 똑바른 것이었겠지만, 만족할 정도로 선명하지는 않았을 것이기 때문에 갈릴레오식 망원경은 상당히 오랜 기간 동안 최첨단 기술로 남아 있었다. 빨대로 보이는 하늘처럼 작은 시야를 가졌음에도 불구하고 말이다.

아는 것처럼 갈릴레오식 망원경은 1608년에 군사용으로 쓰려고 만든 것이었다. 그러나 놀랍게도 군대 관리들은 별로 반가워하지 않은 것 같다. 1614년 11월, 브라질 해안 구악산두바에서 해전이 벌어지고 있을 때였다.[109] 프랑스와 포르투갈이 식민지 패권을 놓고 벌이는 전쟁이었는데, 전투가 소강 국면에 있는 동안 포르투갈 군대 사령관은 망원경으로 적의 활동을 감시했다. 그러자 리스본에서 온 고위 관측장교가 완강하게 말했다. '사령관님, 지금은 망원경을 볼 시간이 아닙니다. 그런다고 우리 일이 줄어들지도 않고, 적의 수를 적게 만들지도 않습니다.' 사령관의 반응을 상상할 수 있다.

광학 기계상에게 도립식 망원경인 케플러식 망원경*을 개량하라고 압력을 넣은 것은 육군 장군이나 해독이 아니라 결국 천문학자들이었다. 목성의 구름 띠(나폴리의 천문학자 프란시스코 폰타나 Francesco Fontana가 발견했다)에서 안드로메다은하까지, 17세기 처음 몇 십 년 동안 천문학

**케플러식 망원경(도립상 망원경)** 두 개의 볼록렌즈를 이용한 망원경. 멀리 있는 물체의 상을 뒤집기 때문에 도립상 망원경이라고 불린다.

## 진화

**광년** 빛이 1년 동안 이동하는 거리.

적 발견이 쏟아져 나왔다.[110] 220만 광년* 떨어져 있는 안드로메다은하는 맨눈으로 볼 수 있는 가장 먼 천체이다. 1612년 12월, 이 흐리고 불분명한 물체를 망원경으로 맨 처음 관측한 시몬 마리우스는 안드로메다은하를 '뿔을 통해 빛을 내는 촛불과 같다'고 시적으로 묘사했다. 이러한 천문학적 발견은 자칭 학식 있는 사람들로 하여금 망원경을 만져보고 싶게 만들었다.

사람들은 이 경이로운 것들을 망원경으로 직접 볼 수 있었다. 아마추어 천문학자들은 새로운 것을 발견하면 자신의 것으로 주장할 불멸의 권리가 생기는 셈이었으므로 배율이 훨씬 더 큰 망원경을 원했다. 큰 구경 망원경은 갈릴레오식으로는 훨씬 시야가 좁다는 것을 의미했고, 시야가 좁다는 것은 관측 대상을 바라보기가 훨씬 더 어렵다는 것을 의미했다. 그러자 1630년대 후반부터 케플러의 도립식 망원경이 슬슬 쓰이기 시작하다가 1640년대 초반에 이르러 큰 진전을 보였다.

카푸친 수도회의 수도승인 안톤 마리아 쉬를 데 라이타Anton Maria Schyrle de Rheita(1597-1660)가 새롭게 개발된 망원경으로 목성에서 더 많은 위성을 발견했다고 발표했다.[111] 자신의 망원경에 대해 입을 꾹 다

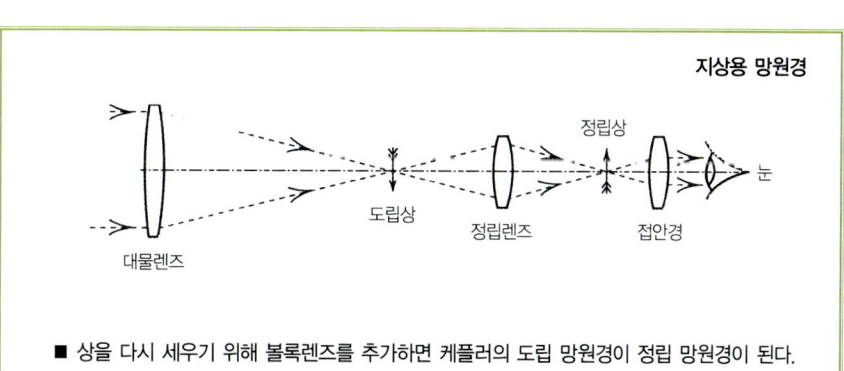

**지상용 망원경**

정립상 / 도립상 / 정립렌즈 / 접안경 / 눈 / 대물렌즈

■ 상을 다시 세우기 위해 볼록렌즈를 추가하면 케플러의 도립 망원경이 정립 망원경이 된다.

81

물고 있다가 1645년에 가서야 자신의 망원경은 볼록렌즈가 네 개라고 발표했다. 그러면서 돈을 벌 생각이었는지, 아우스부르크의 안경 상인인 요하네스 비젤Joannes Wiesel(1583-1662)에게 가면 이 망원경을 살 수 있다고 말했다. 라이타의 망원경이 어떻게 작동하는지 알고 싶은 사람은 그것을 구입해야만 했다. 비젤은 최고의 기기 제작자였기 때문에 그가 만든 망원경은 값이 꽤 비쌌을 것이다.

 이 망원경은 두 가지 면에서 큰 발전을 보였는데, 첫 번째는 비젤이 향상된 렌즈 제작 기술로 만든 렌즈는 질이 좋아서 빛의 경로에 첨가되더라도 잘 안 보이는 일은 없다는 것이었다. 그리고 두 번째는 이 첨부된 렌즈들이 적절한 위치에 놓이기만 하면 상당히 잘 보인다는 것을 라이타가 알았다는 것이다. 결국 렌즈 두 개짜리 망원경과 렌즈 세 개짜리 망원경은 케플러의 도립 망원경과 정립 망원경을 재발견한 것에 다름 아니라는 판명이 났지만, 렌즈 네 개짜리 망원경은 정말로 새로운 것으로, 대물렌즈와 정립렌즈 그리고 두 개의 독립된 구성 성분의 접안경으로 이루어져 있었다.

 이 렌즈들은 오늘날 우리가 눈렌즈*와 시야렌즈로 부르는 것이다. 눈렌즈는 케플러식 망원경에서 접안경이 하는 일을 하는 것으로, 대물렌즈가(또는 이 경우 대물렌즈와 정립렌즈의 조합에 의해서) 만든 실상을 확대하는 역할을 한다. 그러나 대물렌즈에 약간 더 가까이 놓인 시야렌즈는 다른 기능을 하는 것으로, 표준적인 케플러식보다 시야가 더 넓다. 그래서 이름도 시야렌즈이다.

 라이타는 완벽한 실험 덕으로 갈릴레오와 케플러의 망원경보다 좋은 성능을 가진 렌즈의 조합을 얻어낼 수 있었고, 이 새로운 발명품은 영국 해협을 건너 열광적인 인기를 끌었다. 그러나 그 당시 영국에는

**눈렌즈** 접안경이 여러 장의 렌즈로 구성되어 있는 경우 눈과 가장 가까운 렌즈.

### 진화

아주 심각한 문제가 있었다. 전체 영국 제도를 달구던 정치적·종교적 사회 불안이 혁명으로 타올라, 평온한 영국 땅은 영국 역사에서 마지막 내란의 불길에 휩쓸렸다.

찰스Charles 1세의 왕당파와 의회파(원두 당원—이 명칭은 그들이 머리를 짧게 깍은 데에서 비롯되었다) 사이에 벌어진 7년에 걸친 투쟁은 1649년에 왕당파가 패배하고 공화국이 설립됨으로써 극에 달았다.[112] 왕은 올리버 크롬웰Oliver Cromwell의 군사 정권 아래에서 재판을 받고, 유죄가 확정되어 공개적으로 참수되었다. 이러한 시대 분위기로 볼 때 훌륭한 많은 천문학자들이 목숨을 잃은 것은 그리 놀라운 일이 아니었다.

아마 가장 중요한 사람은 북부 영국에서 벌어진 마스튼 무어 전투에서 1644년, 24세의 젊은 나이로 전사한 윌리엄 개스코인William Gascoigne일 것이다. 개스코인은 몇 년 전, 평화롭던 시절에 아주 엄청난 발견을 했다.[113] 케플러 망원경을 이용해 관측하다가 대물렌즈와 접안경 사이에 거미가 거미줄을 치며 내려오는 것을 보았다. 거미줄이 우연히 정확하게 접안경의 초점에 있었다. 개스코인은 망원경을 통해서 자신이 연구하던 대상인 태양과 여기에 겹쳐진 확대된 거미줄을 동시에 볼 수 있었다.

개스코인은 자신의 망원경 시야에 겹쳐진 거미줄을 놓음으로써 별을 향해 망원경을 정확히 움직일 수 있다는 것을 알았다. 이러한 망원경 시야는 별의 위치를 정확하게 측정하는 데에 대변혁을 일으켰다. 이는 티코 브라헤의 연구 이후 위치 천문학에서 가장 큰 진보였다. 거미줄은 가늘고 두께가 일정해서 완벽한 십자 선에 딱 맞았다.[114] 그 후

거미줄을 사용하는 방법은 개스코인과 더불어 사라지고, 가는 철사나 명주실로 대체되었다가 18세기 후반이 되어서야 다시 거미줄을 사용했다. 이것은 오랫동안 지속되었다. 천문학자들은 1960년대까지도 망원경을 위한 적당한 거미줄을 찾기 위해 왕립 그리니치 천문대 주변에 있는 관목을 샅샅이 뒤졌다. 그때는 천문대가 전원적인 서섹스 주에 있었다.

윌리엄 개스코인은 태양과 달의 지름과 가까이 있는 별들의 거리를 재는 기구를 발명했다.[115] 역시 접안경의 초점에 사용된 이것은 접안경의 측미계*의 기초가 되었다. 그 후 3백 년 동안 천문대의 중요한 표준 기구가 발명되었다. 이 젊은이가 피비린내 나는 마스튼 무어 전투에서 살아남았다면 얼마나 더 훌륭한 업적을 이루었을까 하고 생각하면 안타깝기 짝이 없다.

**측미계(접안경 측미계)**
망원경을 이용해서 작은 각을 측정할 때 사용할 수 있도록 움직일 수 있는 실이 달린 기구. 행성의 크기나 이중성의 간격을 측정할 때 사용된다.

### 별을 보는 관

영국은 내전 때문에 훌륭한 천문학자들을 많이 잃었다. 목숨은 건졌지만 유럽 대륙으로 피신한 사람들도 많았기 때문이다. 개스코인의 친척인 찰스 캐빈디시Charles Cavendish도 그런 사람들 가운데 하나였다. 마스튼 무어 전투 후 바로 영국을 떠난 그는 새로운 다중렌즈 망원경에 관한 소식을 듣고 앤트워프로 가 라이타를 찾아냈다. 학식 있는 수도승인 라이타는 새로운 발견을 책으로 출판하려고 준비하던 중이었다. 짧은 만남이었지만, 두 사람은 확실히 서로에게 끌렸다.[116]

## 진화

우리는 유명한 카푸친 수도승 라이타와 함께 만났다(그는 영국에 있는 수학자 친구에게 보내는 편지에다 썼다). 중요한 질문들에 대해 단둘이 충분히 이야기를 나누지는 못했지만, 뛰어나고, 몹시 친절하며, 편견이 없고, 마음이 열려 있는 사람임에는 틀림없어 보였다.

비젤 망원경의 가격에 대해서도 물어본 찰스 경은 다양한 가격대의 상품이 있는 것을 알게 되었다. 그때는 망원경은 길이가 상당히 길어져 있는 때여서[117] 5피트 4인치(1.6미터)였던 갈릴레오의 가장 좋은 망원경보다 길었다. 실제로 비젤은 금화 여섯 개라는 싼 가격으로 3피트(0.9미터)짜리 작은 모형을 달라고 했지만, 이 망원경은 거의 장난감 수준이었다. 고급 망원경들은 대부분 훨씬 더 길었다. 1647년 9월의 가격표를 보면, 비젤이 만든 망원경 가운데 가장 큰 망원경은 길이가 14피트(4.3미터)쯤 된다. 가격은 갈릴레오식인 경우 금화 50개, 케플러식인 경우 금화 60개를 주어야 살 수 있었다. 그리고 라이타가 사용한 것과 같은 렌즈 네 개짜리 지상용 망원경*은 금화 120개를 내야 했다. 이 망원경은 17세기 중반 광학 기구의 제작에서 최첨단이었다.

그 망원경들은 매우 길었지만, 배율은 갈릴레오의 30배율보다 훨씬 더 높지는 않았다. 이 망원경 렌즈는 갈릴레오의 망원경 렌즈처럼 안경알보다 아주 조금 큰 정도였다. 그렇다면 30년 된 망원경의 역사에서 크게 나아진 것은 무엇인가? 케플러식과 지상용식에서 적어도 시야는 넓어졌다는 것이다. 다시 말해, 망원경을 통해 볼 수 있는 상의 질이나 명확도에 중대한 발전이 있었던 것이다.

상이 이렇게 뚜렷이 보이는 것은 두 가지 이유 때문인데, 그 첫 번째는 우리가 보아온 것처럼 렌즈 자체가 갈릴레오 시대의 렌즈들보다

**지상용 망원경** 정립상을 만드는 망원경. 일반적으로 정립렌즈가 들어 있는 케플러식 망원경을 일컫는다.

좋아졌고, 렌즈의 원재료가 되는 유리도 더 균일해져 렌즈의 면이 더 정확했고, 흠집 없이 더 매끈하게 가공될 수 있었다. 두 번째 이유는 더 근본적인 것으로, 망원경의 길고 가느다란 모양과 관련이 있었다.

사실 그 시대의 광학 기술자들은 망원경의 대물렌즈가 완벽한 상을

### 렌즈의 수차

1630년대 이후, 르네 데카르트는 구의 한 부분처럼 만들어진 굽은 면의 대물렌즈는 완벽한 상을 만들 수 없다는 것을 연구를 통해 보여주었다. 케플러는 별빛은 한 점에서 교차하지 못한다는 것을 이미 시사한 바 있다. 그러나 데카르트는 투명한 면을 통과할 때 굴절되는 빛을 좌우하는 스넬의 법칙(1621)을 이용했다. 데카르트는 1637년, 《디옵트리크 *Dioptrique*》에서 구면은 언제나 상을 흐리게 만든다는 것을 증명했는데, 이 현상은 구면 수차—구면 때문에 생기는 오차—로 알려져 있다.

데카르트는 이 효과를 보정할 수 있는 면의 모양도 설명했다. 실제로 이것은 구면과 조금 다른 쌍곡면이었다. 1640년대에는 구면을 그럴 듯하게 만들 수는 있었지만, 그 시대의 기술로는 쌍곡면을 제작할 수 없었다. 데카르트의 연구에 익숙했던 찰스 캐빈디시 경은 영국을 떠나기 전에 그러한 렌즈를 만들려고 시도했다가[118] 그는 물론 동료들도 실패하고 말았다. 비구면 렌즈에 대한 집착은 점점 더 커져서[119] 1661년, 왕립 학회는 구면 위원회를 만들어 비구면 렌즈를 만드는 방법을 연구하게 되었다.

그 결과, 상을 흐리게 하는, 훨씬 더 심각한 효과가 나타났다.[120] 렌즈를 통과하는 백색광은 분산되어 스펙트럼 색깔의 성분으로 나뉘고, 그 결과, 각각의 색은 옆의 색깔의 빛과 약간씩 다른 위치에 상을 만든다. 즉, 보라색은 렌즈와 가장 가까운 곳에 상을 만들고, 붉은색은 가장 먼 곳에 상을 만들기 때문에 접안경을 통해 본 물체는 주위에 색을 띤 무늬를 만들게 된다. 이 현상을 색 수차—색과 관련된 오차—라고 부르는데, 요즘은 렌즈를 두 개 이상 조합해서 색 수차와 구면 수차 모두를 보정할 수 있다.

# 진화

만들지 못한다는 것을 알고 있었다. 두 가지 잘못 혹은 수차라고 하는 것이 망원경을 통해 보는 상에 영향을 미친다('렌즈의 수차'를 보시오). 사람들은 구면 수차에 대해서 잘 이해하고 있었다. 그러나 그 시대의 기술로 보정하는 것이 불가능했다. 반면 색 수차라고 하는 다른 하나는 완전히 신비로운 것이었다. 광학 기계상들은 상이 다양한 색으로 흐려지는 이유가 구면 수차* 때문이라고 오해하고, 비구면을 만들어야 한다는 강박관념을 갖게 했다. 그러나 결국 뉴턴은 색 수차*가 더 훨씬 더 큰 효과라는 것을 증명했다(8장을 보시오).

**구면 수차** 구면인 거울 또는 렌즈가 만드는 상의 결함.

**색 수차** 렌즈를 통과하는 빛의 파장에 따라 굴절되는 정도가 다르기 때문에 초점면에 만들어지는 상 주변에 해무리 같은 것이 나타나는 현상.

1640년대에는 이 문제들을 피해갈 방법이 딱 한 가지 있었다. 초점 거리를 지름보다 아주 길게 하면 두 수차는 느껴지지 않을 정도로 줄어든다. 즉, 면의 곡률이 아주 작은 대물렌즈가 필요했던 것이다. 그 시대의 길고 가느다란 망원경은 단순히 근본적인 광학 문제를 현실적으로 해결하자 아주 잘 팔려나갔다. 그런데 직경이 작은 대물렌즈는 상이 흐려서 상대적으로 밝은 물체만 관측할 수 있다는 게 문제였다. 그럼에도 불구하고 이 길고 가느다란 망원경은 얼마 동안 훨씬 더 길고 더 약해져갔다.

라이타가 찰스 캐빈디시 경으로 하여금 결국 비젤 망원경을 사도록 만들었는지는 알 수 없지만, 그 광학 기술자가 만든 그 비싼 망원경 두 개가 영국의 구매자에게 건너간 것은 사실이었다. 비젤은 1649년 12월, 두 번째 '별의 관'을 완성했다. '별의 관'을 사용하는 방법이 적힌 편지가 그 시대의 복사본 형태로 남아 있는데,[121] 읽어보면 재미있다.

87

존경하는 선생님께

지난번에 제가 스테텐에서 오신 어느 신사에게 별의 관을 배송해주고 은화 1백 개를 받았습니다. 선생님이 주문하신 것입니다. 지난번 통을 보내드릴 때 어떻게 조립하는지에 관한 긴 설명서를 보내드렸습니다. 조립하는 데에 문제가 없으셨을 것입니다. 하지만 이번에 보내드리는 별의 관에 대해서는 부가적인 설명이 조금 더 필요합니다. 아래에 적도록 하겠습니다.

먼저 11개의 새로운 자재 통*이 있습니다. 모든 관은 A와 B로 표시되어 있습니다. 유리가 네 개 있습니다. 전처럼 작은 관에 큰 대물렌즈를 넣으십시오. 큰 가죽 관에 두 개의 볼록렌즈가 있는 더 짧은 관이 있는데, 이것은 강한 나사로 검은 나무에 고정되어 있습니다.

그는 별의 관을 어떻게 조립하는지 길게 설명한 후, 어떻게 하면 망원경을 최고의 상태로 유지할 수 있는가에 관한 몇 가지 조언을 첨부했다.

오래 사용하면 렌즈가 더러워질 수 있습니다. 그러면 렌즈를 꺼내 흰 천으로 잘 닦아주십시오. 그런 다음, 정확한 위치에 다시 집어넣고 나사로 잘 조이십시오.

비젤은 계속해서 이 망원경이 새로운 형태로 된 첫 번째 망원경이라고 하면서 자랑스러워했다.

선생님, 제가 이런 방식으로 처음 만든 별의 관이라는 것을 믿으셔도

> **신축伸縮 자재 통** 망원경 여러 개의 자재 통을 이용하여 휴대하기 편리하도록 길이를 조절할 수 있게 고안한 망원경.

## 진화

> 좋습니다. 이 망원경은 그렇게 만족스럽지 않았던 망원경들에 비해 훨씬 더 좋은 망원경입니다. 이것으로 달을 처음 보았을 때 달이 엄청나게 크게 보였습니다. 달이 제 눈에서 1피트도 떨어져 있지 않았죠. 저는 그 동안 관측하던 것 주위에서 새로운 것들을 발견했습니다. 저는 1649년 12월 16일인 지난 밤 저녁 7시경에 토성이 이런 모습을 하고 있는 것을 보았습니다.

비젤은 토성 그림 사본을 증거로 보냈다. 맨 처음 토성의 고리를 발견한 지 10년이 지나서야 토성 고리를 이해할 수 있게 된 것이다. 그러면서 비젤은 망원경을 최고 상태로 사용하려면 망원경 전체가 '휘어지지' 않도록 얇은 홈통을 받치라고 썼다. 대물렌즈를 지탱하는 것이 가장 큰 것이 아니고 가장 작은 것이라니, 최소한 열한 개 이상의 새로운 자재 통으로 만들어진 망원경이라는 것을 고려하면 좋은 충고임에 틀림없다.

비젤의 설명서를 보면, '밤의 별의 관'이 케플러식 도립 망원경이었다는 것은 확실하다. 그러나 이 망원경은 두 개나 세 개가 아닌 네 개의 렌즈로 되어 있다고 했다. 상황을 종합하면 대물렌즈와 시야렌즈, 두 렌즈가 붙어 있는 눈렌즈로, 아마 매우 짧은 초점거리를 주기 위해 붙어 있었을 것이다. 고배율을 만들려면 초점거리가 짧아야 한다. 네 개 모두 볼록렌즈였다. 그러나 접안경을 이루는 세 렌즈가 모두 한 면이 평평한, 평철렌즈로 알려져 있는 형태로, 비교적 쉽게 만들 수 있었기 때문에 초기 렌즈에서 많이 발견되는 렌즈이다. 비젤은 이 모든 렌즈들의 평평한 면이 모두 눈 쪽을 향하게 배열되어야 한다고 말

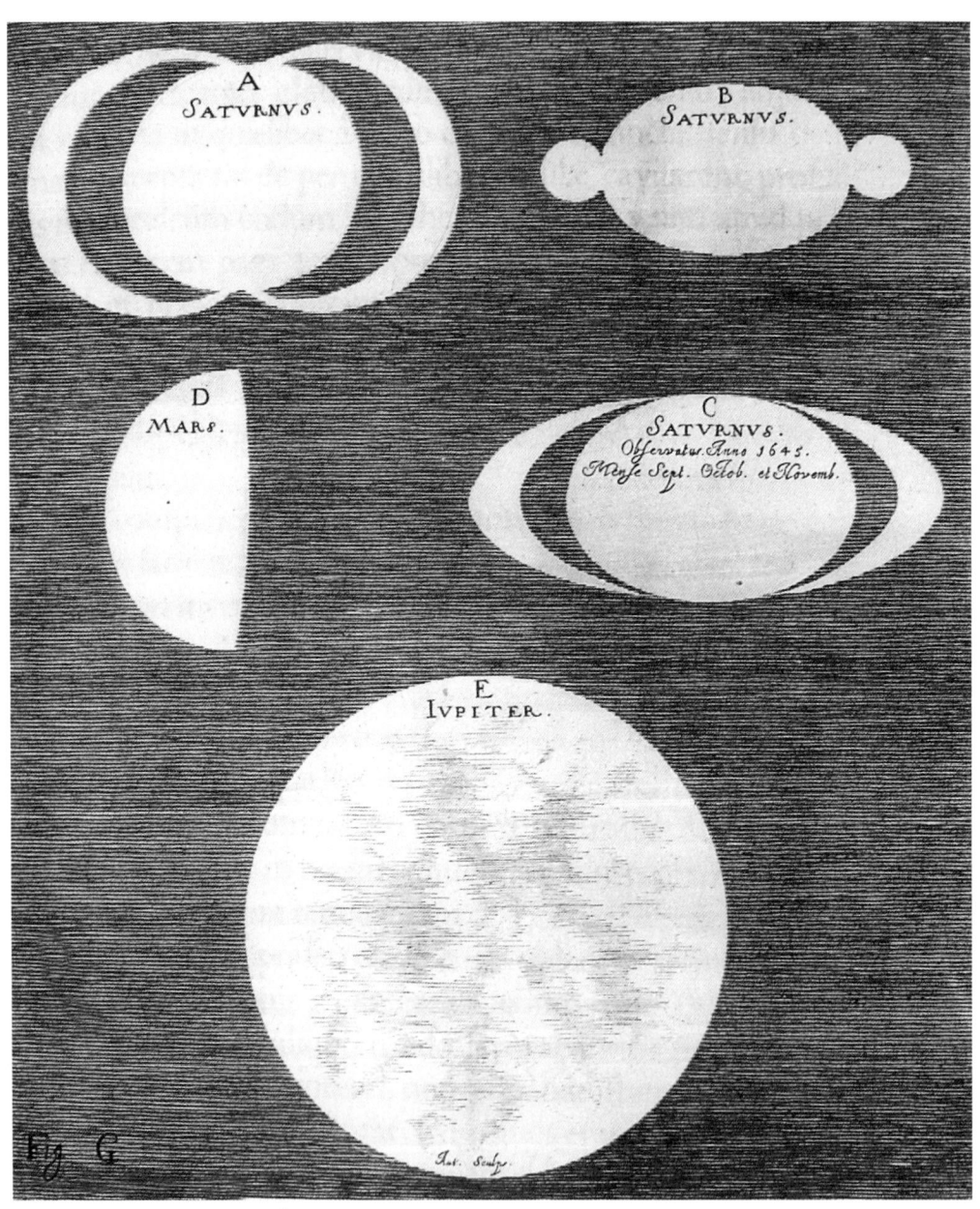

■ 1647년 헤벨리우스가 그린 토성의 그림. 비젤만 토성의 고리를 본 것이 아니었다.

하고 있다.

이 모험적인 사람은 라이타와 더불어 최고의 성능을 얻기 위해 다양한 조합을 시도해보았을 것이다. 동시대의 다른 광학 기계상들도 비슷한 것을 시도했다.[122] 어떤 사람은 망원경 하나에 열아홉 개의 볼록 렌즈를 집어넣은 적도 있었다고 한다. 하지만 비젤이 접안경의 색 수차를 최소화하는 최적의 배열에 가장 가깝게 간 것 같다. 오늘날은 이러한 배열을 발견한 사람으로 다른 사람을 떠올리는데, 토성의 신기한 모양이 무엇 때문인지 알아낸 바로 그 사람이다. 1629년부터 1695년까지 산, 이 위대하고 재능 있는 네덜란드 사람의 이름은 크리스티안 호이겐스Christiaan Huygens이다.

### 개선

공화국으로 알려진 영연방이 마침내 세력을 잃게 되자 영국은 환희로 들끓었다.[123] 1659년, 크롬웰이 세상을 떠나면서 청교도적 정부도 점차 인기를 잃었고, 의회는 곧 군주제를 복원하는 문제로 협상을 시작했다.

*이 창문을 통해 시의 이쪽 끝에서 저쪽 끝까지 기쁨이 넘치는 것을 보는 것은 즐거운 일이었다. 여기저기에서 벨이 울렸다.*

1660년 2월 21일, 일기 작가 사무엘 피프스Samuel Pepys는 공화국이 끝난 날의 광경을 이렇게 적었다. 1660년 5월 8일, 망명지에서 돌아온 찰스 2세가 왕으로 선포되었고, 그로부터 1년 후, 런던에서 왕위에 복귀했다. 그리고 정치적 변화에 대한 경고의 의미로 크롬웰의 시신을 발굴해 교수대에 전시했다.[124]

위대한 크리스티안 호이겐스도 당초 계획보다 오래 런던에 머물고 있었다.[125] 모든 사람이 대관식에 초대받았지만, 헤이그에서 온 호이겐스는 대관식에 가지 않았다. 같은 날, 천문학자에게 훨씬 더 중대한 사건 즉, 수성이 태양 면을 가로질러가는 사건이 일어나고 있었기 때문이다. 1661년 4월 23일, 호이겐스는 다른 과학자들과 함께 수성이 태양 면을 통과하는 모습을 열심히 관측했다. 대중적으로 인기 있던 찰스 왕의 설비로, 장소는 리처드 리브Richard Reeve라는 영국의 망원경 제작자의 집에서 이루어졌다.

호이겐스는 이미 망원경을 만드는 데에 성공한 상태였다. 가장 인상적인 망원경의 배율은 1백 배였고 길이는 23피트(7미터)나 되는, 아주 거대한 것이었다. 기본적으로 접안경에 시야렌즈가 없는 단순한 케플러식 망원경으로, 시야가 17분이었는데, 이는 달 지름의 반 정도 되는 크기였다. 이것은 갈릴레오식 망원경보다 훨씬 더 커서 한꺼번에 훨씬 더 많은 천체를 볼 수 있었다.

돈을 벌 목적으로 36피트(11미터)짜리 긴 망원경을 만들고 있었던 리브는 비젤의 성공에 대해 알고 있었으므로 접안경의 시야

■ 1647년 최첨단 망원경. 15년 만에 길이가 엄청나게 길어진다.

### 진화

렌즈가 갖고 있는 장점도 잘 알고 있었다. 1661년 3월, 그가 예비 구매자에게 쓴 것처럼, 그가 만든 망원경 가운데 하나에도 그런 렌즈가 들어 있었다. 그 렌즈로는 같은 성능의 갈릴레오식 망원경보다 '40배나 더 많은 사물을 볼 수' 있었다. 이러한 개선은 관측자에게 매우 값진 자산이 되었다.

리브의 집에서 본 망원경에 감명 받은 호이겐스는 헤이그로 돌아와서 접합 접안경의 가능성에 대해 연구했다. 1662년 10월, 호이겐스는 파리에 있는 동생에게 새로운 비책을 찾았다고 편지를 썼다. 이는 '낮에 사용되는 망원경(지상용 망원경)과 더 긴 것(아마 천문학적 망원경)이 명료해졌고 시야도 넓어졌다.'

호이겐스가 발견한 비책은 특정한 거리에 특정한 초점거리를 갖는 평철렌즈 두 개를 놓는 것이었다.[126] 두 렌즈(시야렌즈와 눈렌즈)는 평평한 면이 모두 눈을 향하도록 놓여져 시야를 많이 개선했을 뿐 아니라 상의 질까지 개선해 성능을 극적으로 향상시켰다. 오늘날 호이겐스*의 접안경이라고 알려져 있는 이것은 라이타와 비젤 그리고 다른 사람들에 의해 준비되었던 것으로, 아주 중대한 발견이었다.

호이겐스의 23피트짜리 망원경에 이 렌즈들을 장착한 새로운 접안경의 시야가 두 배로 늘어나자 호이겐스는 훨씬 더 큰 망원경이 좋다고 확신하게 되었다. 관측자가 새로운 망원경을 사용해서 수많은 별들 사이에서 목표물을 쉽게 찾을 수 있기 때문이다. 물론 넓은 시야 덕분이었지만, 망원경의 길이를 제한하는 것은 접안경이 나아갈 길은 아니었다.

신기하게도 영국에서는 매우 긴 망원경이 인기가 없었다. 리브와

**호이겐스 접안경** 두 개의 볼록렌즈(시야렌즈와 눈렌즈)의 조합으로, 상의 질과 시야를 모두 개선하는 효과가 있다. 초점은 두 렌즈의 사이에 있다.

크리스토퍼 콕Christopher Cock과 세 명의 존(존 콕스John Cox, 존 마셜John Marshall 그리고 존 야웰John Yarwell) 같은 런던의 망원경 제작자들이 초점거리가 60피트(18.3미터)나 되는 대물렌즈를 만들었다.[127] 영국 천문학은 다른 방향으로 움직이고 있었던 것이다.

17세기 후반, 찰스 2세의 넉넉한 후원 아래 과학이 꽃을 피웠다. 1660년에 왕립 학회가 설립되었고, 로버트 보일Robert Boyle(1627-1691), 로버트 후크Robert Hooke(1635-1703), 아이작 뉴턴(1642-1727) 그리고 에드먼드 핼리Edmond Halley(1656-1742) 등 기라성 같은 과학자들을 배출했다. 이들 모두 각각 자기 분야에서 뛰어난 연구를 해냈다. 일반적으로 천문학은 성질을 아는 것뿐만 아니라 국가의 힘과 권위를 향상할 수 있는 면에서 높이 평가받고 있었다. 유럽 대륙에서는 1667년, 루이Louis 14세가 지구의 모양에 관한 학문인 측지학\*을 개선할 목적으로 파리 천문대를 설립했다.

1675년 3월 4일, 찰스 2세는 존 플램스티드John Flamsteed(1646-1719)를 '왕립 천문학자'로 임명했다.[128] 존 플램스티는 하늘의 움직임과 붙박이별들의 위치에 관한 성표를 꼼꼼하게 교정하고, 항해 기술을 개선하라는 명령을 받았다. 달의 움직임이 바다에서 경도를 결정하는 방법을 제공할지 모른다는 생각이 있었기 때문이다. 플램스티드는 1년에 1백 파운드를 받기로 하고 초대 왕립 천문학자가 되어 '그리니치의 공원 안에 있는 작은 천문대'를 사용하게 되었다. 천문학자이자 건축가인 크리스토퍼 렌Christopher Wren(1632-1723)이 설계한 천문대였다.

그러나 불행히도 망원경이나 정확한 위치를 측정할 숙련된 조수가 없었다. 플램스티드가 사재를 털지 않았다면 이 모험은 무의로 끝났을 것이다. 그는 시계 두 개, 반지름이 7피트(2.1미터)인 철제 육분의, 크

**측지학** 지구의 모양과 크기에 관한 학문.

진화

기가 반인 사분의 그리고 초점 길이가 7피트(2.1미터)와 15피트(4.6미터)인 망원경 두 대로 시작했다. 나중에 티코 브라헤 양식의 눈금이 새겨진 호를 추가했는데, 이 호는 요크셔 출신 천문학자이자 수학자인 아브라함 샤프Abraham Sharp(1653-1742)의 작품이었다. 기구 값으로 120파운드를 받은 샤프는 평생 동안 플램스티드를 위해 헌신했다. 위대한 천문학자가 세상을 뜬 후에도 몇 년 동안 플램스티드의 성표를 완성하려고 일했기 때문이다. 이 성표가 1725년에 출판된 《히스토리아 코엘레스티스 브리태니커Historia coelestis Britannica》이다.

왕립 천문대의 이러한 불길한 시작은 지난 1998년, 영국 정부가 차세대 대형 망원경을 만드는 데에 국가적으로 참여하기 위해 재정 지원을 중단함으로써 불행한 종말을 맞았다. 찰스 2세에 의해 열려진 문이 토니 블레어에 의해 폐쇄된 것이다. 이 천문대는 그 수백 년 동안 지속적으로 천문학에 위대한 업적을 남겼다.

### 공룡

완전히 자리를 잡은 왕립 천문대가 최신식 망원경으로 꾸며지지 않은 반면, 유럽 대륙의 몇몇 개인들은 그와는 반대였다. 그들 가운데 한 사람은 호이겐스였고, 또 다른 사람은 요하네스 헤벨리우스였다(1611-1687).[129] 발트 해 연한 단치히 출신 양조 업자였던 헤벨리우스는 그 시대의 많은 천문학자들이 그랬듯이 공식적으로는 아마추어 천문학자였다. 그는 취미에 쓰기엔 매우 엄청난 개인 재산을 천문학에 투자했다. 1647년에 출판한 첫 작품인 달 지도는 그가 12피트(3.7미터)

짜리 망원경으로 직접 관측한 결과물로, 매우 자세하고 호화스러웠다.

망원경은 그러한 사람들 손에서 매우 하찮게 변해가다가[130] 결국 막다른 골목에 다다랐다. 그럼에도 불구하고 사람들은 목성과 토성의 위성을 더 많이 찾아냈으며, 금성 표면에 얼룩이 있다는 것도 알아냈고, 화성의 회전 주기도 알아냈다. 1675년, 파리 천문대의 교수인 장 도미니크 카시니Jean Dominique Cassini는 토성의 간극을 관측했는데, 이러한 발견들은 엄청나게 긴 굴절 망원경으로부터 나왔다.

질 좋은 상을 만드는 긴 초점거리와 넓고 분명한 시야를 제공하는 호이겐스의 접안경, 이 둘의 조합은 가장 길고 실용적인 망원경을 제작하도록 부추겼다. 17세기 후반과 20세기 초의 공통점은, 이 두 시대의 천문학자들이 엄청난 크기의 망원경을 옹호하며 우주를 훨씬 더 깊게 탐사하려는 욕구를 갖고 있다는 점이다.

우연이겠지만, 실제로 숫자도 비슷해서, 호이겐스 시대의 망원경들은 길이가 수십 미터에 이르렀던 반면, 요즘은 망원경의 구경이 그 정도 된다. 오늘날 CELTs, SELTs 그리고 OWLs들은 17세기 망원경이 길었던 만큼 뚱뚱하다.

헤벨리우스는 17세기 슈퍼 망원경 경쟁을 이끈 선도자로, 그가 만든 망원경들은 1670년경에 이르러 정점을 이루었다. 초점거리가 150피트(46미터) 이상 되는 것도 있었는데, 이 어마어마한 망원경은 광학 기구보다 대형 범선의 장비 같았다. 긴 널빤지로 만든, 접합 부분품이 L자 모양으로 연결된 망원경 경통\*을 90피트(27미터) 높이의 돛대에 밧줄과 도르래로 매달았던 것이다. 망원경의 한쪽 끝은 대물렌즈에 고정되었고, 반대쪽은 접안경에 고정되었다.

**경통** 원하지 않는 빛이 망원경으로 들어오지 못하도록 광학 부분(렌즈 또는 거울)을 보호하던 통을 전통적으로 경통이라고 불렀다. 하지만 현대식 경통은 개방형 구조로 되어 있다.

✤ 진화

■ 단치히시 전경에 나타난 망원경을 위한 돛대. 헤벨리우스의 천문대에 있던 길쭉한 망원경.

경통은 빛이 통하는 것이기 때문에 어두운 곳에서만 사용될 수 있었다. 어두운 곳에서 그런 기묘한 기계를 작동하려니 어려움이 이만저만이 아니었다. 도르래를 작동하고, 망원경을 원하는 방향으로 돌리려면 조수가 아주 많이 필요했다. 게다가 망원경을 갑자기 움직이면 경통이 극심하게 떨렸기 때문에 아주 작은 미풍도 관측을 방해하는 요소가 되었다. 따라서 이 이상한 점들을 극복해야만 했다. 헤벨리우스는 실제로 이런 상황에서도 중요한 관측을 했다.

단치히 출신 양조 업자의 야심은 거기에서 그치지 않았다.[131] 그가 쓴 책인 《마시나에 코엘레스티스 *Machinae coelestis*》(1673)를 보면 계획 중인 천문대를 묘사한 부분이 있다. 천문대는 한 번에 긴 망원경을 네 개까지 지지할 수 있는 돌로 만든 중앙 탑으로 이루어져 있는데, 이 중앙 탑은 넓은 관측대로 둘러쳐져 있다. 이 관측대는 여러 천문학자들이 동시에 자신의 일을 하기에 충분할 만큼 넓었고, 아래에는 길고 큰 망원경을 많이 준비해 둘 공간도 있었다.

그러나 불행히도 헤벨리우스의 계획은 1679년에 발생한 대화재로 무산되고 말았다.[132] 이 화재로 그의 천문대 대부분이 파괴되었다. 헤벨리우스가 파리에 있는 자신의 후원자 루이 14세에게 쓴 긴 편지에는 이 사건이 자세히 설명되어 있다.

> 그 불행한 저녁(화재 전), 제 영혼은 이례적인 두려움으로 심하게 고통 받고 있었습니다. 그래서 저녁 관측에 충실한 원조자인 젊은 아내를 설득해 도시 바깥 전원으로 나가 밤을 보내며 기운을 차리던 참이었습니다.

헤벨리우스가 기운을 되찾았기를 바라지만, 대재앙이 코앞에 와 있었다.

> 우리 눈이 다시는 그런 대화재를 보지 않게 되길 바랍니다. 잔인한 불길은 비싼 그림들과 가구, 모직물과 견직물, 구리와 동 그릇, 은촛대, 금과 보석 장신구들과 함께 제 집 세 채를 삼키고, 오랜 연구를 통해 고안하고 많은 돈을 들여 만든 모든 천문학 기계와 장비까지 태워버렸습니다.

그러나 조금 밝아 보이는 말도 했다.

> 만약 신께서 바람을 돌리시지 않았다면 단치히의 오래된 모든 것이 완전히 폐허가 되었을 것입니다. 신의 자비로, 제가 케플러의 아들로부터 구입한, 케플러가 이룬 불후의 연구물을 포함한 제 원고들과, 제가 만든 성표, 제가 새롭게 개선한 천체의 그리고 학식 있는 사람

> 들과 가장 뛰어난 이성을 가진 사람들과 왕래한 서신 세 권은 안전했습니다.

그때 60대 후반이었던 헤벨리우스는 손실을 만회하려면 더 열심히 일해야 한다는 것을 알았다.

> 혹여 이 일이 저를 산산조각 냈다고 해서 이제 죽을 날이 멀지 않은 백발의 제가 다른 사람을 탓하겠습니까?

시시한 양조자라면 술이나 퍼마셨겠지만, 헤벨리우스는 강한 사람이었다. 헤벨리우스는 새로운 망원경을 만들어 새로운 관측을 했다. 그러나 노년이었던 그는 훨씬 더 긴 망원경을 제작하는 데에 필요한 추진력과 결단력이 부족했다.

크리스티안 호이겐스도 엄청나게 긴 망원경을 제작했는데, 최소한의 요구 조건만 필요하도록 접근했다. 긴 돛대가 필요했지만, 짧은 금속 경통에 고정된 대물렌즈만을 받쳤고, 망원경이 어디로든 향할 수 있도록 망원경을 공 모양의 이음매에 설치했으며, 접안경을 손가락으로 받치거나 작은 탁자 위에 설치할 수 있게 만들었다. 그리고 접안경과 대물렌즈에 줄을 연결한 후, 렌즈들을 정렬하기 위해 팽팽하게 잡아당겼다.

사람들은 최소한의 것으로만 구성된 이 취약한 배열을 '공중에 걸린 망원경'이라고 불렀다. 추측하건대 렌즈를 정렬해야 하는 관측자는 호롱불을 준비했을 것이다. 렌즈들이 제대로 정렬되어 있다면 대물렌즈 뒤로 반사된 빛이 보일 것이기 때문이다. 그러나 관측자가 성공하려면 상당한 낙관과 인내와 끈기가 필요했을 것이다.

초점거리가 긴 호이겐스의 대물렌즈 세 개는(사실은 1686년에 그의 동생 콘스탄테인Constantijn이 만들었다) 런던에 있는 왕립 학회의 재산으로 남아 있다.[133] 지름이 모두 8인치(20센티미터) 정도 되는데, 1640년대의 안경알 크기의 대물렌즈에 비하면 엄청나게 큰 것이라고 할 수 있다. 렌즈의 질 자체는 매우 열악했지만, 그 이후 렌즈 제작은 장족의 발전을 했다. 렌즈의 초점거리는 지름에 대한 경쟁보다 훨씬 더 큰 경쟁거리였다. 가장 짧은 것이 123피트(37.5미터) 정도, 가장 긴 것은 무려 210피트(64미터) 정도였다. 이렇게 긴 줄을 어떻게 팽팽하게 할 수 있었는지 상상도 하기 힘들다.

■ '저녁 관측의 충실한 원조자'인 부인 엘리자베스와 함께 일하고 있는 헤벨리우스.

17세기 후반, 초점거리가 훨씬 더 긴 대물렌즈가 있었다. 초점거리가 거의 2백 미터에 해당하는 6백 피트 정도라고 알려져 있는데, 실제로 사용되었다는 기록은 없다. 호이겐스나 헤벨리우스 같은 완강한 열광자들도 이런 것으로 어떻게 관측을 할 수 있을까 하고 생각했을 것이다. 1668년, 로버트 훅이 거울을 사용해 빛의 경로를 접자고 제안했고, 몇 년 후에는 망원경을 지면에 고정시킨 채 움직이는 거울로 빛을 받는 아이디어도 나왔다. 하지만 당시 기술로는 실제로 사용될 수 있는 평평한 거울을 만들 수 없다는 게 문제였다.

오늘날의 관점으로 기나긴 망원경의 시대를 되돌아보는 것은 공룡 시대를 뒤돌아보는 것과 같다. 그런 것들이 존재할 수 있었다는 것만으로도 놀랍기 때문이다. 하지만 그보다 더 놀라운 것은 그런 초보적인 장비를 작동시키려고 노력한 과학자들의 인내심이다. 18세기 후반이 되자 이 망원경들은 슬그머니 자취를 감춤으로써 망원경의 진화도 끝이 났다. 이 거대한 공룡이 혜성 충돌 같은 사건으로 사라진 것은 아니지만 말이다. 그러나 그때쯤 해서 기술은 또 한 번 발전했다. 새롭고 더 좋은 종류의 망원경이 진화의 사다리를 오르기 시작한 것이다.

# 6 반사
On Reflection

### 망원경을 만드는 더 좋은 방법

최근 들어 이슬람 세계가 여론의 비난을 받고 있다. 대중 매체는 파트와fatwa에서 지하드jihad, 알카에다al-Qaeda에서 예마 이슬라미아 Jemaah Islamiah까지, 대부분 광신도와 폭력주의자에 초점을 맞춘다. 대중 매체는 세계 인구의 20퍼센트가 평화와 조화를 핵심으로 하는 고대의 신념을 갖고 살고 있다는 사실과 문명의 암흑시대에 가장 문명적인 세력권이었다는 사실에 대해 말로만 칭찬할 뿐, 그 이상의 관심은 보이지 않는다.[134]

천 년 전, 이슬람 문명은 훌륭한 사상가들을 배출했다. 아부 알리 알 하산 이븐 알 하이탐Abu Ali al-Hasan ibn al-Haytham(965-1039)은 우리가 하고 있는 이야기에 관련된 사람으로,[135] 알하젠Alhazen이라는 라틴식

반사

이름으로 더 잘 알려진 아라비아 과학자이다. 이 초기 수학자는 광학에 대해 광범위하게 연구한 저술을 남겼으며, 공간에서의 빛의 진행, 거울에 의한 반사와 투명한 면에서의 굴절과 같은 기본적인 원리들을 확립했다.

알하젠의 연구는 그의 사후에 로저 베이컨과 동시대 인물인 비텔로 Vitello라는 폴란드 학자의 지지를 받았다(2장을 보라).[136] 놀랍게도 비텔로와 알하젠 모두 초기 영국 문학에서 불후의 명성을 얻었다.[137] 1387년경에 씌어진 제프리 초서Geoffrey Chaucer의 작품 《캔터베리 이야기 Canterbury Tales》에는 마술 거울(어쩌면 상상된 망원경)을 언급한 흥미로운 부분이 있다. 이 놀라운 기구는 멀리 있는 위험을 경고할 수 있고, 멀리서도 남편의 부정한 행위를 알아낼 수 있었다. 등장인물들이 이 기구의 성능에 대해 이야기하고 있다.

> …이상하게 놓여진 각과
> 은밀한 반사 때문에
> 매우 자연스러운 것이라고 대답했다…
> 이상한 거울과 망원경,
> 그들이 살아 있을 때 쓴 알하젠, 비텔로,
> 그리고 아리스토텔레스에 대해 말했다…

리처드 2세의 왕궁에서 선임 공무원으로 일했던 초서는 분명히 과학에 정통한 사람이었을 것이다. 그리고 알하젠의 선구자적 연구의 중요성도 잘 알고 있었을 것이다. 하지만 알하젠이 마침내 광학의 역사에 널리 알려지게 된 것은 알하젠의 저술이 라틴어로 소개되었기 때문이다. 이 번역본은 1572년, 바젤에서 출판되었다.

굽은 거울이 렌즈와 비슷한 성질을 가졌다는 사실을 확립한 사람이 바로 알하젠인 듯하다. 접시 모양의 오목한 거울은 먼 곳에서 오는 평행광을 초점에 모은다. 이 효과는 정확히 볼록렌즈가 상을 만드는 성질과 정확히 같다. 둘 다 위아래가 뒤집어진 실상을 만들기 때문이다. 물론 초기 망원경 제작자들이 빛의 진행 방향이 거울에 의해 바뀐다는 것과, 오목거울이 할 수 있는 기능을 몰랐다는 차이는 있다. 만약 누군가가 망원경에 렌즈를 사용하고 있었다면 어째서 거울은 사용해보지 않았을까?

지식인들은 망원경이 세상에 나온 첫 20여 년 동안 활발히 서신을 교환하며 이 흥미로운 아이디어를 탐구했다. 그 중심에 갈릴레오 갈릴레이가 있었다는 것은 그리 놀라운 일이 아니다. 갈릴레오와 그의 동료 잔 프란체스코 사그레도Gian Francesco Sagredo(1571-1620)는 거울 망원경에 대해 편지를 주고받았다.[138] 그리고 케사레 마르실리Cesare Marsili는 갈릴레오에게 편지를 보내 1626년 7월에 볼로냐의 케사레 카라바기Cesare Caravaggi가 만들었다고 알려진 거울 망원경에 대해 이야기했다. 갈릴레오와 마르실리는 카라바기가 세상을 떠난 후에도 이 일에 대해 계속 서신을 주고받았다.

나중에 밝혀진 것처럼, 이들은 로마에 있는 한 예수회 교수에게 자리를 내주게 된다.[139] 로마 대학교의 수학 교수인 니콜로 추키Niccoló Zucchi(1586-1670)는 1652년에 발표한 《옵티카 필로소피아Optica philosophia》에 1616년에 동으로 만든 오목거울로 갈릴레오의 볼록 대물렌즈를 교체해보았다고 적었다. 그는 뒷쪽의 멀리 있는 배경이 확대되어 나타나기

### 반사

를 기대하면서 오목렌즈인 접안경으로 거울을 들여다보았다. 그리고 나서 자신의 머리가 배경을 가리지 않게 하려면 거울을 약간 비틀어야 한다는 것을 알게 되었을 것이다. 그렇게 해도 알아챌 만큼 상이 나빠지지 않는다.

그러나 추키가 본 것은 뿌연 상이었다. '최고급 장인이 만든' 거울이었음에도 불구하고 만족할 만한 상을 얻기에는 턱없이 부족한 거울이었다. 이론적으로 보면 성공해야 했을 실험이었지만, 질 낮은 거울 때문에 실패했던 것이다. 거울을 만든 사람이 최고급 망원경 렌즈를 만드는 장인인 것을 생각해보면 추키 신부에게는 상당히 이상한 일이었다.

그가 장인에게 가서 성직자다운 방식으로 따졌는지 어쩐지는 기록되어 있지 않다. 사실 이 불쌍한 광학 기술자는 할 말이 없었을 것이다. 1616년 추키가 깨닫지 못한 것은, 정밀한 거울을 만들기가 정밀한 렌즈를 만들기보다 네 배나 어렵다고 하는 사실이었다.[140] 이 간단한 사실은 실질적인 반사 망원경의 제작을 반세기 이상 지연시켰다.

이상하리만큼 비협조적인 이 거울의 성질은 철저한 모순처럼 느껴졌다. 망원경 거울은 앞면에서 빛을 반사시키도록 하는 것이지 빛이 거울을 통과하도록 하는 게 아니므로 한 면만 광학적으로 광을 내면 되었다. 반면 렌즈는 앞면과 뒷면 모두 광을 내야만 했다. 더욱이 렌즈는 빛이 통과해야 하기 때문에 렌즈를 만드는 유리는 투명하고 균일해야 한다. 반면 거울은 그런 까다로움이 없었다. 알려진 것처럼 작은 렌즈에서 균일성의 문제는 상대적으로 작은 문제에 속했다. 심지어 1600년대에 사용했던 질 낮은 유리조차 렌즈로 쓰였다. 거울이 만들기 어려웠던 근원적 이유는 단순히 굴절과 반사의 법칙 때문이었다.

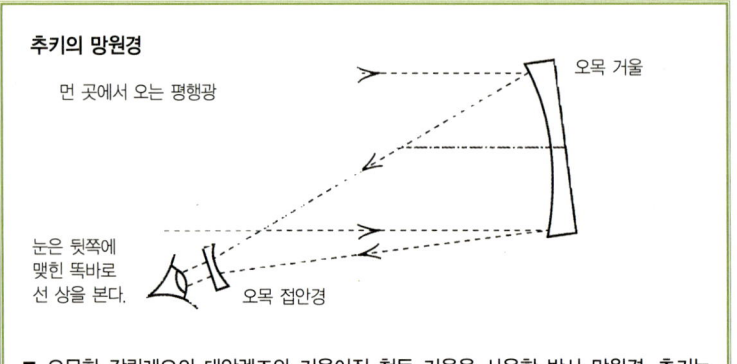

■ 오목한 갈릴레오의 대안렌즈와 기울어진 청동 거울을 사용한 반사 망원경. 추키는 1616년에 시도했으나 실패했다.

한정된 부분에만 곡률에 문제가 있는 렌즈의 면에 닿은 빛을 생각해보자. 빛이 렌즈 안으로 굴절될 때 빛의 방향은 이 오차에 의해 영향을 받는데, 곡률의 3분의 1 정도만 영향을 받는다. 그러나 빛이 반사될 때에는 오류의 효과가 두 배가 된다. 따라서 같은 광학적 표면의 부정확도는 굴절되는 빛보다 반사되는 빛에 적어도 여섯 배 이상 영향을 미친다.

누구나 쉽게 이 미묘한 현상을 실험해볼 수 있다. 목욕통에 물을 반쯤 채우고(낭비하고 싶지 않으면 따뜻한 물을 사용하는 것이 좋다), 물 때문에 굴절된 목욕통 안의 모습과 물에 의해 반사된 목욕통 모서리의 모습을 비교해보자. 표면 물결에 의해 굴절되는 빛이 직선에서 벗어나는 정도는 반사되는 빛이 벗어나는 정도의 8분의 1 정도가 될 것이다. 물은 유리보다 굴절률이 작기 때문이다. 물을 휘저을 때에도 목욕통 바닥에 있는 것은 보이지만, 반사된 목욕통은 쉽게 아무런 의미 없는 형태가 된다. 이는 성공적인 망원경 거울을 만드는 것이 얼마나 어려운지 깨

## 반사

단게 해준다. 물론 네 살짜리 개구쟁이가 목욕통에 들어가면 아무것도 볼 수 없게 되겠지만 말이다.

렌즈의 경우, 처음 면에서 굴절되는 빛은 유리를 통과해 두 번째 면을 통해 나온다. 두 번째 면의 부정확도는 첫 번째 면에서 생긴 오차에 더해지는 오차를 갖게 한다. 그러나 이 두 번째 오류를 고려하더라도 통계적으로 성능은 렌즈가 거울보다 유리한 입장에 놓이게 된다. 비교될 만한 광학적 성능을 내려면 대응되는 렌즈의 정확도보다 거울의 정확도가 네 배는 좋아야 한다는 결론을 피할 길이 없다.

광학적 면을 만드는 기술은 1640년대에도 여전히 형편없었다.[141] 지름이 20밀리미터 이상인 큰 렌즈는 망원경의 대물렌즈로서 쓸모가 없었다. 그런 기술로 망원경 거울을 만들 확률이 얼마나 되겠는가? 불쌍한 늙은이 추키! 그는 실패한 원인을 전혀 몰랐고, 따라서 희망도 가질 수도 없었다. 실망스럽고 불만스럽기도 했겠지만, 망원경 때문에 또 다시 렌즈를 이용해야만 했다. 그리고 얼마 동안 실제적인 반사 망원경의 개념은 구제 불능이라고 내버려졌다.

### 상상 속의 망원경

추키가 당시 거울을 사용해서 망원경을 만들려고 했던 이유는 단순히 거울로 망원경을 만들 수 있는지 알아보려던 것이었다. 이렇게 따지면, 망원경은 겨우 8년밖에 되지 않은 것이었다. 하지만 17세기를 지내면서 렌즈 망원경의 한계를 느끼기 시작했다. 특히 앞 장에서 본 것처럼 망원경을 바보처럼 길고 가늘게 만들지 않는 한 색 수차 때문에 상이 가짜 색에 의해 흐려졌기 때문이다.

색 수차는 빛이 렌즈를 통과할 때 굴절되어 발생하는 것이지만, 거울에서는 빛이 단순히 첫 번째 면에서 반사되므로 원하지 않는 색 수차를 만들지 않는다. 사람들은 색 수차를 피해갈 수 있는 반사 망원경을 당장 만들고 싶어 했는데, 이로써 초기 망원경 제작에서 가장 신기한 역설이 나오게 되었다.[142]

이미 굴절 망원경이 경험적이고 실용적인 방법으로 17세기를 거쳐 왔다는 것은 알려져 있지만, 숙련공들이 무슨 일을 벌이고 있었는지에 대해서는 이론적으로 이해된 게 없다. 아마도 렌즈를 이리저리 만지작거리다가 받아들일 만한 결과를 얻곤 했을 것이다. 반면 반사 망원경에 적당한, 질 좋은 거울은 17세기의 대부분 동안에도 만들어지지 않았다. 그러나 이 가상의 반사 망원경은 그 시대의 선도적 수학자의 머릿속에서 열정적으로 개발되어 눈부시게 성공하게 된다. 오늘날 가장 뛰어난 망원경 설계자 가운데 한 명인 레이 윌슨Ray Wilson에 따르면, 1672년에 발표된 반사 망원경의 이론은 1905년에 카를 슈바르츠실트 Karl Schwarzchild(1873-1916)의 연구가 나오기까지, 더 이상 개선할 필요가 없을 정도로 완벽한 이론이었다.

이 가상의 망원경을 발명하고 개선하는, 특이한 시합을 벌인 선수들은 누구였을까? 영국 사람, 스코틀랜드 사람 그리고 세 명의 프랑스 사람이다. 아일랜드 사람은 나중에 등장한다.

그들 가운데 첫 번째 인물은 앞 장에 잠시 나오는 위대한 프랑스 수학자, 르네 데카르트이다. 아주 넓은 영역에 걸쳐 과학적 관심을 갖고 있던 데카르트는 자신이 새롭게 개발한 분석적 기하학 기술을 매우

## 반사

**카테시안 좌표계** 가로(x), 세로(y), 높이(z)를 축으로 하는 직각 좌표계.

성공적으로 응용했다. 거의 모든 과학 분야가 여전히 '카테시안 좌표계'*를 사용함으로써 데카르트에게 경의를 표하고 있다. 이 좌표계는 상호 직각으로 교차하는 세 개의 축을 가진 좌표계로서 공간에서 위치를 나타낼 때 사용된다. 잘 알려져 있지는 않지만, 데카르트는 아침 11시가 되기 전까지는 침대에서 나오지 않았는데,[143] 세상을 떠나기 전 몇 년 동안은 그럴 수가 없었다. 새로운 후원자 스웨덴의 여왕 크리스티나Christina가 새벽 5시부터 연구를 시작하라고 명령했기 때문이다. 결국 데카르트는 스톡홀름의 추운 겨울 아침 날씨 때문에 갑작스레 폐렴에 걸려 1650년 2월, 53세의 나이로 세상을 떠났다.

데카르트의 광학 연구는 우리의 관심을 끈다.[144] 그가 쓴 두 책, 《르몽드 Le Monde, ou traité de la lumière》(1634년에 씌어졌지만 사후에야 출판되었다)와 《디옵트리크》(1637)는 어떻게 렌즈와 거울에서 구면 수차가 사라질 수 있는지 수학적으로 해설한 책이다. 데카르트의 렌즈 연구에 대해서는 앞 장에서 이미 설명했다. 당연히 망원경 거울에 대한 비슷한 연구 결과도 있다. 데카르트의 이론에 따르면, 구의 한 부분처럼 빚어진 얕은 반사 접시는 별이나 다른 먼 물체의 완벽한 상을 만들지 못하며, 완벽한 상을 만들려면 포물면처럼 생겨야만 했다. 포물면*이란 포물선이라고 알려진 곡선을 그 축에 대해 회전시킬 때 만들어지는 면을 말하는데, 이는 오늘날 우리에게 익숙한 전등의 반사경이나 위성 방송 아테나에서 볼 수 있다. 망원경에 이 포물면 거울을 사용하면 구면 수차가 전혀 없는 상을 만들 것이다.

**포물면** 포물선을 회전시켜 얻는 면. 구면 수차가 없다.

포물면의 이 정도 성질은 조잡한 수학적 연구를 통해서도 잘 알려져 있었지만, 실제로는 차이가 없었다. 데카르트는 구면이 아닌 면(오늘날 이런 면들은 비구면으로 알려져 있다)을 만들 수 있는 새로운 기계 제작을 연구했지만, 사용할 수 있는 포물면은 만들지 못했다.

데카르트의 연구는 또 다른 프랑스 수학자로 하여금 굽은 거울 조합의 가능성을 열 수 있게 만들었다는 것이다. 프란체스코 수사인 마랭 메르센Marin Mersenne(1588-1648)의 망원경 주제는 데카르트와 유사했다. 메르센은 《하모니 유니베르셀르 Harmonie universelle 보편적 조화*》라는 책(1636)에서 포물면 거울을 이용한 망원경을 제안했다. 거울만 이용해 망원경을 만들 수 있다고 주장한 메르센은 추키를 괴롭히던 문제들 가운데 하나를 깔끔하게 해결했다. 그 문제는 다름 아닌 관측자의 머리가 거울을 가리지 않는, 반사 망원경에 관한 것이었다.

먼 물체를 향하고 있는 접시 모양의 포물면 거울을 상상해보자. 물체로부터 들어오는 평행 광선은 반사되어 거울 앞 어떤 거리에 도립 실상을 만든다. 실제로 그 거리는 거울의 초점거리이고, 상은 초점면

**하모니 유니베르셀르** 메르센의 중요한 연구는 수학 및 음향학에 관한 것이다. 이 책에 소수, 완비수에 관한 수학적 업적과 음속의 측정, 현絃의 진동에 관한 연구로부터 음악 이론에 걸친 일련의 업적이 소개되어 있다.

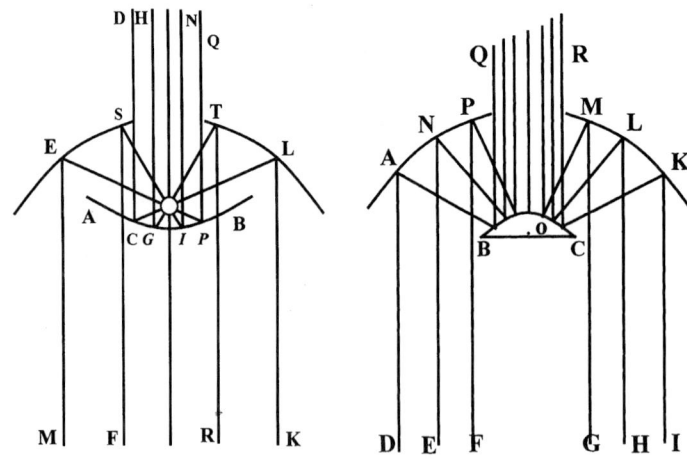

■ 메르센의 거울 망원경의 두 형태. 1636년 《하모니 유니베르셀르》에 있는 그림.

## 반사

에서 생성된다. 이제 빛이 초점면에 있는 평면에 투영되는 대신 두 번째 작은 포물면 거울에 반사될 때까지 계속 진행하는 것을 상상해보자. 이것의 초점은 처음 거울과 같은 위치에 있게 배치되었다.

어찌 된 영문인지 광선 빛이 작은 거울로부터 반사될 때 다시 평행 광선이 되었고, 게다가 원래 방향으로 다시 돌아가고 있었다. 메르센은 처음에는 거울의 한가운데에 구멍을 뚫어 그 구멍으로 두 번째 거울을 보는 걸 상상했다. 그렇게 하면 위아래가 뒤집어진, 멀리 있는 배경의 도립상을 보게 될 것이고, 만약 두 번째 거울의 초점거리가 처음 거울의 초점거리보다 짧다면 상은 두 초점거리의 비율만큼 확대될 것이다.

메르센이 발명한 것은 앞에서 설명한 케플러의 도립 굴절 망원경인 반사식 망원경, 다시 말해, 두 개의 볼록렌즈를 사용하는 대신 이 렌즈들과 동일한 기능을 하는 두 개의 오목거울을 사용한 것이다. 만약 만들 수만 있었다면—호이겐스의 시야렌즈와 같은 광학 부품이 없었기 때문에 시야가 좁을지는 몰라도—매우 잘 작동했을 것이다. 하지만 넓은 시야를 얻으려면 관측자가 두 거울 사이에 자리를 잡아야만 했으므로 사실상 불가능한 일이었다.

독자는 이쯤에서 메르센이 생각했던 또 다른 가능성을 알아차렸을 것이다. 메르센이 케플러식 굴절 망원경과 같은 반사식 망원경을 고안했다면 왜 갈릴레오의 반사식 망원경은 안 만들었겠는가? 메르센도 갈릴레오식 망원경을 발견했다. 그들은 오목 대물거울과 볼록 '접안거울'로, 상을 만들기 전에 대물거울에서 수렴되는 빛을 볼록 접안거울이 가로채도록 했다. 주된 대물거울에 있는 구멍으로 관측하게 만들어진 이 기구는 갈릴레오식 망원경이 그랬듯이 정립상을 만들지만, 시야가 매우 좁았다.

사실 이 메르센 망원경은 상상처럼 두 번째 거울의 그림자로부터 가운데 검은 점이 시야에 만들어지지 않는다. 망원경을 통해 볼 때 눈은 무한대에 초점을 맞추기 때문에 그림자가 보이지 않는 것이다.

르네 데카르트는 창의적인 생각을 한 친구를 칭찬하는 대신 새로운 망원경 설계에 반대하는 의견을 적어 보냈다.[145] 이 비판들은 시야 문제 빼놓고는 특별히 도움이 되지 못했다. 데카르트는 메르센이 설계한 망원경이 갖고 있는 원대한 가능성을 전혀 이해하지 못한 것 같다. 실제로 작은 '두 번째 거울(부경*)'과 오목한 큰 '첫 번째 거울(주경*)'을 사용하는 반사 망원경은 오늘날 가장 중요한 천문학적 기구이기 때문이다.

데카르트가 이러한 가능성들을 보지 못한 것은 메르센의 망원경이 무한 초점이라는 사실 때문인 것 같다. 무한 초점은 평행광이 한쪽에서 들어와서 다시 다른 한쪽으로 나가는 것을 의미하는 것으로, 망원경에 기본적으로 필요한 것이다. 그런데 복합거울 망원경으로 할 수 있는 것이 '유한 초점' 설계라는 점이 더 흥미를 끈다. 여기에 일반 렌즈 접안경을 사용해 확대될 실상을 만들기 위해 거울이 합쳐져 있다. 최초로 이러한 광학 기구를 발명할 임무가 제임스 그레고리James Gregory라는 스코틀랜드 사람에게 떨어졌다.

**부경** 반사 망원경에서 주경이 모은 빛을 다른 초점으로 보내거나 경로를 바꿀 때 사용하는 상대적으로 작은 거울.

**주경** 반사 망원경에서 빛을 모으는 역할을 하는 거울.

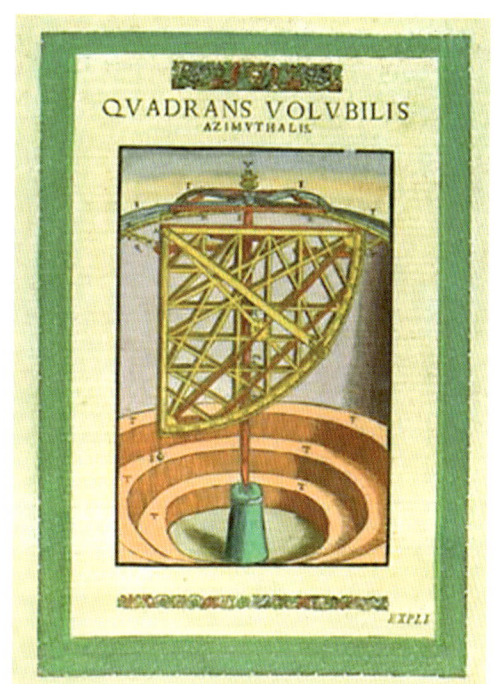

1. 회전 방위각 4분의儀(1586). 스테르네보르그 Stjerneborg에 있던 티코 브라헤의 큰 기구 가운데 하나이다.
   (The Royal Library, Denmark)

2. 티코 브라헤가 걷던 현재의 4분의儀 지하실.

3. 쇠뤼뱅 도를레앙Chérubin d' Orléans이 만들어 코시모 3세 대공大公Grand Duke Cosimo III de' Medici에게 증정한 1671년대 초기의 최첨단 쌍안경.
(Istituto e Museo di Storia della Scienza)

4. 오후 시간의 태평양 위를 선회하는 1990년대 최첨단 허블 우주 망원경.
(NASA)

5. 1640년대 광학 작업실. 《셀레노그라피아 Selenographia》에서 자세히 볼 수 있는 요하네스 헤벨리우스 Johannes Hevelius 의 렌즈 제작 도구들(1647).
(Crawford Collection, Royal Observatory Edinburgh)

6. 2000년대 광학 작업실. 매우 큰 망원경을 위한 거울로 지름이 8.2미터이다. 마지막 작업 공정의 모습(1999).
(SAGEM Group and the European Southern Observatory)

7. 사이딩 스프링 천문대의 3.9미터짜리 앵글로—오스트레일리언 망원경 돔을 배경으로 별이 만드는 원호로 이 호들은 열 시간 동안의 지구 자전 때문에 생긴 것이다. 불규칙한 선들은 날씨를 확인하려고 관측자가 플래시를 켜서 생긴 것이다. (Anglo—Australian Observatory/David Malin Images)

8. 나선 은하 NGC 2997이 가까이 있는 별들과 함께 보인다. 깊은 우주에 반짝이는 보석처럼 걸려 있다. 우리 은하와 거의 같은 쌍둥이이다.
  (Anglo—Australian Observatory/David Malin Images)

9. 50년이 지났어도 장엄한 헤일의 2백 인치짜리 망원경이다. 28년 동안 세계에서 가장 큰 망원경으로 군림했다. (Dr. Thomas Jarrett, IPAC/Caltech)

10. 사이딩 스프링 천문대(1973)에 있는 1.2미터짜리 영국 슈미트 망원경의 전통적인 돔이 2004년에 지어진 2미터 포크스 자동 망원경의 새로운 덮개와 함께 보인다.
(Kristin Fiegert, Anglo—Australian Observatory)

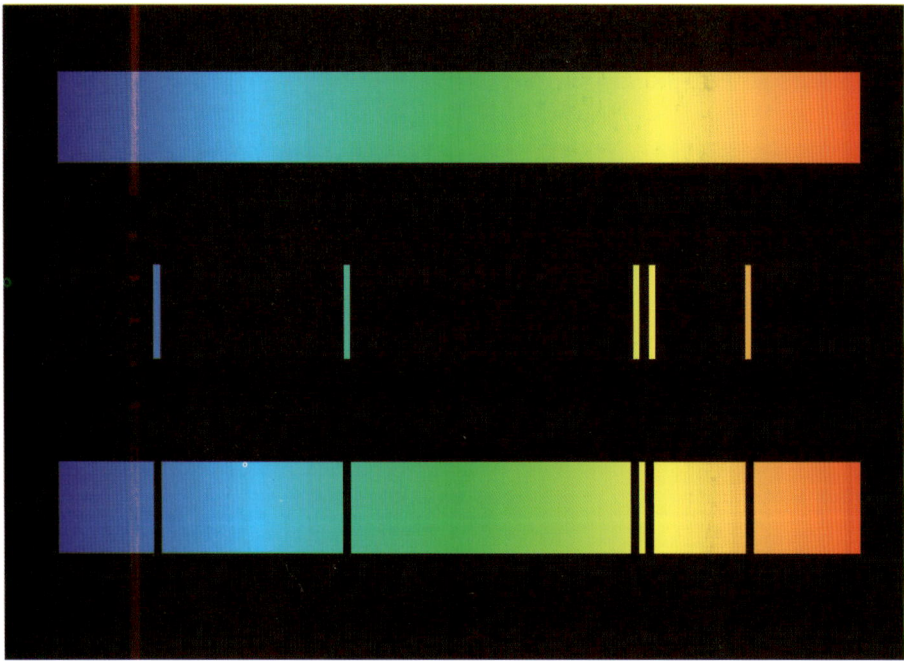

11. 막대부호가 있는 빛으로 세 가지 형태의 스펙트럼을 보여주고 있다.
    - 전구처럼 뜨거운 물체로부터 나오는 연속 스펙트럼(위).
    - 불꽃처럼 빛나는 기체에서 나오는 발광선 스펙트럼(중간)으로, 밝은 선들은 기체의 종류를 나타낸다.
    - 뜨거운 물체가 차가운 기체를 통과해 보일 때 나타나는 흡수선 스펙트럼(아래). 이 경우 발광선 스펙트럼에서 볼 수 있는 기체와 같은 기체가 있다.

12. 거대한 자연 망원경처럼 작용하는 은하단. 거대한 은하단 아벨Abell 2218은 중력렌즈 현상에 의해 멀리 있는 은하의 상을 원호 같은 모습으로 일그러뜨렸다.
    (NASA, A. Fruchter and the ERO Team, (STScI, ST—ECF))

# 7 거울 상
*Mirror image*

### 반사하는 거울이 현실이 되다

    스코틀랜드 동남쪽 파이프의 이스트 노익은 테이 강과 포스 강 어구를 나누는 비옥하고 넓은 곳이다. 빌리 코널리Billy Connolly가 언젠가 '북극해의 또 다른 이름으로' 묘사한 해안인 북해로 불쑥 튀어나온 이곳과 연결된 어촌의 거리에는 폭풍이 부는 겨울밤이면 뾰족한 바위에 부서지는 파도 소리가 메아리친다. 포근한 여름날이면 훼손되지 않은 해변에 관광객들이 모여든다. 스코틀랜드의 제임스James 5세가 16세기에 '금으로 장식된 거지의 외투'라고 묘사한 이곳은 아직도 들판의 잡동사니와 금빛 모래사장으로 남아 있다.
    노익의 북동쪽 해변에 세인트앤드루스가 있는데, 혼탁한 역사에 잠긴 이 고대 도시는 영국에서 가장 크고 가장 화려한 교회가 있는 곳으

■ 제임스 그레고리. 공손한 스코틀랜드 수학자.

로 유명했지만, 오늘날은 골프의 고향으로 더 잘 알려져 있다. 세인트앤드루스 성당은 오늘날 유명한 골프 코스인 올드 코스처럼 중세 시대에 국제적 순례자들이 모여들던 곳이다.146 1559년 6월, 세인트앤드루스에 종교개혁의 물결이 밀려와 성당은 약탈당한 이후 다시는 예배가 열리지 않았다. 무너진 벽과 첨탑들은 아직도 도시를 내려다보고 있는데, 방문객들은 이 성당의 크기와 12세기 건축가들의 고상한 선견에 놀라고 만다.

스코틀랜드에서 최초로 세워진 세인트앤드루스 대학교는 이 성당의 초기 시대와 관련이 있다. 잘 나가는 대학교로, 가장 최근에는 윌리엄 왕자가 입학한 이 대학교는 여러 분야에서 매우 높은 수준을 유지하고 있는데, 특히 수학의 수준이 아주 높다. 이야기는 이 대학교의 수학과에서 다시 시작된다.

내가 1960년대 세인트앤드루스 대학교의 학생이었을 때, 수학의 흠정 강좌 담당 교수는 에드워드 콥슨Edward Copson이라는 사람이었다.147 온화한 성격을 가진 콥슨은 《복소수 함수의 이론The Theory of Functions of a Complex Variable》이라는 책을 써서 널리 알려지게 되었다. 잘 안 팔릴 것 같던 그의 책이 베스트셀러가 된 것이다. 거의 3백 년

## 거울 상

전인 1668년, 애버딘의 목사 아들로 태어난 29세의 젊은 제임스 그레고리는 세인트앤드루스 대학교 최초로 수학과 흠정 강좌 담당 교수가 됨으로써 그의 짧은 생애에서 가장 생산적인 단계에 들어섰다. 그는 수학에 뛰어난 재능이 있고, 매우 재기 있고 혁신적인 과학적 사고를 지닌 사람이었다.

그레고리의 천재성이 더 널리 알려지지 않은 것은 성격 때문이었다. 연구를 통해 얻은 결과를 발표할 때에는 늘 자신보다 어린 사람에게 양보했기 때문이다. 그 인물은 그레고리가 깊이 존경하던 아이작 뉴턴이었다. 그럼에도 불구하고 수학자들은 그레고리가 미적분학과 급수 전개 같은 분야에 기여한 공헌을 널리 인정하고 있다.[148]

세인트앤드루스에서 머물던 6년 동안, 그레고리는 천문학 관측을 통해 경도를 결정하는 방법을 연구했다. 그리고 갈매기 깃털을 통과하는 빛이 무지개 빛으로 분산되는 것을 발견했다. 이는 현대 천문학자들이 유리 프리즘 대신 사용하는 회절격자*의 선조인 셈이었다. 그는 이 발견에 대해 '뉴턴이 이것에 대해 생각했다는 것으로도 만족한다'라고 썼다. 이러한 것을 보면, 그가 지식의 중요한 진보에 대해 인정받지 못한 것은 당연하다.

하지만 기지가 없지는 않았다.[149] 세인트앤드루스에 천문대를 지을 재원이 부족하자 그레고리는 애버딘의 집으로 돌아가 교회 문밖에서 교구민으로부터 돈을 거둬, 놀랍게도 충분한 돈을 마련했다. 그리고 1673년 7월, 사야 하는 기기의 종류에 관해 존 플램스티드에게 자문을 구했다. 그러나 1674년 그레고리가 세인트앤드루스를 떠나기 전에 천문대를 완공했는지는 확실하지 않다.

20대 초반부터 천문학에 관심을 갖기 시작한 그가 반사 망원경에

**회절격자** 유리판이나 거울에 가는 줄무늬를 만들어 프리즘처럼 빛을 분산시키는 장치. 백색광으로부터 빛의 스펙트럼을 얻을 수 있다.

대해 연구하던 곳이 바로 애버딘이었다. 그레고리는 알하젠과 비텔로가 망원경에 대해 쓴 라틴어 번역본(1572)을 구해 그들의 이론을 근거로 연구를 진행했다. 그러나 데카르트의 《디옵트리크》는 입수하지 못했다. 그가 제1 원리로부터 데카르트가 얻은 결론에 여러 차례 도달했다는 것은 주목할 만하다. 그는 자신의 연구 결과를 《옵티카 프로모타 Optica Promota》라는 책으로 펴냈다. 1662년에는 이 책의 출판을 감독하기 위해 런던으로 갔다.

그레고리는 이렇게 수학적 발견의 여정을 시작했다. 1663년 2월, 그레고리는 파리로 가 크리스티안 호이겐스를 만나기로 했는데, 불행히도 이 네덜란드 과학자가 약속 시간에 도착하지 못하는 바람에 새롭게 출판한 책 한 권을 전해주도록 하는 데에 만족해야 했다. 이탈리아의 파도바 대학교에서 거의 5년 동안 머문 후 1668년에 런던으로 돌아온 그레고리는 이탈리아에서 이룬 연구 업적으로 열렬한 환대를 받았다. 그레고리는 세인트앤드루스 대학교의 새로운 석좌 교수직을 맡기 위해 스코틀랜드로 돌아오기 전인 6월에 왕립 학회 회원으로 선출되었다.

무엇 때문에 망원경 이야기에서 그가 이렇게 주목받는 것일까?[150] 답은 그가 《옵티카 프로모타》에 발표한, 망원경에 관한 지각력 있고 혁신적인 연구 때문이다. 그는 세 종류의 망원경의 상대적인 장점을 조심스럽게 평가했다. 렌즈로만 이루어진 망원경과 거울로만 이루어진 망원경 그리고 렌즈와 거울이 함께 사용된 망원경을 비교했다. 갈릴레오식, 케플러식, 호이겐스식 망원경은 렌즈만 사용한 망원경이고, 메르센식 망원경은 거울만 사용한 망원경이다. 그레고리는 메르센의 연구를 알고 있지 못한 듯했다. 이 세 종류의 망원경은 렌즈와 거울을

## 거울 상

**굴절 광학** 빛의 굴절에 관한 광학.

**반사 광학** 빛의 반사에 관한 광학.

**반사 굴절 광학** 빛의 반사와 굴절에 관한 광학.

**그레고리식 망원경** 그레고리가 고안한 반사 망원경. 포물면 오목거울과 타원면 오목부경 그리고 접안경으로 만들어진다.

나타내는 그리스 어원에 의해 각각 굴절 광학계*, 반사 광학계*, 반사 굴절 광학계*로 알려져 있다.

《옵티카 프로모타》에 발표한 글이 갖고 있는 가장 큰 장점은 현대식 반사 망원경의 모든 특징을 갖고 있는 마지막 부류에 대한 자세한 설계였다. 이 설계는 오늘날 그레고리식 설계로 부르는데, 그레고리가 이것을 설계했을 뿐 아니라 이것을 만들려고 용감하게 시도했기 때문이다.

그레고리식 망원경*의 작동 방식을 이해하려면 메르센식 망원경을 상상해야 한다. 두 개의 오목거울이 서로 마주 보고 있는데, 하나는 작고, 또 하나는 큰데 가운데 구멍이 있다. 메르센식 배치에서는 거울들이 멀리서 들어오는 평행광에 대해 다시 평행광을 내놓는다. 그러나 거울의 간격을 조금 늘리면 평행광은 수렴광이 된다. 이렇게 하면 멀리 있는 물체의 실상을 만들 수 있는데, 이것을 다시 렌즈 형식의 접안경으로 확대할 수 있다. 메르센의 설계와 달리, 눈은 주경 뒤에 위치하고, 망원경은 적당한 시야를 갖게 되며, 게다가 정립상을 만든다.

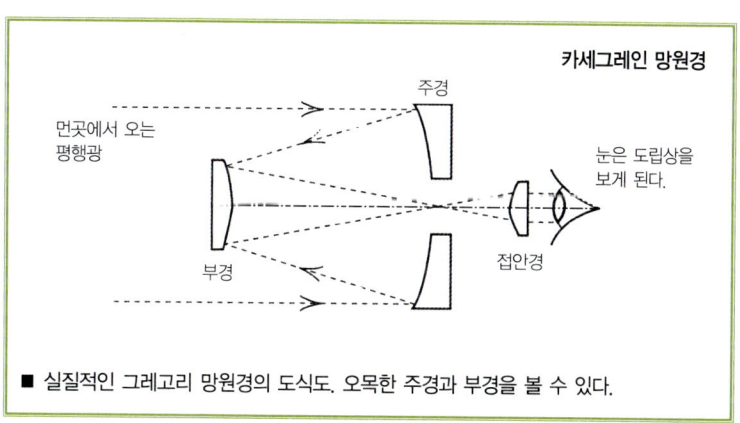

■ 실질적인 그레고리 망원경의 도식도. 오목한 주경과 부경을 볼 수 있다.

그레고리의 망원경은 구면 수차가 완전히 제거되고, 색 수차가 거의 없어지는 등 모든 장점을 다 갖추었다. 접안경 하나만 색 수차를 만들기 때문이다. 물론 대가를 치러야 했지만, 결국 이것은 그렇게 중요한 것은 아니었다. 작은 부경은 포물면이 아니라 타원면*이라는 약간 다른 모양이어야 했다. 그러나 그 당시에는 이런 비구면을 만들 수 없었기 때문에 실제로는 큰 차이가 없었다.

1662년, 그레고리는 런던에 있는 동안 새롭게 설계한 망원경을 만들기 위해 리처드 리브에게 필요한 거울을 만들어달라고 주문했다. 리브는 망원경 제작자로서 상당히 인기가 높았다. 1661년, 수성의 태양면 통과 관측 이후에는 특히 더 그랬다(5장을 보시오). 그러나 리브는 그런 거울들을 바로 만들 수가 없었다. 이것은 포물면과 타원면을 만들 수 없었기 때문이 아니라 면의 종류가 뭐든 간에 정확한 반사면을 만들 수 없었기 때문이다. 구면은 그 시대의 굴절 망원경에 성공적으로 사용되었고, 그레고리는 구면이 타원면에도 사용될 만한 근사치를 준다는 것을 알고 있었다.

리브는 자신의 조수 크리스토퍼 콕과 함께 여러 개의 작은 부경과 주경으로 사용될 초점거리가 3피트(91센티미터)인 금속거울*을 만들었다. 그러나 주경의 광택 작업을 해본 결과는 그레고리를 만족시키지 못했다.[151] 그러자 리브와 콕은 '망원경에 올릴 작은 금속거울의 광택 작업을 시작했다.' 즉, 초점거리는 같지만 지름이 작은 거울을 만들었지만, 그레고리는 사양했다.[152] '해외로 나갈 생각이기 때문에 더 이상 이것 때문에 골치 아프기 싫다.'

현대 역사학자 알렌 심슨Allen Simpson은 그레고리가 '물체를 일시적으로 보았다'는 것으로 미루어, 실험에 거의 성공했던 것 같다고 말했

**타원면** 타원을 긴축을 중심으로 회전시켜 만든 회전 타원체의 면. 그레고리식 망원경은 타원면을 갖는 오목 거울과 포물면 거울을 조합하여 만들 수 있다.

**금속거울** 반사 망원경의 거울을 만들기 위해 사용되는 재료. 구리, 주석 그리고 기타 재료의 합금.

## 거울 상

다. 그는 유럽으로 서둘러 떠나기 위해 실험을 줄였다. 확실한 것은 그가 주문한 거울이 리처드 리브의 손에 있었다는 것이다. 이 거울은 결국 로버트 후크가 사용했다. 로버트 후크는 비록 실험에는 성공하지 못했지만 1672년, 이 실험으로 왕립 학회의 관심을 끌었다. 이로써 오목한 망원경 거울 만드는 것을 처음 시도한 사람은 뉴턴이 아니라는 사실이 증명되었다. 이 사건으로 뉴턴과 후크 사이에 길고 고통스러운 불화가 시작이었다. 실제로 2년쯤 뒤, 그레고리식 망원경 제작에 처음으로 성공한 사람은 로버트 후크였다.[153]

그레고리는 자신의 실험 결과에 분명히 실망했겠지만, 유럽 대륙의 새로운 수학적 지평에 기대를 가지면서 기운을 차렸다. 1663년 초, 그는 자신의 새 망원경에 등을 돌렸지만, 그렇다고 망원경과 영원히 이별한 것은 아니었다. 거의 10년 후에 자신의 오랜 영웅 아이작 뉴턴이 퍼붓는 비난에 맞서 자신을 방어해야 했다.

### 천재와 기술

훌륭한 장인인 리처드 리브는 런던 광학계의 거물이었다.[154] 유럽 대륙에서는 과학자가 광학 장인과 일하는 전통이 잘 확립되어 있었다. 예를 들어, 라이타는 비젤과 일했고, 파리에서는 카시니가 재능 있는 이탈리아 광학자인 주제페 캄파니Giuseppe Campani와 일했다. 영국에서는 그렇지 않았지만, 1641년 이후 리브는 그 시대의 선도적 과학자와 함께 조용히 일해왔다(5장의 상자 글을 보시오). 이때가 찰스 캐빈디시를 위해 쌍곡면*렌즈를 제작해보던 때였다. 리브는 기술을 개발했을 뿐

**쌍곡면** 쌍곡선을 회전시켜 만든 얻는 면. 포물면 주경과 볼록 쌍곡면 부경으로 카세그레인식 망원경을 만든다.

아니라 크리스토퍼 콕과 같은 견습생을 가르쳤다. 이로써 런던에 전문적인 광학 기기 제조자의 새로운 혈통이 탄생했다. 리브는 알렌 심슨이 그를 '영국의 캄파니'로 묘사할 정도로 뛰어난 기술자로 기록되었다.

불행히도 리브는 인생의 후반기를 매우 고통스럽게 보냈다. 어찌된 일인지 우연히 자신의 아내를 죽이게 된 것이다. 1664년, 후크는 로버트 보일에게 쓴 편지에서 다음과 같이 말했다.

> 아마 이 사건에 대해 들었을 것입니다. 우연인지 화가 나서인지 모르지만, 리브가 자신의 아내를 죽였습니다. 지난 토요일, 리브의 아내가 리브가 던진 칼에 맞은 상처 때문에 죽었습니다. 배심원은 의도적인 살인이라고 판정을 내렸습니다. 리브는 모든 물건을 차압당했습니다. 그에게 큰 피해가 될 것 같습니다.

리브의 업적이 인정받기 전까지, 얼마 동안 실제로 그랬다. 이 끔찍한 사건이 일어나기 몇 년 전, 리브가 복권된 찰스 2세를 위해 긴 굴절 망원경을 만들자 왕이 매우 기뻐했던 것으로 미루어, 리브의 아내가 죽은 지 6개월 후에 리브가 왕의 사면을 받고 풀려난 것은 당연한 일이었다. 하지만 리브의 자유는 오래가지 못했다. 1666년 초에 세상을 떠났기 때문이다. 1664년과 1666년 사이에 수도의 거주민 40만 명 가운데 25퍼센트에 해당하는 사람에게 손길을 뻗친 역병의 희생자가 된 것으로 보인다.

리브가 망원경 거울을 만드는 과정에서 그레고리는 과학과 직업적인 기기 제작자 사이에 새로운 관계를 인정했다. 기술이 영리를 목적

## 거울 상

으로 하는 기업을 따라가지 못한 것은 사실이었다. 그레고리의 실험은 실패했다. 반사 망원경에 필요한 좋은 거울을 처음 만드는 데에는 단순한 숙련 이상의 어떤 것이 필요했던 것이다. 리처드 리브조차도 무색하게 할 정도의 정제된 실험 기술과 수학적 천재성을 합친 그 어떤 것이 필요했다. 오직 한 사람만이 이 두 재능을 동시에 갖고 있었는데, 그 사람이 바로 아이작 뉴턴이었다.

뉴턴은 갈릴레오가 죽던 1642년, 성탄절에 태어났다.[155] 뉴턴의 화려한 학문적 성공은 1660년대 후반에 이르러 정점에 다다랐다. 몇 년 전에 수행한, 아직 출판되지도 않은 광학 연구로 유명해진 뉴턴은 1669년, 케임브리지 대학교 수학과 교수가 되었다. 이 시기 동안 뉴턴은 세 가지 운동 법칙을 완성했고, 자신의 위대한 업적인 만유인력의 법칙의 기초를 놓았다. 1687년 출판된 이 책은 그때까지 씌어진 것 가운데 가장 뛰어난 과학 책인 《필로소피에 나투랄리스 프린키피아 마테마티카 *Philosophiae Naturalis Principia Mathematica* 자연철학의 수학적 원리》였다.

오늘날 《프린키피아*Principia*》라고 알려져 있는 이 놀라운 책에는 티코와 케플러, 갈릴레오가 관측한 행성과 위성의 운동뿐 아니라 공기와 물을 통과해 움직이는 물체들, 총으로부터 발사된 발사체, 시계 추, 혜성, 조석 그리고 더 미묘한 지구와 달의 운동까지 설명할 수 있는 이론이 담겨 있었다. 뉴턴이 원숙한 통찰력을 바탕으로 내린 결론은 인공 위성의 가능성에서부터 모든 천체가 서로를 잡아당기고 있다는 생각에까지 이르렀다. 역학에서 중추적 역할을 하는 《프린키피아》는 천문학의 미해결 문제들 대부분을 단번에 해결했고, 그 이후 2백 년 동안 기초 과학의 연구 경로를 결정했다.

■ 아이작 뉴턴. 성공적인 반사 망원경을 처음으로 만든 사람.

그러나 1666년에는 전부 미래의 일이었다.[156] 이 해는 젊은 아이작 뉴턴이 태양 광선에 대한 삼각형 프리즘의 효과를 처음 실험한 해이다. 백색광이 실제로 무지개 색의 혼합물이라고 하는 추론은 뉴턴의 유명한 발견 가운데 하나이다. 뉴턴은 이것을 스펙트럼Spectrum 빛띠*이라고 불렀다. 이 추론은 또한, 그로 하여금 그 유명한, 잘못된 결론을 유도하게 만들었다.

**스펙트럼** 천체를 포함한 광원에서 나온 빛이 무지개 색으로 분산되어 나타나는 것. 각각의 색은 다른 파장의 빛을 나타낸다. 이것은 빛을 통해 전달되는 물리 정보를 알려 준다.

즉, 렌즈를 통과한 빛은 언제나 스펙트럼 색으로 분해가 되기 때문에 색 수차가 없는 렌즈를 만드는 것은 불가능하다는 결론이었다. 앞으로 살펴보겠지만, 그 결론은 엄청나게 잘못된 것이었다. 그러나 사람들은 뉴턴이 한 말이라는 이유만으로 그 결론을 쉽게 믿었다. 이 때문에 굴절 망원경은 약 50년가량 발전을 멈추었다.

뉴턴은 이 문제를 '절망적'이라고 표현했다.[157] 뉴턴은 색 수차가 없는 망원경 렌즈를 만드는 것이 불가능하다고 확신한 후, 자신이 반사식 망원경을 만들 수 있는지 연구했다. 뉴턴은 수학자로서 앞 장에서 설명한 거울 제작의 기초적인 문제들을 빠르게 탐지해갔다. 1704년, 그가 쓴 《옵틱스Opticks》에 나오는 덤덤한 문구들을 보면, 뉴턴이 문제를 완전히 파악했다는 것을 알 수 있다.[158] 그 문제는 동시대인인

## 거울 상

리브 같은 '런던 예술가'는 말할 것도 없이 뉴턴 이전에 살던 모든 선배들을 괴롭히던 문제였다.

유리가 고르지 못할 때, 반사된 빛의 오차는 굴절된 빛의 오차보다 여섯 배가량 더 심각하기 때문이다.

이 도전에 정면으로 맞서기 위해 뉴턴은 먼저 스펙큘럼Speculum 금속 거울에 필요한 재료를 가지고 실험했다. 이 단어는 오늘날 몸의 구멍을 크게 확장하는 데에 쓰이는 의학용 기구를 나타내지만, 2백 년 전에는 망원경 거울에 사용되던 단어였다. 뉴턴은 구리와 주석으로 합금을 만들어 여기에 고약한 냄새가 나는, 표백 약품(비소)을 조금 첨가했다.[159] 이것은 다루기 힘든 합금의 반사도를 향상시켰고, 광택 작업에 들어가는 수고를 줄여주었다. 이 합금과 이런 종류의 금속 합금은 '반사경 금속'을 의미하게 되었다.

뉴턴은 그 다음 설계대로 면에 광택 내는 방법을 정밀히 알아내야 했다.[160] 뉴턴은 이 방면에서 진정한, 큰 발전을 만들어냈다. 뉴턴은 가죽이나 광을 내는 천을 사용하는 대신 고운 광택 연마제가 섞인 현탁액이 거울 면에 골고루 발라지도록 광을 내는 도구에 녹여 붙인 광택 연마용 송진을 가지고 실험했다. 뉴턴은 퍼티 분Putty Powder을 광택 연마제로 사용함으로써 닳아 없어져야 하는 금속의 양을 정밀하게 통제할 수 있게 되었다. 금속의 마지막 형태에 대한 제어 능력도 얻게 되었다. 어느 지점에서도 곡면의 깊이가 0.0001밀리미터까지 정확해야 했기 때문에 매우 비약적인 성공이라고 하지 않을 수 없다. 광택 연마제로는 일반적으로 보석상의 루지나 세륨 산화제가 이용되는데, 오늘날 광학 산업체에서도 광택을 낼 때 광택 연마용 송진을 사용한다.

뉴턴은 새로운 혼합물의 성분과 인내심으로 망원경 거울 제작의 실질적인 문제를 극복했다. 유일하게 남은 문제는 망원경에 사용할 거울을 어떻게 배치할 것인가 하는 것이었는데, 뉴턴의 타고난 실용주의가 빛을 발한 순간이었다. 뉴턴은 메르센이나 그레고리가 제안한 곡선의 복잡한 조합보다 자신이 생각할 수 있는 가장 간단한 배치를 선택했다. 즉, 실상을 만들 오목거울과 빛의 방향을 바꿀 작고 평편한 거울의 조합을 선택한 것이다. 이렇게 하면 관측자의 머리에 방해받지 않고 평범한 렌즈 접안경으로 관측할 수 있다. 뉴턴식이라고 부르는 이 배치는 단순함 때문에 아마추어 망원경 제작자들이 가장 좋아하는 배치가 되었다.

1668년 뉴턴이 처음 만든 견본품은 장난감 같은 작업 모형이나 다름없었다.[161] 그는 《옵틱스》에서 이렇게 설명했다.

> 오목 금속거울의 곡률 반경은 25영국인치(63센티미터)가량 되었다. 결과적으로 망원경의 길이는 약 6.25인치(16센티미터)가 된다. 접안경은 평철렌즈였다. 볼록면의 곡률 반경은 0.2인치(5밀리미터)이거나 이보다 조금 작았다. 결과적으로 배율은 30에서 40배 사이였다. 다른 측정 방법으로 확인해보니 망원경의 배율은 35배쯤 되었다.

거울의 옆모습이 구의 한 부분이었다는 것에 주목하자. 그레고리가 그랬듯이 뉴턴도 초점거리에 비해 지름이 작은 거울에서 구면이 포물면의 좋은 대안이 된다는 것을 알았다. 뉴턴은 계속해서 이 거울의 지름이 1과 3분의 1인치(34밀리미터)라고 했다.

## 거울 상

■ 뉴턴이 그린 자신의 망원경. 기울어진 평면 거울 T가 상을 경통 밖에서 상을 볼 수 있게 한다.

**작은 망원경** 갈릴레오식 망원경의 초기 이름.

다음으로 뉴턴은 자신의 작은 망원경*들과 표준이 되는 갈릴레오식 굴절 망원경을 비교했다.

> 길이가 4피트(1.2미터)인 매우 좋은 갈릴레오식 망원경과 비교해보니 렌즈로 만든 갈릴레오식 망원경보다 내 망원경으로 더 멀리 있는 것을 읽을 수 있었다. 그러나 굴절 망원경보다 내 망원경에 나타난 상이 훨씬 더 어두웠다. 이것은 렌즈의 굴절에 의한 것보다 더 많은 빛이 금속의 반사에 의해 손실되기 때문이고, 내 망원경이 너무 과장되었기 때문이다. 만약 25배나 30배 정도만 확대했다면 대상을 더 밝고 평안하게 볼 수 있었을 것이다.

여기에서 뉴턴 시대에 만든 반사 망원경의 단점 한 가지를 알 수 있는데, 거울 재질의 빈약한 반사도가 상을 어둡게 보이게 했다는 것이다. 이 문제는 19세기 중반이 될 때까지 해결되지 않았다.

뉴턴은 처음에 자신의 새로운 발명에 대해 몇 명에게만 말했다. 1672년 1월 11일, 뉴턴은 두 번째 견본품을 만들어 왕립 학회에 선보였고,[162] 왕립 학회는 그 즉시 뉴턴을 정식 회원으로 받아들였다. 이 두 번째 망원경의 일부분은 오래된 명판에도 불구하고 18세기 복제품인 듯 보이는 망원경에 사용되어 아직도 남아 있다. 이 명판에는 다음과 같이 표시되어 있다. '1671년에 아이작 뉴턴 경이 발명해 직접 만들었음.' 그러나 첫 번째 견본품에 대해서는 알려져 있는 게 없다.

## 완성된 이론

굴절 망원경이 출현한 지 60년이 지났을 때 드디어 반사 망원경이 세상에 첫선을 보였다. 이 망원경을 발명한 사람은 뉴턴일까? 아니면 데카르트? 메르센? 아니면 그레고리? 두말할 것 없이, 거울 면을 만드는 기술을 향상시킨 사람은 뉴턴이다. 그런데 뉴턴은 직관과 독창성으로 망원경까지 설계했다.

뉴턴은 오늘날 '반사 망원경의 아버지'로 인정받고 있지만, 앞에서 본 것처럼 이 이름에는 많은 단서 조항이 붙는다. 1672년 초, 반사 망원경은 마지막 고비만을 남겨두고 있었기 때문이다. 베르세Bercé라는 과학자는 새로운 형태의 반사 망원경이 발명되었다고 프랑스 학회에 보고했다.[163] 이것을 발명한 사람은 사르트르의 카세그레인Cassegrain이었다. 카세그레인에 대해서는 3백 년 넘게 거의 알려지지 않아서,[164] 이름조차도 확실하지 않다. 그의 이름이 니콜라스Nicolas이며 1625년

## 거울 상

에 태어나 1712년에 죽었다는 이야기가 있는가 하면, 장Jean이나 기욤 Guillaume일 거라고 하는 사람들도 있다.

현대 프랑스 천문학자 두 명(앙드레 베레느André Baranne와 프랑수아 로네이François Launay)은 1997년에 완성된 뛰어난 연구에서 그 사람이 로랑 카세그레인Laurent Cassegrain이라고 증명해주는 당대의 기록을 공개했다.[165] 1629년경, 사르트르에서 태어나 그곳에 있는 대학의 목사이자 교사가 된 그는 1685년에 사동으로 이사했으며, 1693년 8월 31일, 세상을 떠났다.

오늘날 세계의 거의 모든 대형 망원경이 카세그레인 망원경의 배치를 그대로 따를 정도로 카세그레인의 발명품은 아주 중요한 것이었다. 그레고리가 고안한 망원경처럼, 카세그레인의 발명품도 구멍을 통해 빛을 뒤로 보내는 구부러진 부경과 구멍이 난 포물면의 주경을 이용한 메르센 형식에서 나왔다. 그러나 오목한 부경을 갖는 그레고리식과 달리, 카세그레인은 주경의 포물면으로부터 오는 빛을 상이 맺히기 전에 가로채는 볼록한 부경을 사용한다. 이것은 주경에 있는 구멍으로 되돌아오는 빛을 수렴하는 빛으로 만들어 실상을 만들며, 뒤에 있는 일반 렌즈의 접안경으로 확대할 수 있다.

부경은 색다르게 쌍곡면이었는데, 그 시대의 기준으로는 얻기 힘든 모양이었다. 더 놀라운 것은 베르세가 카세그레인이 새로운 망원경을 만들었다고 발표하기 10년 전쯤에 제임스 그레고리가 이것을 만들려고 했다는 것이다.[166] 리처드 리브가 런던에서 그레고리를 위해 만들었던 실험용 거울은 오목부경과 볼록부경을 모두 포함한 것으로, 이 스코틀랜드 수학자가 자신의 프랑스 동료보다 선매권을 가졌다는 것을 증명해준다.

카세그레인 도안의 출현으로 반사 망원경에 대한 기본적인 가능성의 범위가 완성되었고, 망원경 이론은 2백 년 넘게 고치지 않아도 될 정도였다. 그러나 아이러니는 1672년에도 실질적인 반사 망원경의 견본품 두 개만이 세상에 존재했는데, 모두 아이작 뉴턴식이었다는 사실이다.

뉴턴이 카세그레인의 발명에 대해 통렬히 비꼬면서 지적한 것이 바로 이것이다.[167]

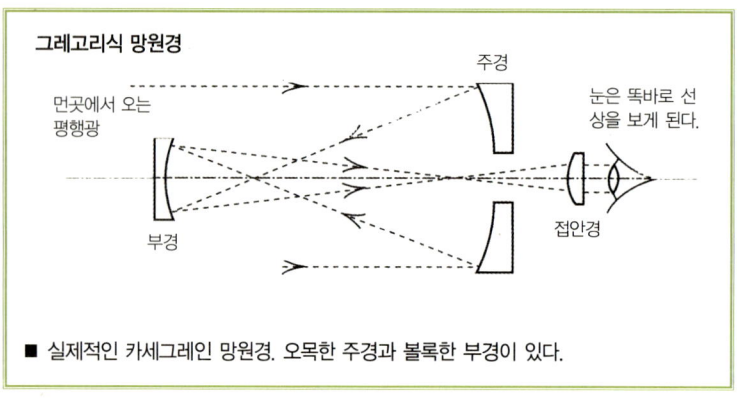

■ 실제적인 카세그레인 망원경. 오목한 주경과 볼록한 부경이 있다.

카세그레인이 그것을 공표하기 전에 설계대로 만들어보았기를 바라며, 망원경이 실제로 완성되기 전에는 계획이 별 소용이 없다는 것을 알기 바란다.

유일하게 유효한 비판이었지만, 뉴턴은 왕립 학회 총무인 헨리 올덴버그 Henry Oldenburg에게 보내는 편지에 여러 가지 비판을 적었다. 뉴턴은 카세그레인과 그레고리의 설계는 비슷한 원리를 유형화한 것이

### 거울 상

며, 그레고리가 작동하는 망원경을 만들지 못한 것을 보면 둘 다 소용없는 게 틀림없다고 했다. 뉴턴의 편지는 왕립 학회의 정기 간행물 《필로소피컬 트랜스액션스 Philosophical Transactions》에 발표되었다.

그레고리가 이 실망스러운 소식을 들은 것은 세인트앤드루스에서였다.[168] 그레고리는 자신의 발명품을 방어하기 위해 당장 왕립 학회와 교신하기 시작했다. 그가 뉴턴과 벌인 논쟁의 요점은, 1662년에 만든 그레고리의 실험적 망원경이 실패한 이유가 구면(이것이 가져야 하는 비구면과 다르기 때문에)이었기 때문인지 아니면 광택을 부정확하게 냈기 때문인지 하는 것이었다. 하지만 이 문제는 완전히 해결되지도 않았고, 슬프게도 위대한 이 두 수학자의 행동은 계속 엇갈리기만 했다.

그때까지 뉴턴은 계속해서 돋보이는 연구 성과를 올려 당대의 선도적인 과학자로 인정받지만, 그 후 동시대 사람들과 벌인 격렬한 논쟁으로 몹시 괴로워했다. 뉴턴은 《프린키피아》를 출판한 후 6년밖에 되지 않은 1693년, 과학 연구에서 손을 떼고 공무원이 되었다. 처음에는 조폐국의 감독관(1696)이 되었고, 조폐국장(1699)이라는 높은 지위에 올랐다. 1705년, 앤Anne 여왕은 뉴턴의 과학적 업적을 인정해 기사 작위를 내렸다. 뉴턴은 1727년에 84세의 고령으로 세상을 떠났다.

제임스 그레고리는 긴 황혼기를 보내지 못했다.[169] 1670년대 초, 그레고리는 대학교가 자신의 '현대식' 교육을 바라보는 태도에 환멸을 느꼈다. 그레고리가 있을 당시에도 이미 250년도 더 된 대학교는 여러 가지 면에서 구식이었다.

세인트앤드루스 천문대 일이 조건이 나쁜 데다 대학 교수들이 수학에 적대감을 갖고 있었기 때문이다. 어떤 학자들은 수학에서 배운 것에 반대되는 강좌를 열어 이 훌륭한 거장을 조롱하고 공개적으로 비웃었다.

그레고리는 1674년 10월, 에든버러 대학교의 수학 석좌 교수로 옮겼다. 그러나 1년 뒤, 제자와 목성의 달을 관측하다가 뇌졸중으로 쓰러져 며칠 후, 겨우 36세의 나이로 세상을 떠났다. 그가 오래 살았다면 그의 천재성은 훨씬 더 많은 분야에서 위대한 업적을 남겼을 것이다.

반사 망원경의 초기 역사에서 마지막으로, 어쩌면 기대하지 않았던 반전이 있다. 앞 장에서 본 것처럼 이야기의 주요 등장인물은 영국 사람(뉴턴), 스코틀랜드 사람(그레고리) 그리고 세 명의 프랑스 사람(데카르트, 메르센, 카세그레인)이다. 이 수학자들은 1634년(데카르트의 《르 몽드》)부터 1672년(베르세의 카세그레인식 망원경* 발표)에 이르기까지 큰 공을 세웠다. 그러나 1632년, 이탈리아에서 놀라운 책이 출판되었다.[170] 이 책은 모든 발명품의 전조가 되었다.

이 책을 쓴 사람은 예수회 수도승 보나벤투라 프란체스코 카발리에리Bonaventura Francesco Cavalieri(1598-1647)라는 사람으로, 자칭 갈릴레오의 제자였다. 1629년, 그는 적분법으로 알려진 이론에 중요한 기여를 한 후, 볼로냐 대학교의 수학 교수로 임명되어 그곳에서 《로 스페치오 우스토리오 Lo Specchio Ustorio 불태우는 거울》라는 책을 썼다. 이 책의 제목은 거울을 이용해서 먼 곳에서 연소성 물질을 태울 수 있다는 생각에서 따온 것이다.

재미없는 제목을 가진 이 책은 굽은 거울의 광학에 대한 논문집으로서, 데카르트가 했던 것처럼, 포물면 거울이 어떻게 상을 만드는가

**카세그레인식 망원경** 카세그레인이 발표한 반사 망원경 형태. 타원면을 가진 오목 주경과 쌍곡면을 가진 볼록부경과 접안경으로 이루어져 있다.

**거울 상**

**뉴턴식 망원경** 뉴턴이 설계한 반사 망원경. 포물면의 오목한 주경과 편평한 부경 그리고 접안경으로 이루어져 있다.

하는 것을 조사한 책이다. 카발리에리는 이 책에서 메르센식 망원경과 동일하고(구멍 난 것까지 포함해서) 그레고리식과 카세그레인식과 매우 성질이 비슷한 거울 조합을 제시했다. 망원경이라기보다 화경으로 제시했지만, 뉴턴식 망원경*과 매우 비슷하게 들리는 반사식 망원경의 개념을 소개한 것은 분명하다. 이때가 뉴턴이 태어나기 전 10년 전이다.

1975년, 역사학자 피에로 아리오티Piero Ariotti가 카발리에리를 유명하게 만들기 전까지 카발리에리가 반사 망원경 개발에 공헌한 부분이 대부분 무시된 이유는 무엇 때문일까? 《로 스페치오 우스토리오》가 화경뿐 아니라 열과 소리를 반사하는 거울에 이르기까지 너무 넓은 영역을 다루고 있기 때문이다.

그런데 카발리에리가 자기도 모르게 잘못 제시한 것이 있었다. 그는 《로 스페치오 우스토리오》에서 반사 망원경에 대해 이렇게 말했다.

> 빵 대신 케이크를 찾는 사람들에게 말해 둘 게 있다. 내가 믿기로는 이것들은 거울들에 의한 조합에 의해서나 렌즈의 첨가에 의해서나 굴절 망원경을 따라가지 못한다. 해보면 알 것이다.

물론 그가 틀렸다. 그러나 반사 망원경에 관한 많은 문제에서 데카르트와 뉴턴도 틀렸기는 마찬가지다. 보나벤투라 카발리에리는 역사에 의해 몹시 과소평가되어 있다. 만약 뉴턴을 '반사 망원경의 아버지'로 부르고 싶다면, 카발리에리는 '반사 망원경의 대부'로 불러야 마땅하다.

# 8 중상
Scandal

**망원경과 변호사**

　18세기가 시작될 무렵, 런던의 뉴게이트 감옥은 입에 담기도 힘들 정도로 아주 지독한 곳이었다. 21세기의 시간 여행자인 체하는 우리로서는 그 무서운 벽 뒤에서 벌어진 야비함과 폭력을 상상하기가 힘들다.[171] 1666년 9월, 런던 대화재 후에 다시 건설되긴 했지만, 환경은 나아지지도 않았고, 재소자를 위로할 만한 것도 전혀 없었다.

　이 불행한 죄수들은 씻지 않은 사람들의 몸에서 나는 악취와 독재자의 위협 아래에서 사는 특권에 대해 대가를 치러야 했다. 감옥에 도착하면 다른 재소자들의 악랄한 협박에 못 이겨 입회금을 내야 했고, 당국이 부과하는 숙박과 음식 값도 내야 했다. 따라서 재소자의 삶의 질은 재소자의 재정 능력에 의해 좌우되었다. 유죄를 선고받은 노상강도가 생생하게 설명한 것처럼, 부유한 사람은 간수의 집에 머물 것이고, 천한 사람은 '벼룩과 이들이 톡톡 튀어 다니는, 이루 말할 수 없이 더러운 바닥에서 누더기 담요 위에' 누웠다.[172]

뉴게이트를 나가는 길은 타이번의 교수대로 연결된 길뿐이었다. 아주 사소한 범죄를 짓고도 형장의 이슬로 사라지는 경우도 있었다. 그러나 훨씬 더 불쌍한 사람은 먹을 돈도 없는 빚쟁이들이었다. 음식 값을 낼 수 없는 이들은 시궁쥐와 생쥐를 잡아먹었다. 그러나 더욱 비참한 일은 정해진 징역을 다 살면 풀려나기 전에 돈을 또 내야 한다는 사실이었다. 하지만 땡전 한 푼 없는 빚쟁이들은 값을 못 치른 자유를 기다리다 감옥에서 죽을 수도 있었다. 18세기의 교정 행정은 부패하고 무정했다.

18세기 후반, 런던에서 가장 뛰어난 광학 기계상 몇 명이 망원경의 가장 위대한 발전 가운데 하나 때문에 이와 같은 불안에 떨었다.

이 불행한 사건의 밑바닥에는 그 시대의 가장 위대한 과학자인 아이작 뉴턴 경의 잘못된 판단이 깔려 있었다. 뉴턴은 광학의 굴절과 분산에 관한 분야뿐 아니라 파동과 같은 빛의 성질과 관련이 있는 더 미묘한 현상까지 다루게 되었다. 그리고 뉴턴이 첫 번째로 기여한 것은 실질적인 반사 망원경에서가 아니었다. 뉴턴은 굴절 망원경과 관련해 놀라운 것을 발견했다.[173]

> 렌즈의 구면 형상에서 발생하는 가장 큰 오차(구면 수차)는 빛의 다른 굴절성 때문에 생기는, 가장 심하게 감지되는 오류(색 수차)가 될 것이다. 이것은 1,200배가 될 수 있다. 그리고 망원경의 완벽성을 저해하

는 것은 렌즈의 구면 형상이 아니고, 빛의 다른 굴절률이다.

다른 말로 하면, 망원경 렌즈에서 구면 오류의 치명적인 효과는 환각 상태를 연상시키는 빛들의 오류의 효과에 비교하면 미미하다는 것이다(5장을 보시오). 이로써 굴절 망원경의 모든 병은 비구면 렌즈로 고칠 수 있다는 오랜 개념에 종지부를 찍었다고 생각했다. 그러나 애석하게도 또 다른 희망도 망쳐버렸다.[174] '초점거리를 길게 하는 것 말고는 굴절만으로 망원경을 개선하는 방법은 없다.' 이러한 생각은 모든 동시대 인물들이 생각하던 바와 정확히 일치했다.

이 현실적인 시험을 해하고, 뉴턴이 무언가를 놓치고 있을지도 모른다고 감히 말한 사람은 다름 아닌 제임스 그레고리의 조카였다.[175] 자신의 삼촌 제임스처럼 에든버러 대학교의 젊은 수학 교수였던 데이비드 그레고리David Gregory(1659-1608)는 1692년, 옥스퍼드의 수학과 사빌리안Savilian 교수가 되었다. 뉴턴은 데이비드 그레고리가 옥스퍼드 대학교 교수에 임명되는 데에 상당히 큰 영향을 끼쳤다. 데이비드 그레고리는 같은 해에 왕립 학회 정회원으로 선출되었다.

새로운 망원경에 대한 개념을 연구하는 가족의 전통을 따른 데이비드는 1695년에 《카톱트리키 에 디옵트리키 스페리키 엘리멘타*Catoptricae et Dioptricae Sphericae Elementa*》라는 책에서 자신의 연구 결과를 설명했다. 여기에서 데이비드 그레고리는 인간의 눈이 가짜 색깔에 방해받지 않는 상을 상당히 잘 만드는데, 이는 렌즈에서도 마찬가지라고 언급했다. 데이비드 그레고리는 여러 개의 투명한 재질로 이루어진 눈의 복잡한 구조가 망원경의 대물렌즈에 모형을 제공할 것이라고 주장했던 것이다.[176]

중상

> 눈 뒤에 가능한 한 뚜렷하게 상이 맺히게 하려면 눈 구조처럼 기존의 대물렌즈 옆에 다른 재질로 만든 대물렌즈를 만들어 붙이는 것이다.

실제로 뉴턴이 이 생각을 놓친 것은 아니었다.[177] 《옵틱스》에서 물을 중간에 채운 두 개의 유리렌즈로 이루어진 대물렌즈를 설명했던 뉴턴은 아마도 이 논점이 갖고 있는 단점을 발견한 것 같다. 사실 거기에는 결점이 있었다. 눈 안에 있는 다양한 재질은 색 수차를 보정할 수 있도록 굴절률이 굉장히 다르지 않다. 따라서 '눈 뒷면에 맺히는' 상은 실제로 가짜 색 때문에 심하게 영향을 받는다. 대부분 광학에 의해서가 아니라 뇌의 놀라운 처리 능력에 의해서 해결되는 것이다.

어쨌거나 중요한 이야기는 이것이 아니라 재질이 다른 렌즈의 조합 개념이 나왔다고 하는 것이다.[178] 그레고리의 위대한 업적 대부분이 주류 과학에 의해 무시되었지만 말이다. 이 신기한 발견이 학식 있는 수학자의 머릿속에서 여가 시간에 사색하는 런던의 한 변호사의 머릿속으로 옮겨갈 때까지인 34년 정도 동안 모든 게 멈춰 있었다. 변호사라니!

실제로 매우 뛰어난 변호사였던 그는[179] 런던의 법학원 네 곳 가운데 한 곳인 이너 템플Inner Temple에서 열심히 일하고 있었다. 체스터 무어 홀Chester Moor Hall 변호사는 기분 전환을 위해 시간이 날 때마다 광학에 대해 생각했다. 에식스에 있는 자기 집에 광학 실험실을 꾸밀 만큼 이 특이한 취미를 심각하게 생각했다. 더욱이 뉴턴이 해결할 방법이 없다고 한 《옵틱스》를 읽은 후에 색 수차가 없는 망원경 대물렌즈를 만들 생각에 사로잡혔다.

홀이 데이비드 그레고리의 연구를 잘 알고 있었는지는 잘 알려져 있지 않다. 그러나 뉴턴이 세상을 떠난 지 2년 후인 1729년, 홀이 제안한 해결책은 스코틀랜드 교수의 생각과 기본적으로 같았다. 대물렌즈가 한 장의 유리로 만들어지지 않고 두 장의 렌즈로 만들어졌다고 가정해보자. 만약 렌즈 두 장이 다른 종류의 유리로 만든 것이고, 각각 볼록렌즈와 오목렌즈라고 하면, 렌즈의 색 수차가 서로 상쇄될지도 모른다. 그렇게 되면 조합에 의해 만들어진 상은 색 수차가 없을 것이다. 이는 광학자들이 '무색' 이라고 말하는 상태이다.

**크라운 유리** 입으로 공기를 불어넣은 후 돌려 만드는 방법에서 이름을 딴 유리이다. 가장 흔한 유리.

**납유리** 일반적인 크라운 유리에 비해 밀도가 높고 광학적 특성이 매우 다른 유리.

뉴턴도 이와 비슷한 논리를 따라갔을 것이다.[180] 그러나 뉴턴의 실험은 뉴턴으로 하여금 다른 종류의 유리는 백색광을 같은 범위의 무지개 성분으로 분산시킬 것이라고 믿게 했다. 다시 말해, 뉴턴은 모든 유리는 같은 분산력을 가질 것이며, 색 보정을 불가능하게 할 것이라고 생각했다. 이 결론은 틀린 결론이었다.

홀은 유리들 중에서 서로 종류가 가장 다른 유리를 선택해 실험했다.[181] 당당한 이름이 붙은 크라운 유리*(기본적으로 이것을 만들 때 돌리면서 부는 방법으로 만드는 것에서 이름을 딴 일반 창유리)와 납유리*(자연산 수정의 밀도와 광택을 가진 상대적으로 새로운 발명품)였다. 이 두 재질은 아주 다른 광학 성질을 갖고 있었다. 올바른 광학적 설계로 인해 크라운 유리 볼록렌즈와 납유리 오목렌즈의 조합은 무색이 될 수 있었다. 체스터 무어 홀은 자신의 육감으로 이를 실험해보고 싶었다.

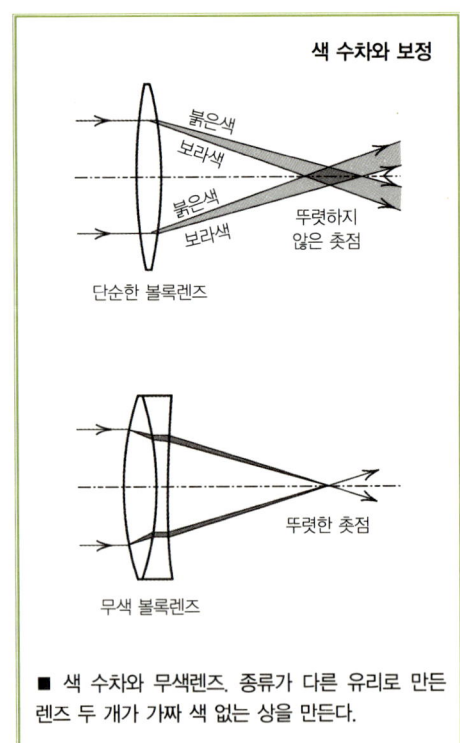

■ 색 수차와 무색렌즈. 종류가 다른 유리로 만든 렌즈 두 개가 가짜 색 없는 상을 만든다.

뉴턴이 갖고 있던 재능을 갖고 있지 못했던 홀은 실험이 광학적 광택 작업 단계에 도달하자 직업적인 장인에게 렌즈 제작을 위임했다. 이 렌즈는 원형의 크기가 2.5인치(63밀리미터)였다. 크기가 너무나 비슷한 두 장의 렌즈를 한 광학 기계상에게 주문했다가 렌즈 제작자가 실험에 대해 너무 많은 것을 알게 되면 발명에 대해 특허권을 주장하지 못하게 될 수도 있었다. 따라서 홀은 현명하게도 렌즈 하나는 소호에 있는 에드워드 스칼렛Edward Scarlett에게, 다른 하나는 러드게이트 거리에 있는 제임스 만James Mann에게 주문했다. 그러고는 편안하게 앉아서 기다렸다.

스칼렛과 만은 런던의 뛰어난 광학 기계상들이었다.[182] 나이가 더 많은 스칼렛은 그의 직업적 계보가 크리스토퍼 콕을 거쳐 위대한 리처드 리브까지 연결된 사람이었다. 만은 스칼렛에게 사사하는 2세대 광학 기계상이었다. 이 두 사람은 홀의 렌즈처럼 작은 렌즈 한 개를 만드는 일에 매달릴 만큼 한가한 사람들이 아니었으므로 그들이 하도급을 준 것은 아주 자연스러운 일이었다.

아무도 예상하지 못했던 것은, 두 사람이 렌즈를 만들 일꾼으로 동시에 같은 사람을 선택할 수 있다는 사실이었다. 하지만 적어도 체스터 무어 홀은 상상도 못한 일이었다. 그들은 조지 배스George Bass(1692-1768)라는 브라이드웰 광학 기계상에게 일을 맡겼다. 매우 특이한 우연의 일치이자 운명적인 일이었다. 불쌍한 배스는 엄청난 논쟁의 회오리의 중심에 서게 되었다. 결국 이 일은 다른 일들과 함께 망원경의 역사에서 홀이 차지해야 할 명예를 빼앗는 음모로 발전했다.

## 성공과 실패

뒤따르는 사건을 보면, 누가 원흉이고, 누가 영웅인지 쉽게 구별하기가 어렵다. 그들의 역할은 불분명하도록 정해져 있었기 때문이다. 성공한 어느 광학 기계상이 이 일에 대해 자세히 기록해 둔 것이 얼마나 다행인지 모른다. 개인적인 상황 때문에 나중에 깊은 곤경에 빠질 뻔하기도 했지만, 이 사람은 논쟁에 대해서는 편견이 없는 사람이었다.

이 사람은 핼리팩스에서 태어난 직조공, 이새 람스덴(Jesse Ramsden (1735-1800)*으로,[183] 망원경 제작 견습생이 되기 위해 20대에 런던으로 이사 온 사람이었다. 그는 아브라함 샤프의 조카의 아들이었는데, 플램스티드 사후 《히스토리아 코엘레스티스 브리태니커》가 완성되는 데에 수학적 작업으로 일조했다(5장을 보시오). 람스덴은 궁극적으로 당대의 가장 위대한 망원경 제작자가 되었다. 오늘날 단순함과 효율 면에서 호이겐스의 접안경과 쌍벽을 이룰 접안경을 설계한 사람으로 기억되고 있기 때문이다. 람스덴은 천문학과 항해술, 탐사 기술에 사용되는 위치 측정 기구를 혁신한 공로로 1795년에 왕립 학회에서 수여하는 가장 큰 상인 코플리 메달을 받았다.

람스덴은 왕립 학회 도서관에 보관된 문서를 통해 1730년대 초, 체스터 무어 홀이 무색렌즈*를 발명했을 때의 상황을 설명했다. 홀의 실험이 성공한 것은 사실이다. 에드워드 스칼렛과 제임스 만으로부터 렌즈가 오기를 기다리고 있던 홀에게 배스가 만든 렌즈가 배달되었다. 두 렌즈를 합쳐 접안경으로 만든 결과, 색 수차 때문에 뿌옇게 하는 정도가 눈에 띄게 없어졌다. 지난 1백 년 동안 망원경 제작자들이 받은

**람스덴 접안경** 시야와 상의 질을 개선하기 위해 두 개의 볼록렌즈로 이루어진 접안경. 초점이 두 렌즈 밖에 위치한다.

**무색렌즈** 색 수차를 없애기 위해 여러 장의 렌즈로 만든 렌즈 조합. 가장 일반적인 무색렌즈는 두 장의 렌즈를 사용하는 이중렌즈이다.

중상

고통을 생각해보면 엄청나게 큰 발전이 아닐 수 없었다.

램스덴은 왕립 학회에 〈무색 망원경의 발명에 관한 관측〉이라는 문서를 남겼다.[184] 여기에서 램스덴은 홀을 '은거를 좋아하고, 명예에 대한 갈망이 없었기 때문에 지성인들 사이에 잘 알려지지 않은 비범한 장점을 가진 사람'으로 표현하고 있다. 램스덴은 이렇게 설명했다.

> 에섹스 주에 사는 체스터 무어 홀은 무색 대물렌즈를 처음 발명한 사람으로, 내가 존경하는 분이다. 1767년, 그가 세상을 떠나기 몇 년 전부터 개인적으로 알고 지냈다. 그는 눈의 구조를 생각하다가 무색 망원경을 떠올리게 되었다고 이야기했다.

그러나 문제는 배스가 더 많은 시범 렌즈를 만든 후에 완벽한 렌즈를 만들었을 때 홀이 자신의 발명품에 한 일이었다. 홀이 야심 있는 사람이었다면 왕립 학회로 편지를 보내거나 특허를 신청했을 것이다. 그런데 홀은 광학 기계상에게 유용하게 쓰일 것이라고 판단하고 이 생각을 광학 기계상에게 알려주었다. 변호사였던 홀에게는 좀스런 광학 문제를 해결한 것이 별 소용이 없었던 것이다. 램스덴은 그때의 상황을 자세히 설명해주고 있다.

> 홀 스스로 말한 것처럼, 홀은 자신의 발명품이 실용적이라는 걸 알고 만족한 후, 버드Bird 씨에게 자신의 망원경 제작 방법을 알려주었다. 그러나 3년쯤 후, 버드가 큰 망원경을 만드느라 너무 바빠서 이 사업을 수행할 수 없다는 것을 알게 되자 홀은 망원경 제작 설명서를 아이스코프Ayscough에게 주었다. 그 즈음 홀의 재정 상황은 점점 복잡

해졌고, 얼마 못 가 파산하고 말았다.

무색렌즈 자체와 직접적으로 연관이 없어 보이지만, 금전 문제에 대한 첫 번째 암시였다. 어쨌든 런던에서 잘 알려진 두 명의 망원경 제작자 존 버드와 제임스 아이스코프는 자신들이 받은 것이 얼마나 중요한 것인지 몰랐던 것 같다. 적어도 그들은 그것으로 돈을 벌지는 못했다.

최근 정황적 증거들을 보면, 1735년에 제임스 만(아이스코프가 견습공이 되었던)이 만든 작은 망원경은 홀이 설계한 무색렌즈를 사용한 듯하다.[185] 람스덴 역시 18인치(46센티미터)밖에 안 되지만, 목성의 달을 볼 수 있었던, 아이스코프가 갖고 있던 망원경에 대해 언급하고 있다.[186] 상의 질이 매우 열악했기 때문에 그 시대의 일반적인 망원경은 같은 성능을 발휘하기 위해 세 배 정도 더 길어야 했다. 분명히 이 새로운 무색렌즈의 출현은 그때까지 관측 천문학의 대들보였던 길고 가는 굴절 망원경에 다가오는 재앙의 전조였다.

그러나 그렇지 않았다. 적어도 아직까지는 아니었다. 이 망원경에 관한 이야기와 홀이 실험에 성공했다는 소식에도 불구하고 버드와 아이스코프는 완전히 실패했고, 놀랍게도 무색 대물렌즈의 발명은 시간이 지나자 어둠 속으로 사라져갔다.

이것을 재발견한 사람은 직조공에서 공학사로 직업을 바꾼 또 다른 사람이었다.[187] 이번 발명으로 런던 광학계에는 내분이 일었다. 존 돌런드John Dollond(1706-1761)는 1685년에 낭트 칙령이 폐기되자 영국으로 망명한 위그노파(프랑스 개신교의 한 파) 출신이었다. 아버지처럼 비단을 짜는 사람이었던 그는 어렸을 때부터 체스터 무어 홀과 쌍벽을 이룰 정도로 광학에 깊은 흥미를 느꼈다.

돌런드도 홀처럼 원래 하던 일을 계속하면서 남는 시간에 광학을 연구했다. 하지만 홀과는 달리 광학 업계 사람들과 넓게 교류해 1730년대와 1740년대에 걸쳐 광학의 권위자로서 부러운 평판을 쌓았다. 그때는 그와 그의 부인 엘리자베스가 가문을 일으키던 시기였기 때문에 아들 피터는 1750년, 비단 직조공보다 광학 기계상으로 자기 사업을 시작했다. 더 놀라운 것은 1, 2년 후에 아버지인 돌런드도 비단 짜는 일을 그만두고 빛을 짜기로 했다는 사실이다. 아버지가 아들의 사업에 동참함으로써 돌런드와 아들Dollond & Son이라는 회사가 문을 열었다. 이 회사는 지금도 잘 나가고 있는 영국의 안경점 돌런드와 에잇키슨Dollond & Aitchison이다.

갓 시작한 회사는 혁신적이고 질 좋은 기구를 생산함으로써 빠르게 명성을 쌓아갔다. 이중성double stars의 간격과 같은 작은 각 거리를 측정하는 새롭고 정확한 종류의 측미계를 만들어 천문학자들 사이에 시장을 개척해갔다. '분리된 대물렌즈 측미계'(혹은 태양의) 가운데 하나는 쿡Cook 선장의 신기원을 여는 항해에 사용되었다. 1769년, 금성의 태양면 통과를 관측하기 위해 태평양으로 떠난 항해로, 이 관측을 이용해 태양계의 크기를 헤아리게 되었다. 이 항해에서 쿡은 '뉴 사우스 웨일스New South Wales' 라는 예쁜 이름의 외딴 해안을 우연히 발견하게 된다.[188]

1750년대, 존 돌런드는 자신도 모르는 사이에 사반세기 전에 체스터 무어 홀을 사로잡았던 것과 똑같은 강박관념에 사로잡히게 되었다. 망원경을 위해 무색 대물렌즈를 만드는 문제를 어떻게 해결할 것인가? 당대의 광학과 광학 기계상들을 잘 알고 있었던 돌런드가 홀의 이름이나 홀의 발명에 대해 전혀 들어보지도 못했다는 것을 보면, 홀이 얼마나 광학계와 담을 쌓고 살았는지 알 수 있다.

돌런드가 교신한 사람 중에는 베를린의 레오나르드 오일러Leonhard Euler(1707-1783)와 스웨덴 웁살라의 사무엘 클링겐스티르나Samuel Klingenstierna(1698-1765) 같은 유럽 대륙의 뛰어난 수학자들도 있었다. 이 두 과학자는 무색렌즈를 만드는 것이 불가능하다고 주장한 뉴턴이 틀렸다고 확신했다. 돌런드의 친구 중에 이 의견에 동조하는 사람이 있었다.[189] 이 사람은 1738년에 런던으로 이사 온 에든버러 출신 광학자 제임스 쇼트James Short(1710-1768)였다. 쇼트는 훌륭한 그레고리식 반사망원경 하나를 발명해 평판이 높았지만(9장을 보시오), 무색렌즈에도 관심이 많았다. 이 모든 논의는 존 돌런드의 절실한 열정에 기름을 부었다. 피할 수 없는 일이 생긴 어느 날 전까지 말이다.

이새 람스덴은 다시 확실히 설명하고 있다.

> 돌런드는 색 없이 사물을 볼 수 있는 대물렌즈를 만들려다 실패하자 그런 성질을 가진 대물렌즈를 만들겠다는 꿈을 접었다. 얼마 후, 지금은 작고한 요크의 공작이 돋보기를 주문했는데, 돌런드는 앞서 언급한 일꾼 배스에게 하도급을 주었다. 배스가 돌런드에게 몇 개를 보여주자 돌런드는 깨끗하고 투명한 납유리로 만든 것 하나를 골랐다. 그러자 배스는 그 렌즈의 결점은 글자를 볼 때 가장자리로 갈수록, 크라운 유리가 첨가된 것으로 만든 것보다 더 많은 색으로 변질되는 점이라고 말해주었다. 그러면서 자신이 홀에게 납유리로 오목한 대물렌즈를 만들어주었다는 이야기도 했다.

## 중상

브라이드웰에 있는 조지 배스의 초라한 작업장에서 존 돌런드의 마음에 울리던 경고음이 들리는 듯하다. 오목한 납유리 렌즈? 홀의 대물렌즈? 돌런드가 이 소리를 정말 들었을까?

돌런드가 스트랜드 거리에 있는 엑스터 교환소에 있는 처소로 돌아오는 동안 현기증을 느꼈을 것은 당연하다.[190] 그러고는 즉각적으로 납유리로 만든 오목렌즈와 크라운 유리로 된 볼록렌즈를 사용해 홀이 얻은 결과를 재생해보았을 것이다. 1758년, 자신의 실험 결과를 확신한 후, 제임스 쇼트에게 실험을 자세히 설명하는 편지를 썼다. 쇼트는 이 편지를 왕립 학회에 전달했고, 편지는 《필로소피컬 트랜스액션스》에 발표되었다. 드디어 오랫동안 찾아 헤매던 무색렌즈의 비밀이 공개 석상에 나타난 순간이었다.

### 참을 수 없는 비통함

그러나 이것이 문제의 시작이었다.[191] 돌런드는 쇼트에게 보낸 편지에서 오일러나 크링겐스티르나의 연구를 언급하지 않았다. 무엇보다 체스터 무어 홀이 먼저 얻었던 성공에 대해서도 언급하지 않았다. 홀이 그때도 에식스에 은둔해 살고 있었지만, 돌런드는 홀에게 연락해볼 생각도 안 했다. 표절이라는 생각이 들지 않는가? 그런데 이보다 더 나쁜 일이 기다리고 있었다. 존이 돌런드 회사의 광학 천재였다면, 아들 피터는 확실히 천부적인 사업가였다. 피터가 아버지에게 무색렌즈에 대한 특허를 신청하라고 설득했기 때문이다. 1758년 4월, 조지 2세는 존에게 무색렌즈에 대한 발명 특허를 주었다. 그때부터 오직 돌런

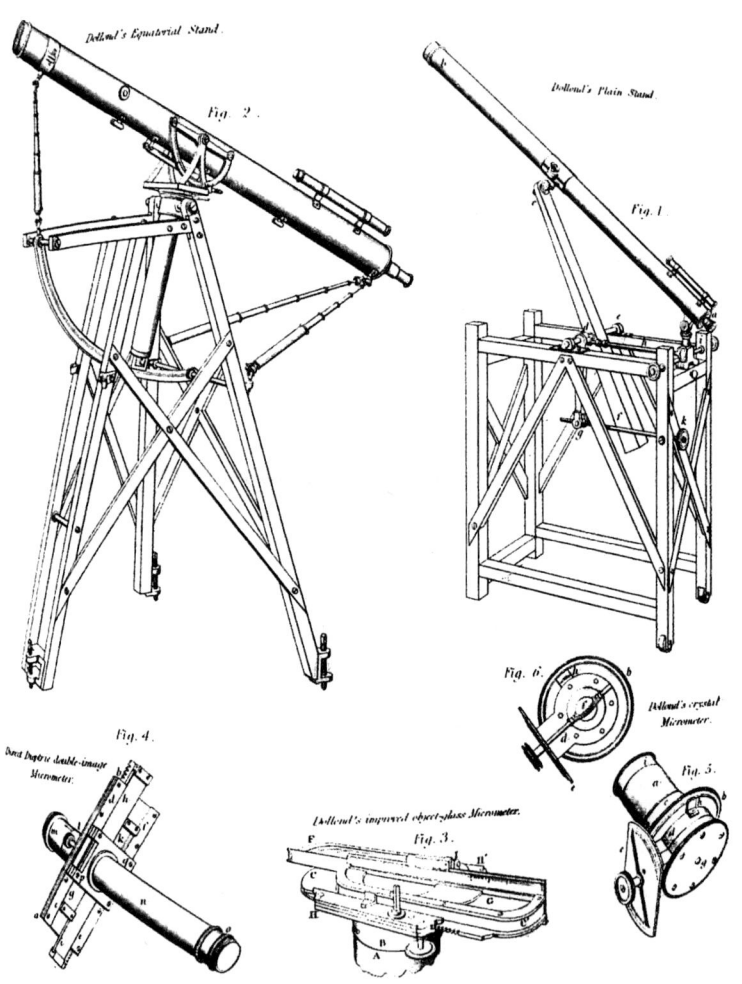

■ 돌런드 무색 망원경과 부속품들.

> **이중렌즈** 두 개의 렌즈로 이루어진 무색렌즈.

드 집안만이 이중렌즈*를 만들 수 있었다.

온 세상이 돌런드의 집으로 몰려들었다. 5대 왕립 천문학자가 된 그리니치 천문대의 네빌 마스켈린Nevil Maskelyne과 툴루즈의 앙투안 다르키Antoine Darquier 같은 천문학계의 거장들이 돌런드로부터 무색렌즈를 구입했다. 해상용 육분의에 장착된 돌런드의 무색 망원경은 항해사들에게 엄청나게 유익한 존재였다. 왕립 학회는 이 놀라운 성공을 인정하여 그 즉시 돌런드에게 코플리 메달을 수여했다. 1761년, 존은 왕립 학회의 정식 회원이 되었다.

왕의 후원도 뒤따랐다. 1760년 10월, 할아버지로부터 왕위를 이어받은 새 국왕 조지 3세는 돌런드를 전속 광학 기계상으로 임명했고, 돌런드는 부자와 유명한 사람들이 찾는 광학자가 되었다. 그의 고객 명단에는 토머스 제퍼슨Thomas Jefferson, 프리드리히 대제Frederick the Great, 오스트리아의 아마추어 천문학자 레오폴트 모차르트Leopold Mozart(볼프강 아마데우스Wolfgang Amadeus라는 상당히 재능 있는 아들을 둔)처럼 기라성 같은 사람들이 들어 있었다.

그러나 돌런드의 경쟁자들은 어땠을까? 처음에는 묵묵히 있었지만, 특허가 주어진 방식에 대해서는 거의 모두가 불만이었다. 소수의 광학자들은 처음부터 특허권을 무시해 특허권을 침해한 데에 따르는 위험을 감수했다. 돌런드의 자세한 연구 발표 덕분에 어떻게 무색렌즈를 만드는가에 대한 정보는 일반적인 상식이 되어버린 것이다. 그러나 체스터 무어 홀의 초창기 연구에 대한 소문이 돌자 런던 광학 업계에 분노가 고조되기 시작했다.

그러나 1761년 11월, 돌런드가 치명적인 뇌졸중에 걸려 55세의 나이로 갑자기 죽는 바람에 시비를 걸 수도 없었다. 12월, 필즈에 있는 세인트 마틴 성당에서 열린 장례식에는 슬픔에 잠긴 많은 동료들이 참가했다. 아들 피터는 번창하는 사업을 계속했다. 경쟁자들은 분노를 표출했고, 결국 일이 터지고 말았다.

프랜시스 왓킨스Francis Watkins라는 사람이 자신의 이름을 딴 무색 망원경을 만들어 판 것으로 밝혀졌다. 이 사람은 피터와 피터의 아버지 돌런드가 1758년에 채용한 사람이었다. 피터는 특허권 침해로 그를 고소했고, 재판에서 이겼다. 피터는 이와 비슷한 일을 하는 사람은 누구든지 고소할 것이라고 분명히 밝혔다. 거기에서 반란이 시작되었다. 1764년 6월, 워쉬풀 컴퍼니 오브 스펙터클 메이커스Worshipful Company of Spectacle Makers의 지원을 받은 런던 광학 기계상 35명은 체스터 무어 홀의 작업들과 무색 망원경이 1758년 훨씬 전부터 런던에서 팔리고 있었다는 것을 지적하면서 돌런드의 특허권을 취소해달라고 추밀원에 탄원했다.

70대가 된 불쌍한 늙은이 배스는 탄원을 지지하기 위해 떠밀려 나왔다. 거의 35년 전, 스칼렛과 만이 별개이긴 하지만 서로 관련 있는 렌즈 두 개를 그에게 주문했을 때 일어났던 이상한 사건에 대해, 어떻게 그 렌즈들을 만들었는지, 어떻게 그 둘을 포개서 렌즈의 목적을 발견했는지, 이 생각을 원래 의도한 사람이 누구인지, 어떻게 이 두 광학 기계상들로부터 듣게 되었는지 충실히 증언했을 것은 의심할 여지가 없다.

그러나 이 모든 일은 무의로 끝나고 말았다. 추밀원이 항소를 기각한 것이다. 피터는 동료 광학자들을 훨씬 더 강경하게 대했다. 돌런드 가문의 업적에 대해 어떻게 생각하든 다른 광학 기계상들에게는 동정심을 가져야만 한다. 왜냐하면 무색 망원경을 팔지 않았다가는 망할 게 뻔했고, 팔았다가는 고소를 당할 운명이었기 때문이다. 빚쟁이로 감옥에 들어갈 일이 그들의 마음을 짓누르기 시작했던 것이다.

법정 공방이 이어질 수밖에 없었다. 1766년, 피터는 무색렌즈를 만든다는 혐의로 콘힐Cornhill의 제임스 챔프니스James Champneys를 고소했다. 챔프니스는 35명의 청원인들(챔프니스도 이들 가운데 하나였다)과 같은 논리로 강하게 변론했다. 법정은 홀이 실제로 렌즈의 발명가인 것은 인정했지만, 피고에게는 엄중한 책임을 물었다. 민사 법원장 캄덴Camden 경은 판결문에서 '발명품의 특허로 이익을 얻을 사람은 책상에 발명품을 간수하는 사람이 아니라 공공의 이익을 제시하는 사람이다'라고 말했다. 그러면서 피터의 무색렌즈 특허권 사용료에 손해를 끼쳤으니 챔프니스는 피터에게 배상을 해주어야 한다고 결정했다. 챔프니스는 파산했다.

피터 돌런드를 지지하는, 이보다 더 명쾌한 의견은 없을 것이다. 피터는 승리를 축하하는 연회를 열었다. 애디슨 스미스Addison Smith, 프랜시스 매슈스Francis Matthews, 헨리 피핀치Henry Pyefinch가 초대되었고, 불행한 프랜시스 왓킨스는 초대받지 못하는 모욕을 당했다. 이들은 모두 훌륭한 사람들이었다. 그런 충격적인 사건에서 광학계가 느꼈을 쓰라림은 말할 수 없을 것이다. 그러나 강경한 피터는 점점 더 힘이 세졌고, 돌런드 집안의 특허에 도전하는 사람은 누구든지 벌을 받았다.

이 무서운 시기 동안 이새 람스덴은 어떠했을까? 람스덴은 추밀원에 청원한 사람들 가운데 한 명은 아니었다. 자신이 발명한 무색 망원경에 대한 그의 관점은 매우 분명했다.

돌런드 씨가 배스 씨로부터 암시를 듣고 그것을 이용했다는 사실은 돌런드 씨가 매우 총명한 사람이라는 것을 증명해준다. 내가 말하려는 것은 그의 그런 장점을 가치 절하해서는 안 된다는 것이다. 적어도 이 주제에 관한 장점은 말이다. 왜냐하면 홀 씨가 나보다 먼저 무색 망원경을 만들었다는 사실을 그가 늘 인정했기 때문이다. 돌아가신 돌런드 씨의 성격에 대해 말하는 것은 매우 즐거운 일이다. 돌런드 씨는 런던에서 광학 기구와 수학 기구에 많은 지식을 갖고 있고 또 그것을 개선할 수 있는 유일한 사람이었고, 가장 자유로운 생각으로 그것들을 개선하는 데에 드는 비용을 아끼지 않은 유일한 사람이었다. 그는 계속해서 두 종류의 렌즈를 응용해 이 망원경들을 일반적으로 사용할 수 있게 한 실용적인 광학자였다.

챔프니스 재판에서 민사 법원이 보여준 관점과 기본적으로 같은 관점이다. 하지만 람스덴의 관점이 일방적이라는 의심을 갖게 하는, 매우 좋은 이유가 있기는 했다.[192] 재판이 있기 바로 전 해에 이새 람스덴이 피터의 누이인 사라 돌런드와 결혼했기 때문이다. 람스덴이 이 결혼으로 특히 사용료로 번 돈의 일부를 얻은 것은 사실이다. 그러나 사실은 처남들과 긴장 관계에 있었다고 하는, 나중에 나온 증거들로 미루어, 비록 람스덴이 존 돌런드를 지지했지만, 피터가 취한 강경한 입장에 몹시 반대했다는 것을 알 수 있다.

논쟁만 아니었다면 좋은 동지였을 사람들이 입은 상처를 치료하는 데에는 시간보다 더 좋은 약이 없다. 약효는 매우 빨라서, 피터는 무색 렌즈 설계에서 자신의 아버지인 돌런드에 필적할 만한 일을 해냈다.

두 광학 성분—볼록한 크라운 유리 렌즈와 오목한 납유리 렌즈—으로 만들어졌지만, 완전한 무색렌즈가 되기에는 아직 멀었던 대물렌즈가 렌즈를 세 개 가지고서야 비로소 완벽해진 것이다. 이 렌즈들은 매우 높은 배율에도 사용할 수 있었고, 여전히 밝고 또렷한 상을 만들었다. 1763년, 피터가 렌즈들을 처음으로 만들었다.[193]

이 삼중렌즈*의 현대식 모형은 특수한 유리와 복잡한 설계 기술을 사용했다. 이것들을 렌즈 두개로 이루어진 일반적인 '무색렌즈'와 구분하기 위해 '색 수차 및 구면 수차가 없는 렌즈'*라고 부른다. 피터 시절에는 원유리를 만드는 일을 포함해, 렌즈들이 작동하려면 광학 유리가 상대적으로 작아야 했다. 피터의 가장 큰 삼중렌즈 망원경은 (렌즈의) 구경이 겨우 3.75인치(9.5센티미터)였지만, 그 시대에는 가장 좋은 굴절 망원경이었다. 1미터가량의 초점거리 덕분에 그전의 길고 가느다란 망원경보다 다루기가 아주 쉬웠다. 피터가 만든 망원경 중에서 가장 큰 망원경은 초점거리가 10피트(3미터)에, 5인치(12.7센티미터)짜리 두 성분으로 만든 무색렌즈를 사용한 것으로, 그리니치 왕립 천문대에 세워져 있다.

동료들이 마지못해 이렇게 잘 만들어진 망원경을 칭찬하자 상한 감정이 부드러워졌다. 이미 피터를 보좌관 이사회에 선출한 워쉬풀 컴퍼니 오브 스펙터클 메이커스는 1769년, 화해의 몸짓을 보냈다. 1772년, 피터는 논쟁 중인 존 돌런드의 특허가 만료될 때까지, 20년 전에 아버지가 그랬듯이, 광학자 친구들과 열성적인 사람들의 중심에 있었다.

돌런드 회사는 더 큰 천문학 망원경뿐 아니라 구식 피지 경통 대신 접는 동제 경통을 가진 작은 무색 망원경으로 큰 힘을 얻었다.[194] 돌런드 망원경은 트라팔가 전투에서 사용되었고, 소문에 의하면, 워털루

**삼중렌즈** 색 수차를 보정하기 위해 세 개의 렌즈로 이루어져 있는 복합렌즈.

**색 수차 및 구면 수차가 없는 렌즈(고차 무색렌즈)** 세 장 이상의 렌즈를 사용하여 색 보정을 더 완벽하게 하는 복합렌즈.

전투에서도 사용되었다. 피터는 1774년, 워쉬풀 컴퍼니 오브 스펙터클 메이커스의 사장이 되어 그 후 사장을 세 번이나 역임했다. 1817년, 피터는 은퇴하기 전인 86세까지 왕성한 삶을 살았다. 하지만 그의 시력은 광학 업무 때문에 약해졌다.

 3년 뒤, 피터는 20세기를 이끌어갈 명가를 남긴 채 세상을 떠났다. 잘못하면 망원경 역사에서 가장 쓰라린 사건의 하나가 될 뻔했던 돌런드 이야기가 예상하지 못했던 좋은 결말을 맺은 것이다.

# 9 하늘로 가는 길

The way to Heaven

### 반사 망원경의 시대가 오다

1672년, 아이작 뉴턴은 자신이 새로 설계한 우아한 설계도대로 직접 망원경을 만들어보라고 카세그레인에게 도전장을 냈다.[195] 뉴턴은 반사 망원경에 쓸 수 있는 좋은 거울을 실제로 만드는 것이 얼마나 어려운지 누구보다 상세하게 알고 있는 사람이었으므로, 카세그레인은 도전을 받아들이지 않고 비난을 받으며 다시 어둠 속으로 사라졌다. 슬픈 일이었다. 과학 역사가들은 그가 누구인지 알아내는 데에 꼬박 3백 년을 보내야 했기 때문이다.

1672년, 혈기 왕성한 뉴턴은 오목한 망원경 거울에 광택 작업을 할 수 있는 유일한 사람이었다. 광내는 방법에 전혀 어려움이 없었기 때문에 이 상황은 50년 가까이 바뀌지 않았다. 1674년, 로버트 후크는 왕립 학회에서 뉴턴에 대항해, 제임스 그레고리의 설계대로 제작한 반사 망원경으로 시범을 보였다. 신생 광학 기구 회사에서 일하는 뛰어난 장인들은 반사 망원경을 만드는 데에 실패했다. 그러는 동안 인내심 강한 천문학자들은 우스꽝스럽게 생긴, 길고 가느다란 굴절 망원경에 의지할 수밖에 없었다. 체스터 무어 홀이나 존 돌런드 같은 이름은 그 시대에는 아무런 의미가 없었던 것이다.

그때 매우 갑작스레 상황이 바뀌는 일이 발생했다. 1721년 1월 12일, 왕립 학회 회의 일지에는 화려한 문체로 다음과 같이 기록되어 있다.

> 하들리Hadley 씨는 학회 회장인 뉴턴이 쓴 《옵틱스》에 나오는 방법에 따라 만든 반사 망원경을 학회에 보여주게 된 것을 매우 기뻐했다. 길이가 6피트(1.8미터)를 조금 넘고, 거의 120배가량 확대할 수 있는 망원경이다. 그는 이 망원경을 보여준 후 학회에 증정했고, 학회는 그렇게 값진 선물에 감사하는 마음으로 이를 기록으로 남긴다.

뉴턴식 망원경이기는 하지만, 뉴턴의 망원경을 장난감처럼 보이게 하는 큰 망원경이 갑자기 등장한 것이다.[196] 이것은 지름이 6인치(15센티미터)쯤 되는 거울을 장착했는데, 뉴턴의 망원경은 전체 길이가 이 정도이다. 더욱이 이것은 크리스티안 호이겐스가 만든, 길이 123피트(37.5미터)인 굴절 망원경과 견주어도 가장 우수한 망원경이었다. 굴절 망원경이 더 밝은 상을 만든 것은 사실이지만, 거울 망원경도 명확성은 비슷했고, 편리함과 기동성에서는 굴절 망원경을 앞질렀다.

동시대에는 공중에 걸린 망원경이 일반적이었던 것처럼, 호이겐스

## 하늘로 가는 길

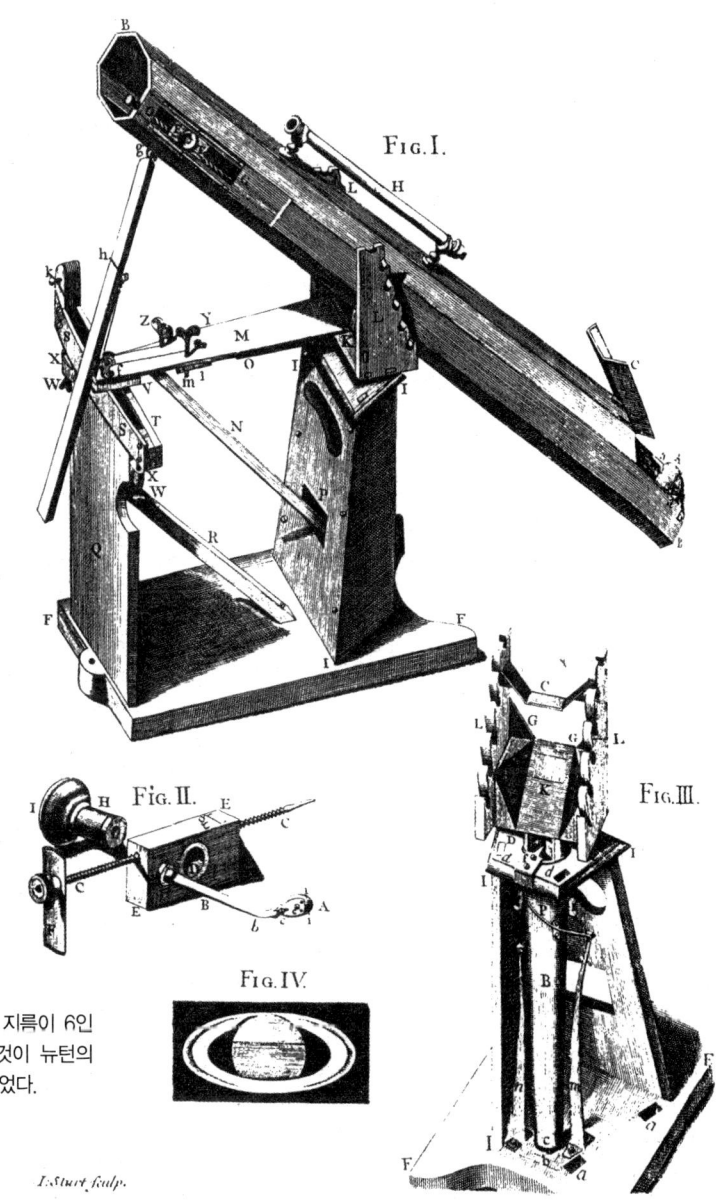

■ 하들리의 1721년 반사 망원경. 지름이 6인치(15센티미터)인 거울이 있는 이것이 뉴턴의 1668년 망원경을 장난감으로 만들었다.

의 망원경이 긴 돛대에 매달려 있었던 반면, 하들리의 반사 망원경은 나무 걸이에 고정해놓고 하늘 어디든 향할 수 있도록 수평과 수직 운동을 하는 장치가 달려 있었다. 하들리가 지지대까지 왕립 학회에 선물하지는 않은 것 같다. 왜냐하면 나중에 '핼리 박사로부터 이 장치를 빌려달라는 간청을 받았고, 학회로부터는 그가 준 고상한 선물과 함께 사용할 수 있도록 비용을 댈 테니 이것과 비슷한 지지대를 만들어달라는 간청을 받았기' 때문이다.

그럼에도 불구하고 왕립 학회는 새로운 고성능 망원경을 받고 매우 기뻐한 것이 틀림없다. 훌륭한 오목거울뿐 아니라 깔끔한 8각형 나무 경통에는 나사로 초점을 맞추게 되어 있는 부속품이 있었고, 작은 방향 탐지용 망원경이 달려 있어서 망원경을 관심 있는 물체를 향해 쉽게 지향할 수 있었기 때문이다.

이 큰 망원경을 만든 하들리는 누구인가? 존 하들리John Hadley는 나름대로 유명한 수학자이자 과학 기술자였다. 그는 30대 중반에 거울을 연마하는 쪽으로 직업을 바꾼 사람으로, 자신의 동생 조지George와 셋째 동생 헨리Henry와 함께 첫 번째 거울을 만들었다. 오늘날 조지 하들리는 대기 순환 연구로 기억되고 있다. 존 하들리는 동시대의 다른 광학 기계상들과 달리, 금속거울에 사용되는 합금에 대해서는 따로 시험을 하지 않았지만, 거울 제작에 필요한 기술을 뉴턴의 기술 이상으로 발전시켰다(7장을 보시오).

하들리는 지난 세기의 렌즈 제작에서처럼, 자신의 망원경에 쓰이는 오목거울을 비구면으로 만드는 데에 집착하게 되었다. 그 면은 구면과 약간 다른 포물면이어야 했다.[197] 오늘날도 비구면 거울 제작자들은 초점거리가 같은 구면을 제작하는 것으로 작업을 시작한다. 그들은 '피겨링Figuring'이라는 작업으로 구면을 포물면으로 바꾼다. 이 기술을 개척한 사람이 바로 하들리이다. 광택 연마용 도구로 구면에서 불필요한 부분을 낮춰 비구면을 만드는 방법을 도입했다. 이 도구는 적절하게 '찌부러트리기Bruiser'라는 이름으로 불렸다.

하들리는 제작한 면의 형상을 광학적인 방법으로 처음 시험한 인물이기도 한 것 같다. 그가 만든, 조명을 받는 바늘구멍은 1859년에 있게 될 푸코Foucault의 실험의 선구자로서, 오늘날 아마추어 거울 제작자들도 이 방법을 사용한다(14장을 보시오). 바늘구멍은 거울의 곡률 중심에 놓이는데, 이곳은 거울의 결점을 조사하는 데에 필요한 상이 쉽게 만들어지는 위치이다. 하들리는 자신이 만든 첫 번째 거울의 면을 구면에서 포물면으로 바꿀 필요가 없었다는 것을 인식하지 못했다. 구경이 6인치(15센티미터)이고, 초점거리가 5피트 2인치(157센티미터)인 거울에서는 곡면이 너무 얕아서 단순한 구면도 충분히 좋은 상을 만들기 때문이다.

하들리는 자신의 거울 제작 방법에 대해 자세히 설명하지는 않았지만, 피겨링 과정에 대해서만은 자세히 설명했다. 1738년에 로버트 스미스Robert Smith에 의해 출판된 이 책의 제목은 《완벽한 광학계A Compleat System of Opticks》였다. 설명이 잘되어 있는 안내서는 아니었지만, 프랑스어와 독일어 판이 나올 정도로 베스트셀러가 되었다. 하들리는 계속해서 항해용 팔분의와 지평선에서 태양의 각 높이를 측정하는 기구 그리고 선원들이 사용하는 육분의의 전신에 해당하는 것들을 발명했다. 그는 1728년, 왕립 학회 부회장이 됨으로써 과학에 기여한 공로를 인정받았다.

하들리가 반사 망원경을 장난감에서 유용한 천문학 기구로 변신시킨 사람이라면, 영리한 스코틀랜드 사람 제임스 쇼트는 망원경을 이용해 상업적으로 성공한 사람이다. 자신의 친구 존 돌런드처럼, 쇼트도 젊었을 때는 망원경 제작과는 아무 관계도 없는 사람이었다.[198] 쇼트는 16세부터 에든버러 대학교에서 목사가 되기 위해 공부했다. 똑똑한 젊은이에게 잘 어울리는 소명이었지만, 1731년 21세가 된 이 학생은 과학에 흥미를 느끼게 되었다. 대학교의 수학과 교수인 콜린 매클로린Colin Maclaurin(1698-1746)의 수업 때문인 것 같다. 이 교수도 망원경 설계에서 전문가적인 데가 있는 사람이었기 때문이다. 그런데 이 또한, 매클로린의 그 유명한 전임자인 제임스 그레고리의 유산임에 틀림없다.

제임스 쇼트는 매클로린의 지도로 그레고리의 양식에 근거해 반사 망원경을 제작하기 시작했다. 그는 결국 재능이 있는 것으로 판명이 났다. 매클로린은 1734년까지 쇼트의 반사 망원경이 당시 얻을 수 있는 망원경 가운데 가장 좋은 것이라고 선언하기에 이르렀다. 작은 망원경은 16인치(41센티미터)짜리보다 더 길지 않았지만, 초기 견본은 유일한 방법으로 시험되었다. 왕립 학회의 간행물인 《필로소피컬 트랜스액션스》 한 권이 망원경으로부터 5백 피트(150미터) 떨어진 곳에 걸렸고, 스코틀랜드 법학 교수인 망원경의 주인은 그 거리에서 간행물의 글씨를 읽을 수 있었다. 신기한 우연의 일치로 거의 250년 후인 이번에는 《천체 물리 논문집The Astrophysical Journal》의 한 페이지가 사용되었다. 기쁘게도 두 경우 모두 같은 결과가 나왔다. 에든버러 대학교 당국은 만족스러워하며 새 망원경을 인정했다.

왕립 학회는 쇼트가 능란하게 망원경을 제작하는 데에 주목했다.

1736년, 쇼트가 제작한 망원경의 일부가 이 존엄한 단체로부터 시험을 받았고, 그 결과 제임스는 정식 회원으로 선출되었다. 젊은 망원경 제작자의 뛰어난 기술을 인정해준 것이다. 그는 그레고리식 망원경에서 필요로 하는 두 종류의 오목거울을 만드는 데에 필요한 기술을 성공적으로 개발해 가능한 한 이를 이용했다. 쇼트는 1738년에 에든버러를 떠나 수지맞는 런던 시장으로 가기 전에도 재산을 모았다. 쇼트는 그레고리식의 특징인 정립상을 만드는 황동 망원경을 만들었는데, 이 망원경은 아주 매력적이고, 아담했으며, 움직이는 지지대에 고정되어 있었다. 망원경은 다양한 종류의 접안경을 갖고 있어서, 사용자는 관측 조건에 적당한 배율을 고를 수 있었다. 그 시대의 교육받은 귀족에게 이 망원경은 못 견디게 매혹적인 물건이었는데, 이는 오늘날의 골동품상들에게도 마찬가지이다.

제임스 쇼트가 성공할 수 있었던 비밀은 무엇인가? 무엇보다 쇼트의 피겨링 방법 때문이다. 하들리의 초기 작품과 달리, 그레고리식 포물면과 타원면 거울의 급격한 곡면은 피겨링 기술을 절대적으로 필요로 했다(7장을 보시오). 금속거울의 원반에 비구면을 만드는 쇼트의 기술은 비밀로 남아 있다. 그가 절대로 남

■ 제임스 쇼트의 상품은 아름다운 그레고리 망원경의 예가 된다. 1760년대 만들어졌다.

에게 알려주지 않았기 때문이다. 죽기 전, 쇼트는 자신의 도구들을 모두 불태워버리라고 명령했다고 한다. 그와 경쟁 관계에 있는 사람들은 쇼트가 알아낸 피겨링 기술을 찾아내지 못해 다른 망원경 제작자에게 경통을 하청 주었다. 이렇게 외부에 용역을 맡기는 방법은 현대 제작 방법의 전조라고 할 수 있다. 쇼트의 제품들은 다른 제품에 비해 두 배나 비싸고, 모두 고가였지만, 인기가 하늘을 찔렀다.

1768년 쇼트가 세상을 떠나기 전까지 만든 망원경들은 대부분 크기가 아주 작았다.[199] 하지만 쇼트는 구경이 18인치(46센티미터)이고, 길이가 12피트(3.6미터)인 망원경을 포함해서 약 1,370개의 그레고리식 망원경도 만들었다. 쇼트의 망원경은 수업과 연구에 쓰이기 위해 유럽의 여러 큰 천문대로 팔려나갔다. 다섯 번째 왕립 천문학자가 될 뻔할 정도로, 쇼트가 능력 있는 천문학자임에는 틀림없지만, 후세에도 그를 기억하는 이유는 그가 천문학에 기여했기 때문이 아니다. 20세기 역사학자 헨리 킹은 다음과 같이 말했다.

> 쇼트가 만든 아주 큰 망원경은 희귀하고 비쌌다. 귀족 출신 아마추어 평론가들이 주로 샀는데, 이 사람들은 이 망원경을 심각한 연구가 아닌 다른 용도로 사용했다. 이 때문에 쇼트는 엄청난 재산을 모았지만, 이 때문에 쇼트가 만든 망원경이 중요한 발견을 못한 것도 사실이다.

아주 애석한 일이 아닐 수 없다.

## 하늘로 가는 길

### 하늘의 음악가

제임스 쇼트는 제품에 대한 과학적 열정이 부족했기 때문에 기술 개발의 바통을 이어받은 열정적인 사람과 매우 대조된다. '이 사람이 모든 시대에 걸쳐서 가장 위대한 천문학자가 아닐지는 몰라도 모든 시대에서 가장 위대한 망원경 제작자임에는 분명하다.'[200] 이는 오늘날의 뛰어난 망원경 전문가가 윌리엄 허셜William Herschel(1738-1822)을 두고 한 말이다. 허셜은 독일인에서 영국인이 된 사람이며, 음악가에서 천문학자가 된 사람이다. 자랑은 아니지만, 허셜은 진정한 구경병의 첫 번째 희생자였다. 18세기가 끝나갈 무렵, 허셜은 세상에서 가장 큰 금속거울 망원경을 제작했다. 허셜은 이 망원경과 함께 그의 옆에서 헌신적으로 도와준 여동생 캐롤린Caroline과 더불어 천문학의 업적 목록을 확보했다. 이 위대한 발견은 아직도 그의 전기 작가들로 하여금 경외심에 사로잡히게 한다.

빌헬름 프리드리히 허셜Wilhelm Friedrich Herschel은 하노버에서 군대 호위병의 오보에 연주자의 아들로 태어났다. 작곡가로서 야망을 쫓기 위해 19세 때 런던으로 이사했지만, 이미 성공한 음악가였다.[201] 그 시절, 런던의 음악적 삶은 또 다른 독일 출신 국외 추방자인 게오르게 프리데리크 헨델George Frideric Handel의 작품에 지배를 받고 있었다. 허셜이 런던에 도착했을 때, 72세에 완전히 장님이 되어 있었던 이 위대한 작곡가는 그로부터 2년 뒤인 1759년에 세상을 떠났다. 젊은 허셜은 제2의 고향의 문화에 점점 빠져들었고, 이름도 빌헬름 프리드리히에서 윌리엄 프레더릭William Frederick으로 바꾸었다.

허셜의 음악 경력은 매우 성공적이어서, 1766년에는 바스에 있는 고급스러운 옥타곤 채플의 오르간 연주자가 되었다. 허셜의 음악적 영향력은 고상한 영국 서부 동네에서 모든 일을 떠안을 정도였다. 연주회를 준비하고, 성가대를 지도하고, 음악 과외 수업을 하고, 작곡을 해야 했다. 허셜은 1760년대 내내 오케스트라 작품과 작은 협주곡, 기악 독주곡을 많이 남겼다. 기악 독주곡 가운데 오르간 작품이 있는데,[202] 프랑스 메동 천문대의 현대 천문학자이자 음악가인 도미니크 프로스트Dominique Proust가 만든, 잘된 녹음을 들어보면, 명랑하고 기운찬 매력을 경험할 수 있다.

1760년대가 음악가 윌리엄에게 목가적인 해였다면, 1770년대는 윌리엄에게 세계적 명성을 안겨준 해였다. 그러나 그에게는 해야 할 집안일이 있었다. 1772년 8월, 허셜은 하노버에 있는 집에서 구박받으며 사는 여동생 카롤리네Karoline를 가수로 훈련시키기 위해 데리고 왔다. 22세의 캐롤린 루크레시아 허셜Caroline Lucretia Herschel은 (오늘날 기억되는 것처럼) 바스에 있는 오빠 집으로 가는 힘든 여행을 견뎌냈다. 배가 파선될 뻔하기도 했지만, 가치 있는 여행이었다. 다음 반세기 동안 윌리엄과 캐롤린은 특별한 동반자 관계로 함께 일했기 때문이다. 두 사람의 동반자 관계가 성취해낸 것은 천문학에 대한 새로운 미래, 그 자체였다.

35세의 윌리엄이 처음으로 하늘에 매력을 느낀 것은 캐롤린이 도착한 직후였다. 겨울 음악회 기간이 끝나갈 무렵인 1773년 5월, 이미 수학에 대해 넓게 공부한 허셜은 제임스 퍼거슨James Ferguson(1710-1776)이라는 스코틀랜드 천문학자가 쓴 책을 주목하게 되었다. 제임스 퍼거슨은 천체의와 태양계 모형을 만든 사람으로, 대중에게 인기 있는 유능

🌸 하늘로 가는 길

한 사람이었다. 책에 빠져든 윌리엄은 천체를 볼 수 있는 망원경을 구하고 싶어 안달이 났다. 마음속에 그렸던 천체는 주로 행성과 혜성과 같은 태양계 물체였지만, 그 시대 천문학의 본질은 이것들에 다 들어 있었다.

윌리엄은 런던에서 무색렌즈가 아닌 일반 대물렌즈를 주문해서는 마분지와 주석 판으로 망원경들을 만들기 시작했다. 모두 길고 가는, 전통적인 굴절 망원경이었다.[203] 허셜이 만든 망원경들은 배율이 40배 정도이면서 길이가 4피트(1.2미터)인, 상대적으로 다루기 쉬운 것들에서부터 옳은 방향으로 지향하는 것조차 허용하지 않는 30피트(9.1미터)짜리 괴물까지 다양했다. 지칠 줄 모르는 허셜은 계획을 바꾸었다.

긴 경통 때문에 반사 망원경을 만들기로 마음을 바꾸고, 1773년 9월 8일, 2피트(61센티미터)짜리 그레고리식 망원경을 빌렸다.

윌리엄이 산 이 망원경이 제임스 쇼트가 만든 망원경이라고 생각하는 게 그럴 듯하게 느껴진다. 왜냐하면 그 스코틀랜드 장인은 5년 전에 세상을 떠났지만, 그가 만든 망원경은 많이 남아 있었기 때문이다. 그리고 부유한 음악가인 허셜조차 사지 못하고 빌린 것을 보면, 쇼트의 망원경 가격이 엄청나게 비쌌음을 알 수 있다.

반사 망원경에 매우 만족한 윌리엄은 망원경을 직접 만들어보기로 결심하고, 스미스의 《완벽한 광학계》와 중고품 렌즈 제작 장구로 무장했다. 그러고는 망원경 거울을 제작하기 시작했는데, 이 '제작'이라는 단어는 매우 적절하다. 왜냐하면 윌리엄은 비구면 거울을 만들기 위해 거울을 갈아서 광을 내고, 피겨링하는 일뿐 아니라 구리와 주석의 합

금으로부터 금속거울을 주조하는
일까지 했기 때문이다.

제임스 쇼트처럼, 윌리엄 허셜
은 이런 일들을 아주 잘했다. 그러
나 쇼트와는 달리 정렬된 거울을
유지하기가 어려워 그레고리식 설
계를 포기하고, 그 대신 잘 작동하
는 5피트 6인치짜리(1.7미터) 뉴턴
식 망원경을 만들었다. 그리고 곧
바로 7피트(2.1미터)짜리 세련된 망
원경을 만들었다.[204] 이 망원경에
쓰기 위해 지름이 6인치(15센티미
터)쯤 되는 거울도 여러 개 만들었
다. 그리고 '몸이 최고 상태를 유지
할 수 있도록 틈날 때마다 쉬어가
면서 일했다.' 그는 한평생 이 현명
한 습관을 유지했다.

■ 허셜의 7피트(2.1미터)짜리 망원경. 그의 가까운 동료 윌리엄
왓슨이 그린 그림이다.

하지만 캐롤린은 새 집이 대장간의 용광로와 소목장이의 작업실로
변한 것에 실망했다. 1774년, 더 큰 집으로 이사하면서 망원경도 따라
서 더 커져, 거울의 지름이 9인치(23센티미터)이고 길이가 10피트(3미
터)인 반사 망원경을 완성했다. 그러고 나서 길이가 20피트(6.1미터)인
반사 망원경을 제작하기 시작했다. 두 번째 망원경은 1776년 7월에
완성되었다. 1777년에 또 한 번 이사를 함으로써 비로소 안정을 찾은

윌리엄은 길이가 각각 7, 10, 20피트(2.1, 3, 6.1미터)짜리 망원경을 관측하는 데에 사용했다. 윌리엄은 항상 새로운 거울을 만들었기 때문에 망원경들은 점점 더 좋아졌다. 1780년에 만든 20피트짜리 망원경은 지름이 12인치(30센티미터)인 가장 뛰어난 금속거울을 갖게 되었다.

더불어 허셜은 망원경 지지대를 새로운 차원으로 개선했다. 그의 친한 친구인 윌리엄 왓슨William Watson이 그린 이 초기 망원경 그림이 남아 있는 게 얼마나 다행인지 모른다. 망원경들을 제작하는 과정을 자세히 기록하고 있는 이 그림을 보면, 7피트짜리 망원경과 10피트짜리 망원경이 60년 전, 하들리의 망원경처럼 나무 받침대에 설치되어 있다. 20피트짜리 망원경은 큰 돛대와 도르래에 배치되어 있는데, 이는 길고 가는 구식 굴절 망원경 설치법을 따른 것이다. 그리고 망원경을 위아래와 좌우로 움직일 수 있는 정밀한 조정기가 편리하게 접안경 옆에 설치되었다. 관측에 성공하려면 편리함과 신뢰성이 매우 중요했다. 사실 이것이 그가 망원경을 직접 만들게 된 진짜 동기였다. 허셜은 무엇보다 하늘을 보고 싶어 했고, 하늘에 있는 것들이 감추고 있는 비밀을 발견하고 싶어 했기 때문이다.

### 최상의 것

1774년 3월 1일, 윌리엄 허셜은 관측 여행을 시작했다. 허셜은 아주 큰 망원경으로 달과 행성의 모습에 대한 호기심을 어느 정도 만족시킨 후, 이중성을 체계적으로 찾기 시작했다. 알아내기 어려운 '별들의 시차'를 가까이 있는 별의 쌍이 알려줄 거라고 생각했다. 시차란 지구가 태양 주위를 공전하기 때문에 겉으로 보기에 별의 위치가 앞뒤로 아주 조금 움직이는 현상을 말한다. 그는 1778년 후반, 배율이 227배인 7피트짜리 망원경을 사용해 처음으로 관측을, 그가 늘 하던 대로 말하면, '하늘 재조사'를 시작했다.

2년이 조금 더 지난 1781년 3월 13일, 이 체계적인 연구는 소기의 성과를 냈다.[205] 그러나 허셜이 기대한 그런 식은 아니었다. 그는 별이 관찰되는 모습인 점의 형태가 아닌, 확실한 원반 형태로 보이는 물체를 발견했는데, 그가 계속 관측한 몇 주 동안 이 물체가 별 사이를 움직이는 것처럼 보였다. 처음에는 혜성일 거라고 생각했지만, 왕립 천문학자 네빌 마스켈린은 그의 생각에 동의하지 않았다. 상트페테르부르크에서 연구하던 스웨덴 천문학자 안데르스 요한 렉셀Anders Johan Lexell(1740-1784)의 계산에 의해 결국 전문가의 생각이 옳았다는 것이 증명되었다. 허셜이 찾은 것은 혜성이 아니라 행성이었던 것이다.

이는 고대로부터 알려져오던, 맨눈으로 볼 수 있는 다섯 개 행성 말고는, 인류 최초로 실제로 행성을 발견한 사건으로, 이 사건이 갖고 있는 중요성은 말로 다 할 수 없을 정도이다. 윌리엄 허셜은 하루아침에 유명인사가 되었다.

허셜은 충성스런 국민으로서 그리고 왕의 후원을 기대함과 동시에 왕에게 경의를 표하기 위해 이 행성에 '조지'라는 이름을 붙였다. 정확하게는 게오지움 시두스Georgium Sidus—조지의 별—이라고 부르고 싶어 했다. 그러나 이러한 생각은 조지 3세에게 별 애정이 없던 유럽 대륙의 천문학자들 사이에는 인기가 없었다. 허셜 숭배자들은 행성 이름을 '허셜'로 할 것을 제안했다. 그러나 결국 독일의 천문학자 요하네스 보데Johannes Bode가 제안한 '유러너스Uranus'의 승리로 끝났다. 이 단어는 독일어로는 문제가 없었는데, 2백 년이 지난 지금, 학생들은 이 단어를 영국식으로 발음할 때마다 낄낄거린다. 오늘날은 이 행성이 거대한 기체 덩어리라는 것을 다 알기 때문이다. '조지'가 훨씬 더 좋을 뻔했다.

허셜이 위대한 발견을 할 수 있었던 것은 왕이 실제로 후원을 해주었기 때문이다. 두말할 것 없이 왕립 학회의 정회원 자격과 코플리 메달도 수여했다. 그는 1782년, '궁중 천문학자'로 임명되면서 연간 2백 파운드씩 받게 되었다.[206] 이로써 허셜은 음악을 그만두고, 천문학에 전념했다. 허셜이 이러한 지위를 얻을 수 있도록 막후에서 조종한 사람은 윌리엄 왓슨이었다. 밤에는 천문학자가 되려고 노력하고, 낮에는 음악가인 사람이 조만간 문제에 빠지게 될 거라고 생각했기 때문이다. 그러나 그 다음에 일어난 일에 대해서는 그도 할 말이 없었을 것이다. 왜냐하면 허셜이 남은 생애를 밤에는 천문학자로, 낮에는 망원경 제작자로 보냈기 때문이다. 하지만 다행히도 허셜의 망원경은 꽤 칭송을 받아 허셜은 망원경을 팔아 수입을 보충할 수 있었다.[207]

허셜이 만든 망원경 중에서 가장 중요한 망원경은 자신을 위해 만든 망원경들이었다. 허셜은 하늘의 경치를 더 자세히 보고 싶은 열망에 사로잡혀 1781년 8월, 적어도 지름이 36인치(90센티미터)에 길이가 30피트(9.1미터)인 거울의 주물을 뜨려고 했다. 그런데 4분의 1톤이나 되는, 주조한 금속거울이 심한 폭발과 함께 지하실 작업장 돌 마루에 쏟아지는 바람에 실패하고 말았다. 허셜과 함께 일한 작업자들이 생명을 건진 것만도 다행이었다. 허셜은 이 계획을 포기했다.

하지만 실망은 그리 오래가지 않았다. 1782년 중반, 왕립 천문학자와 뛰어난 아마추어 천문학자 알렉산더 오베르Alexander Aubert가 갖고 있는 망원경들과 허셜의 7피트짜리 반사 망원경들을 비교해본 결과, 허셜의 망원경들이 가장 뛰어난 게 확실했기 때문이다. 그는 한 번 더 이사한 후에, 지금 부르는 것과 같은 이름인, 지름이 18.7인치(47센티미터)인 '거대한 20피트짜리 망원경Large Twenty-Foot'을 만드는 새로운 연구에 착수했다. 1783년이 끝나갈 무렵에 완성된 이 망원경은 놀라우리만큼 성공적이었다.

우선 이 망원경은 완전히 새로운 방법으로 설치되었다. 20피트(6미터) 높이의, 두 개의 무거운 삼각형 나무 틀 사이에서 수직으로 움직일 수 있는 나무 경통에 설치했다. 전체 구조물은 돌아가는 원반 위에 설치했다. 현대적인 말로는 경위식* 설치라고 부르는데, 왜냐하면 망원경은 고도*(지평선 위 방향 각 높이) 방향과 방위 각*(북쪽으로부터 측정되는 수평 방향 각 거리) 방향으로 움직이기 때문이다. 오늘날 세계의 거의 모든 큰 망원경은 이와 비슷한 설치법을 이용한다. 허셜의 어린 동생 알렉산더Alexander는 이를 '장대하고 거대한 스탠드'로 묘사했다.[208] 1784년 3월에 불어 닥친 강풍에 쓰러지고 말았지만, 허셜의 열정을 막지는 못했다. 허셜은 마음의 평정을 되찾은 후, 일지에 '구름이 낀 저녁에 일어난 일이라서 엄청난 파괴를 복구하는 데에 시간을 잃지 않아 다행이다'라고 적었다.

거대한 20피트짜리 망원경이 보여준 또 다른 혁신은 경통 옆으로 빛을 내보내는 데에 필요한, 뉴턴식 망원경에 사용되는 작고 평평한 거울을 버렸다는 점이다. 거대한 20피트짜리 망원경의 오목거울은 너무나 커서 접안경이 '정면에서도' 망원경을 향할 수 있었고, 움직이는 강단은 관측자로 하여금 아래를 보는 높은 위치에 접근하기 쉽게 해주

**경위식** 망원경을 수직(고도 방향)과 수평(방위 각 방향)으로 움직일 수 있게 장착하는 설치법. 천구에서 일주 운동을 하는 별을 추적하기 위해서는 적도의식과 달리 두 방향으로 동시에 움직여야 하는 불편함이 있다.

**고도** 지평 면으로부터 천체까지의 수직 각거리(지평면에 해당하는 0도부터 천정에 해당하는 90도까지 측정한다).

**방위 각** 천체의 위치를 나타내기 위해 지평면과 평행하게 북점으로부터 측정된 각.

하늘로 가는 길

■ 허셜의 거대한 20피트짜리 망원경(1783). 40피트짜리 망원경의 전신.

■ 40피트짜리 망원경의 거울은 지름이 엄청나게 큰 48인치(1.2미터)이다.

었다. 이는 170년 전, 추키 신부가 실패한 방식이었는데(6장을 보시오) 추키는 상이 경통의 모서리에 오도록 거울을 약간 뒤틀었었다.

뉴턴식의 평평한 거울을 없앴다는 것은 빛이 금속거울 면에서 오직 한 번만 반사된다는 것을 의미하는 것으로, 이는 마지막 상을 상당히 밝히는 효과를 가져와 허셜로 하여금 어두운 천체를 볼 수 있게 해주었다. 1786년 10월부터는 거대한 20피트짜리 망원경을 사용할 때마다 이 관측 방식만 이용했다. 아직도 이러한 배치를 '허셜식'이라고 부른다.

허셜이 이 망원경과 이 망원경의 후속 모형으로 수행한 주요 과학적 연구 과제는 두 가지였다.[209] 첫 번째는 성운의 성질로, 별도 아니고 행성도 아닌 이것들은 신비로운 보풀 같은 빛의 반점으로 보였다. 안개 낀 듯한 이러한 모습 때문에 성운이라고 부르는 것이다. 그런데 이것들은 멀리 있는 별의 무리일까? 아주 멀리 있어서 이것들의 빛이 하나의 흩어진 얼룩으로 합쳐진 것일까? 아니면 거기에 진짜 '성운 모양의 물질(안개)'이 있는 것일까?

오늘날 우리는 이 두 가지 질문의 답이 모두 '그렇다'라는 것을 알고 있다. 그러나 우리는 성운처럼 보이는 많은 다른 종류의 천체들을 구별 짓는다. 이것들은 은하(먼 거리에 있는 수십억 개의 별들의 거대한 구조물), 구상 성단*(그들의 모은하를 궤도 운동하는 수십만 개의 별들의 집합) 그리고 진짜 성운(나선형 은하에서 가스와 먼지로 이루어진 구름)을 포함한다. 허셜은 자신의 7피트짜리 망원경을 가지고 이미 많은 성운을 개개의 별들로 분해하는 데에 성공했던 것이다. 그는 더 큰 망원경을 통해 보면 더 많은 성운, 혹은 모든 성운이 별들로 이루어져 있다는 것을 알게

**구상 성단** 나이가 많은 별들이 구형 모양으로 모여 있는 집단.

될 것이라고 믿었다.

허셜의 또 다른 정렬은 그가 신기하게 이름 붙인 '게이징Gaging(계수)'에 관한 것이다. 이것은 여러 방향에서 망원경의 시야에 들어온 별의 수를 세는 것이다. 그는 우리가 별로 이루어진 성운에 살고 있다고 확신했기 때문에 계수가 하늘의 여러 방향에서 성운의 범위를 어림잡을 수 있게 해줄 것이라고 믿었다. 이는 매우 앞선 생각으로, 태양과 태양의 행성들을 광대한 별들과, 가스와 먼지의 나선 팔(우리가 은하수 은하라고 부르는)의 평범한 일원으로 보는 현대적 이해에 근거가 되었다.

이 두 연구 과제 모두 가장 흐린 천체를 검출할 수 있었던 허셜에게 달려 있었다. 허셜은 이러한 것을 연구하기 위해 더 많은 빛을 모아야 했고, 그러려면 더 큰 구경의 망원경이 필요하다는 것을 깨달았다. 따라서 허셜이 구경병에 걸린 것은 아주 당연한 일이었다. 허셜의 포부는 그 시대의 전문적인 천문대와는 극적인 대비를 이루는 것이었다.[210] 공공 천문대는 천체의 위치를 측정할 수 있는 정밀도를 강조했다. 이런 점에서 볼 때, 덴마크의 귀족이 만든 맨눈 조준 장치가 이새 람스덴 같은 재능 있는 기기 제작자가 만든 정교한 경위의와 사분의로 대체된 것을 제외하면, 티코 브라헤 이후 세상은 거의 변하지 않았다고 할 수 있다.

### 돌연한 비약

빛에 대한 더 많은 갈망은 허셜로 하여금 가장 잘 기억되는 망원경을 만들게 했다. 비록 부분적인 성공이었지만 말이다. '40피트짜리 망원경'은 길이가 12.2미터나 되는 긴 경통에, 지름이 적어도 48인치(1.2미터)인 거울이 달린 거대한 망원경으로, 왕립 천문학회의 봉인에는 아직도 이 망원경의 모습이 남아 있다. 허셜이 이 유명한 망원경을 착상한 것은 '거대한 20피트짜리 망원경'을 완성하고 난 직후였다.

1785년 여름, 허셜은 왕립 학회의 요셉 뱅크스Joseph Banks 경에게 편지를 보내 이 연구 과제를 수행하는 데에 드는 예상 비용에 대해 우려를 표하면서 왕이 기부금을 후원할 것인지 알고 싶어 했다. 조지 3세는 과학적 기간 시설을 위한 국가 기금으로 2천 파운드짜리 연구 기금 두 개와 망원경 제작에 연간 2백 파운드를 제공했다.[211] 상당히 많은 액수였다. 그런데도 캐롤린은 1827년, 조카 존 허셜John Herschel에게 보내는 편지에서 불평을 늘어놓았다. '나는 네 아버지가 받는 지원에 불만이 많다. 지원 방법은 더 짜증난다.'[212] 그녀는 이 지원 방법이 자신의 오빠를 피곤하게 했기 때문에 왕을 '초라하고 비열한 고문관'이라며 신랄하게 비난했다.

늘 두 개씩 만드는 습관이 있었던 허셜은 새로운 망원경에 쓸 오목 거울 두 개를 만들 준비를 했다. 첫 번째 거울은 1785년 10월, 런던의 주물 공장에서 주조되었다. 하지만 '주조한 사람의 실수' 때문에 기대했던 것보다 더 얇게 나왔다. 그러나 어쨌거나 연마를 했고, 결국 참을 만큼은 성능이 나왔다. 그러나 무게 때문에(거의 0.5톤) 광학 장인으로서의 기술을 선보일 수 없다는 것이 실망스러웠다. 이 거울은 광택 공정 동안 뒤집혀진 채, 움직이지 않는 장비 위로 이동했다. 이 일을 하는 데에는 열 사람이 필요했다. 1788년 2월에 주조한 거울은 처음 주조한 거울에 비해 두 배나 무거워 다루는 데에 스물두 명이나 필요했다. 허셜은 이 경험을 통해 광학 광택에 필요한 기계를 개발했다. 허셜

### 하늘로 가는 길

은 1789년경 이후에는 이 장비를 자신을 위한 거울로만 사용했다.

허셜이 새 망원경을 세울 부지를 찾았기 때문에 망원경 자체를 건설하기 시작했다.[213] 1786년 봄, 허셜은 윈저 궁 근처 슬라우에 아주 넓은 마당이 있는 집으로 이사한 후, '거대한 20피트짜리 망원경'을 세우는 가대를 확대한, 새로운 가대를 세우기 시작했다. 망원경을 지지할 삼각형 테는 15미터(49피트)보다 높았고, 눈금이 새겨진 지침판과, 캐롤린과 통신할 수 있는 전성관 같은 섬세한 장치를 갖추었다('윌리엄 허셜과 함께 관측하기'를 보시오). 회전판 위에 있는, 빛이 들어오는 작은 막사는 캐롤린이 메모를 하던 곳이다. 허셜은 높고, 움직이는 회랑에서 관측하는, '앞에서 보는' 광학적 배치를 다시 채용했다.

40피트짜리 망원경에 쓰이는 주요 경통은 얇은 철판으로 만들어졌는데, 지름이 거의 1.5미터(5피트)였다. 경통이 땅 위에서 거울이 완성되기를 기다릴 동안, 방문객들은 경통이 갖고 있는 거부할 수 없는 매력에 끌렸다. 허셜은 방문객들에게 망원경 작동 방법을 설명하느라 귀중한 시간을 빼앗기기 일쑤였다. 귀한 시간을 가장 많이 빼앗은 사람은 바로 왕이었다. 새 집이 윈저 궁과 너무 가까웠던 것이다. 1787년 8월, 왕은 캔터베리 대주교를 경통 안으로 인도하면서 '이리 오세요, 대주교님. 제가 천국으로 가는 길을 보여드릴게요'라고 기분 좋게 말했다. 캐롤린이 적어놓은 것인데, 조지 3세가 그렇게 재치 없는 사람은 아니었나 보다.

허셜은 1789년까지 40피트짜리 망원경을 사용했다. 빛을 모으는 능력이 분명히 증가했고, 성운이 보이는 정도도 개선되었지만, 기대한 만큼 성공적인 것은 아니었다. 높은 구리 함유량을 가진 거울은 빠르게 변색되어 광택 작업을 수시로 다시 해야만 했다('40피트짜리 망원경

## 윌리엄 허셜과 함께 관측하기

오늘날 허셜과 같은 선구자들이 사용한 기술에서 나온 관측 기술을 이용하는 천문학자들은 안락한 제어실에 앉아서 망원경을 조작하지만, 허셜이 살던 시대에는 사정이 매우 달랐다.

**과정**[214] 허셜은 전체 하늘을 눈으로 체계적이고 정밀하게 검사한 후 규칙적인 양식으로 캐롤린에게 자신의 관측을 받아 적게 했다. 캐롤린은 등불 옆에서 메모를 했다.

**장비**[215] 허셜은 망원경과 망원경의 보조 기구뿐 아니라 종종 수천 배에 이르는 배율을 가진 다양한 접안경을 사용했다. 그 가운데에는 지름이 0.6밀리미터인 유리구슬에 불과한 것도 있었다. 이 망원경들은 구리나 야자수 나무로 만든 경통에 고정되었다. 허셜은 머리에 검은 두건을 써 자신의 눈을 보호했고, 캐롤린은 시간을 확인할 정확한 시계를 갖고 있었다.

**관측 조건**[216] 냉혹하다. 1783년 1월 1일, 허셜의 잉크가 꽁꽁 얼었다. 작은 20피트짜리 망원경에 사용되던 가장 좋은 금속거울은 둘로 쪼개졌다. 섭씨 영하 12도였다.

**건강과 안전**[217] 무시되었다. 허셜의 큰 망원경으로 관측하는 것은 위험했다. 시실리에서 온 저명한 천문학자가 발을 헛디뎌 다리가 부러진 적도 있고, 캐롤린이 눈으로 덮여 감춰져 있던 쇠고리 위로 떨어진 적도 있다. 1807년 9월 22일, 윌리엄은 40피트짜리 망원경에 쓸 거울 가운데 하나를 지지하던 들보가 넘어지는 바람에 죽을 뻔하기도 했다. 다른 구조물들이 쓰러져 여러 번 죽을 뻔했다.

돌보기'를 보시오). 게다가 망원경이 움직이려면 캐롤린 말고도 작업자 두 명이 더 있어야 했다. 영국의 천문학자들이 해외의 좋은 장소에 망원경을 세우기 전까지, 허셜은 천문학자들을 계속 괴롭혀온 문제를 발견했다. 바로 날씨였다. 1.2미터짜리 구경을 전부 사용할 만큼 날씨가 좋은 적이 별로 없었고, 훨씬 단순하고 빠른 '거대한 20피트짜리 망원경'은 사용할 만했다. 40피트짜리 망원경은 새로운 세기가 시작될 때까지 아주 드물게 사용했다.[218] 이 망원경으로 마지막 관측을 한 것은 1814년 8월이었다. 허셜이 가장 좋아하는 천체인 토성 관측이었다.

규칙적으로 사용되지는 않았지만, 허셜은 40피트짜리 망원경이 계속해서 잘 작동할 수 있게 애썼다.[219] 역사학자 마이클 허스킨Michael Hoskin은 허셜이 그렇게 한 이유는 유용한 관측을 하기 위해서였다기보다 왕의 손님을 감동시켜야 했기 때문이었을 것이다. 사실 그 망원경을 만드는 데에 돈을 지불한 왕으로서는 궁중 천문학자에게 그 정도쯤은 요구할 수 있었을 것이다.

허셜은 인생 후반부에 에스파냐 왕을 위해 직경이 24인치(61센티미터)인 25피트(7.6미터)짜리 망원경을[220] 1797년에 완성해 1802년에 넘겨주었다. 그리고 1799년, 자신이 사용할 목적으로 24인치 거울에 꼭 맞는, 땅딸막한 10피트(3미터)짜리 망원경을 만들었다. 구경이 갑자기 비약한 것을 고려해보면, 사람들로 하여금 허셜을 기억하게 하는 것은 40피트짜리 망원경이다. 10년도 안 되는 기간 안에 몇 인치짜리 직경을 가진 거울에서부터 4피트짜리 거울을 가진 반사 망원경을 만든다는 것은 실로 놀라운 업적이 아닐 수 없기 때문이다.

허셜과 여동생의 바람직하고 훌륭한 관계는 매우 중요하다. 허셜에게는 (1788년에 결혼한) 부인 메리Mary와 나중에 위대한 천문학자가 된 아들 존(1792-1871)이 있었지만, 캐롤린이야말로 그의 천문학 수제자이자 믿음직한 조수였다. 존은 남반구에서 아버지의 연구를 계속했다. 캐롤린도 여러 개의 성운과 여덟 개의 혜성을 발견하면서 실력 있는 천문학자가 되었다.

1822년 8월 25일, 허셜은 주목할 만한 발견 목록을 남긴 채 세상을 떠났다. 이 목록은 천왕성과 천왕성의 위성 두 개, 토성의 위성 두 개

**파레스** 허셜이 뭔가 잘못 적은 것 같다. 원저자인 프레드 왓슨도 원문이 무슨 의미인지 몰라 그저 그대로 인용했다.

## 40피트짜리 망원경 돌보기

허셜이 1790년, 요셉 뱅크스에게 쓴 편지에는 40피트짜리 망원경에 쓸 거울 두 개를 광내는 데에 드는 연간 비용이 상세하게 적혀 있다. 이 편지는 그 외의 공정에 대해서도 많은 것을 알려준다.

| 광내기[221] | £ | s. | d. |
|---|---|---|---|
| 10시부터 6시까지 6주 동안 12명의 주급. | 37 | 16 | 0 |
| 작업자들에게 제공되는 맥주가 하루에 1파인트, | 3 | 12 | 0 |
| 12벌의 작업복과 작업모 세탁, 2주마다 | | 19 | 6 |
| 18개의 수건 세탁, 매일 | 1 | 7 | 0 |
| 헤진 것을 보충할 것 12개. | | 9 | 4 |
| 콜타르 처리를 위한 단조 작업(보석상의 루즈). 석탄과 재료, 처리 용기. 콜타르 빻기와 준비. 녹반(황산철). 가게에서 구입한 갈색 콜타르. 50파운드. 파레스*, 욕조, 밧줄, 도르래, 기름, 술, 알코올, 광택 연마용 송진, 로진, 타르, 타르 끓이는 용기, 빗자루, 솔, 낙타털로 만든 솔, 유리, 접시, 목공 일과 대장간 일, 그 재료. | 15 | 15 | 0 |
| 전체 | 59 | 18 | 10 |

**적외선** 파장이 1000나노미터에서 0.35밀리미터를 갖는 전자기파.

그리고 1천여 개의 이중성, 2천 개의 성운과 성단 그리고 은하수가 태양을 포함한 별들의 원반 모양의 집합체라는 사실도 말해주었다. 그리고 허셜은 스펙트럼의 붉은 쪽 바깥에 있는, '보이지 않는 빛'―적외선*―의 존재를 처음 인식한 사람이었다.

허셜이 세상을 떠나자 여동생은 망연자실했다.[222] 캐롤린은 돌런드 가족을 포함해 영국에 많은 친구들이 있었지만, 윌리엄이 세상을 떠난 지 몇 주도 지나지 않아 하노버로 돌아갔다. 그리고 그곳에서 천문학 연구를 이어가 계속해서 명예도 얻었다. 그러나 이전의 캐롤린이 아니었다. 그녀가 긴 이생의 끝자락에 이르러 쓴 통절한 편지를 보면, 그녀가 얼마나 좌절했는지 알 수 있다.

> 더 이상 아무도 없는 하노버를 찾지 않은 지난 17년간 내가 겪은 삶이 얼마나 외롭고 헛된 것이었는지를 알 것입니다. 1772년 8월, 가장 좋아하는 오빠가 나를 영국으로 데려갔을 때 내가 떠났던 삶처럼.

캐롤린은 1848년, 98세의 나이로 세상을 떠났다.

# 10 예의 없는 천문학자

Astronomers behaving Badly

### 망원경의 뒤섞인 운명

망원경 탄생 2백 주년이 다가오던 19세기의 전환기, 망원경의 미래는 몹시 밝아 보였다. 매서운 법적 논쟁의 혼란이 있기는 했지만, 굴절 망원경에서 색 수차라는 괴로운 문제도 해결되어, 색 무늬가 있는 상을 만들던 길고 가느다란 굴절 망원경은 이제 과거의 일이 되었다. 반사 망원경도 급속도로 발전했다. 윌리엄 허셜이 40피트짜리 망원경을 만든 건 너무 무리였다고 느낀 사람들이 있기는 했지만, 금속거울의 직경이 24인치(61센티미터)인 망원경까지 만들 수 있다는 것을 아무도 의심하지 않았다. 그런 망원경은 지난 세대와 비교하면 엄청난 발전이었다.

새로운 세기가 밝아오면서 두 개의 기본적인 망원경 형태—굴절 망원경과 반사 망원경—는 그 이상으로 발전하기 위해 또 다시 경쟁을 시작하려 하고 있었다. 저마다 장단점을 갖고 있었던 이 망원경들은 우월성을 놓고 서로 경쟁했다. 이러한 경쟁은 산업적으로 급격한 변화가 있던 19세기에 기술이 발전을 거듭하면서 자연스럽게 정리되었다. 천문학자들은 어느 망원경을 사용했든지 간에 계속해서 하늘의 비밀을 알아냈다.

19세기에 논쟁거리들을 만든 것은 각각 두 가지 망원경을 지지하던 사람들간의 경쟁 심리였을 것이다. 천문학자들은 인간으로서 나쁜 행동을 포함한 모든 종류의 행동을 할 수 있는데, 이는 광학 기계상들도 마찬가지이다. 우리는 이미 앞선 시대에서 일어난 신중하지 못한 행동들을 많이 보았다. 오늘날의 몇몇 부정은 말할 것도 없다. 그러나 19세기에는 특별히 완고하고 거리낌 없이 말하는 사람들이 많아서, 그들의 행동이 망원경의 발전에 매우 심각한 결과를 초래하기도 했다. 좋게 이야기해서, 동시대 인물의 다양성을 보여주었다.

앤드루 바클레이Andrew Barclay(1814-1900)의 경우를 보자.[223] 이 사람은 19세기 이단자 연맹의 신참이었지만, 연맹에서 눈부시게 성공한 사람이다. 바클레이는 전문적인 천문학자도 아니고, 광학 기계상도 아니었다. 기관차 제작자였다. 1870년대에 그가 만든 탄갱과 입환용 기관차는 킬마넉의 자존심이었다. 스코틀랜드 서부의 한 마을인 킬마넉 주민 가운데 4백 명 이상이 바클레의 공장에서 일하고 있었기 때문이다.

슬프게도 바클레이의 사업 수완은 그의 기계학적 천재성에는 훨씬 못 미쳐, 1882년, 바클레이의 회사는 재정적 문제에 빠지고 말았다. 이 문제는 느릿느릿 진행되어, 결국 1893년, 바클레이는 회사에서 면직되었다. 이 회사는 지금 주식회사가 되어 있다. 증거의 조각을 맞추어보면, 바클레이가 회사 일에 소홀해 킬마녁 주민들이 어려움을 겪은 것 같다. 1850년대 이후, 바클레이는 부업 삼아 천문학 망원경에 어설프게 손을 댔는데, 돈을 벌지는 못한 듯하다. 그가 제작한 몇 개의 망원경은 지름이 14.5인치(37센티미터)인 금속거울을 이용한 그레고리식 반사 망원경이었다. 그 시대의 기준으로 보아도 작았고, 게다가 구식이었다. 그러나 바클레이는 기관차 공장의 자원을 마음대로 쓸 수 있었기 때문에 망원경은 나름대로 화려했다.

재정적 문제 외에 다른 문제 두 가지가 망원경 제작자 바클레이를 괴롭혔다. 첫 번째는 바클레이의 망원경이 광학적으로 형편없었다는 것이고, 둘째는 바클레이가 이 사실을 철저하게 믿지 않았다는 것이다. 1893년, 그는 자신이 만든 망원경으로 관측한 것을 기초로 쓴 첫 번째 논문을 《영국 기계학과 과학의 세계 The English Mechanic and World of Science》에 발표했다. 이것은 바클레이의 많은 논문 가운데 첫 번째 논문이다. 그는 〈밝혀진 하늘의 신비 The Unrevealed Wonders of the Heavens〉라는 논문에서 목성에 계란 모양의 돌출물이 있고, 화성 주위에 토성 같은 고리가 있다는 식의 말도 안 되는 소리를 했다. 그뿐만 아니라 화성 남반구에는 공처럼 생긴 푸른 산이 자라고 있다고 말했다.

독자들은 이 관측 결과에 즉각 경멸어린 조롱을 보냈다.

> 나한테 B씨의 그림 1에 그려진 대단한 행성을 드러내는 그레고리식 망원경이 있다면 거울을 싼 값으로 팔고, 경통은 굴뚝 갓으로나 쓰겠다.

어떤 기고가는 예의 있게, 망원경의 광학적 광택 작업이 잘못되어

## 예의 없는 천문학자

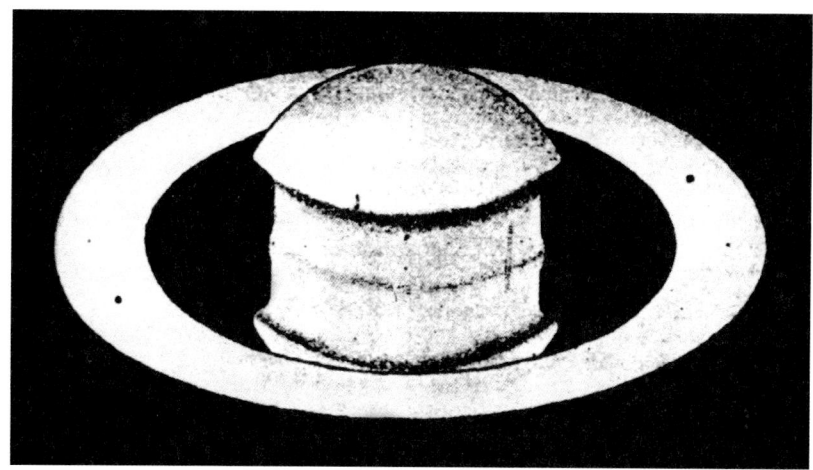

■ 기관차 제작자 앤드루 바클레이는 그의 망원경에 문제가 없고 토성이 반쯤 먹은 사과처럼 보인다고 믿었다.

왜곡된 상을 만든 거라고 말했다. 그러나 바클레이는 이 구명줄을 무시했다. 그리고 갈색 연기가 나오는 목성의 산 그림과 정확히 반쯤 먹은 사과처럼 보이는 토성 그림을 또 다시 발표했다.

바클레이는 계속 이어진 까다로운 교신에서 '금속거울을 어떻게 완성하는지 그리고 금속들을 어떻게 섞어서 주조하는지 알아내는 데에 1만 파운드 이상을 썼다. 나는 이것과 관련 있는 실험을 2천 번 이상 했다'고 밝혔다. 비참하게 쪼들릴 때 이런 말을 했다는 것을 고려하면, 그가 얼마나 고집 센 사람인가 하는 것뿐 아니라 얼마나 바보 같은 사람인가 하는 것을 알 수 있다.

1800년에는 모든 것이 먼 미래였다. 프랑스에서 나폴레옹 보나파르트Napoleon Bonaparte의 쿠데타가 일어나고 난 그 다음 해에는 유럽의 정치 지도가 하루 단위로 변했다. 세상이 늘 그래왔듯이, 천문학자들의 노고는 전혀 중요하지 않았다. 그러나 굴절 망원경은 큰 변화의 문턱에 다가와 있었다. 이 변화는 유럽 대륙에 있는 망원경 제작자들에 비해 영국 망원경 제작자들을 상당히 불리하게 만들었다.

무색 대물렌즈를 만들려면 납유리로 된 오목렌즈가 있어야 했다. 지름이 4인치(10센티미터)보다 큰 오목렌즈를 만들 충분한 납유리를 구하는 데에 문제가 있었다. 그 당시에 구할 수 있는 납유리 원판은 공기 방울이 많고, 균일하지 않게 갈라진 틈도 가득했다. 원판은 너무나 불완전했고, 엄청나게 비싸기까지 했다. 1820년대 스코틀랜드 천문학자 토머스 딕Thomas Dick은 다음과 같이 말했다.[224]

> 이슬링턴에 사는 툴리Tulley 씨는 오랫동안 훌륭한 무색 망원경 제작자로서 명성을 얻고 있는 사람이다. 한 6년 전쯤, 그는 지름이 5인치(13센티미터)쯤 되는 무색 대물렌즈의 오목렌즈에 쓸 가공되지 않은 납유리 조각을 나에게 보여주면서 8기니에 샀다고 했다.

이것은 가공하지 않은 유리 덩어리 값으로는 상당히 비싼 것이었다. 정부가 유리에 세금을 부과한 게 문제였다.[225] 세금은 1825년까지 1백 파운드에 98실링까지 올랐다. 큰 손해가 아닐 수 없었다. 이 소비세는 1851년이 되어서야 폐지되었다.[226]

게다가 영국의 유리 가공업자들은 요구되는 정도의 균일성을 가진 큰 납유리 덩어리를 도무지 만들지 못했다. 이것이 더 큰 문제였다.[227] 납유리는 납 성분 때문에 유용한 굴절 성질을 갖는데, 이 납이 무거워

## 예의 없는 천문학자

서 납이 녹은 유리 아래로 가라앉았기 때문에 균일한 유리를 얻을 수 없었다. 이 문제는 민감하게 받아들여져,[228] 1824년, 왕립 학회는 정부의 명령으로 광학적 목적을 위해 유리를 개선하는 방법을 연구할 특별 위원회를 만들었다.

그러나 유럽 대륙은 사정이 달랐다. 1790년 말, 스위스의 가구 제조업자 피에르 루이 구이난드 Pierre Louis Guinand(1748-1824)가 지름이 5인치(13센티미터)인 납유리 렌즈 덩어리를 만드는 데에 성공했다.[229] 질도 그런 대로 용인할 수 있을 만큼 높은 수준이었다. 이것은 가구 제조업자의 소명을 훨씬 뛰어넘는 길고 고통스러운 실험의 결과였다. 1805년, 납 성분이 용해물 아래로 가라앉지 못하도록 내화 점토 교반기를 사용하는 기술을 완성한 것이다. 균일한 납유리 덩어리를 만드는 데에 성공한 것은 굴절 망원경 기술에 급작스러운 발전 무대를 마련해주었다.

1806년 구이난드는 모국인 스위스를 떠나 뮌헨 남쪽에 있는 베네딕트비에른으로 이사했다. 이 작은 마을에 있는 오래된 수도원 터에는 유리 공장이 있었는데, 이곳에서는 뮌헨의 신생 광학 기구 공장에 원재료를 공급하고 있었다. '수학과 기계 연구소 Mathematical-Mechanical Institute'는 군사 장비 시장을 염두에 두고 탐사 기기를 만들 목적으로 설립되었는데, 설립자의 이름을 딴, 다소 외우기 어려운 '라이헨바흐, 우트자흐나이데르와 리브헤르 Reichenbach, Utzschneider and Liebherr'라는 이름으로 거래하고 있었다. 이는 독일 정밀 기구 산업의 시작을 알리는 동시에 '돌런드와 람스덴' 같은 영국 회사가 영유하던 독점 체제의 종말을 고하는 신호탄이었다.[230] 이름이 바뀌기는 했지만, 몇 년이 지나지 않아 실제로 이 회사는 세계적으로 유명해졌다. 그런데 이 변화를 이루어낸 사람은 피에르 구이난드가 아니었다.

## 똘똘한 아이

구이난드는 이 회사의 고참 동업자가 스카우트해 온 사람이었다. 뮌헨의 부유한 변호사이자 사업가였던 이 사람의 이름은 요제프 폰 우트자흐나이더Joseph von Utzschneider였다. 5년 전인 1801년 7월, 우트자흐나이더는 열네 살짜리 고아를 아주 특이하고 우연하게 만났다. 뮌헨의 무너진 집 잔해에서 구조된 이 불행한 소년은 몇 년 전 부모를 모두 잃고,[231] 장식품용 유리 절단공이자 거울 제작자인 필리프 바이셜베르거Philipp Weischelberger의 노예와 다름없는 견습공이 되었다. 이 바이셜베르거의 집이 무너진 것이다. 이 비극적인 사고로 바이셜베르거의 부인이 세상을 떠났고, 젊은 견습공은 구조되기 전까지 몇 시간 동안 깨진 잡석 더미에 묻혀 있었다.

그 극적인 구조 현장에 있던 우트자흐나이더는 소년의 배움에 대한 열망에 감동을 받았다. 우트자흐나이더는 선거후 막시밀리안 요제프Maximilian Joseph 왕자보다 못할 것 없는 소년의 얼굴과 복지에 관심을 갖게 되었다. 그리고 소년에게 수학과 물리에 관한 책도 주었다. 인색한 주인 바이셜베르거를 위해 계속 일하는 것 외에 선택의 여지가 없었음을 알게 된 소년은 남는 시간에 광학을 공부해 곧 광학에 능통해졌다. 실제로 소년은 이 분야에서 명민함을 보였다. 1806년 5월, 소년은 두 번째 구조를 받게 된다. 즉, '우트자흐나이더의 수학과 기계 연구소'에서 일하게 된 것이다.

이 재능 있는 소년은 누구인가? 요제프 폰 프라운호퍼Joseph von Fraunhofer는 1887년 3월 6일, 바바리아 동부에 있는 슈트라우빙에서

## 예의 없는 천문학자

11남매 중 막내로 태어났다. 11남매 가운데 유년기를 넘겨 살아남은 아이는 네 명뿐이었다. 소년도 특별히 건강한 아이는 아니었다. 그의 아버지는 유리를 자르는 사람이었다. 요제프도 의심 없이 언젠가 아버지와 같은 일을 하게 될 것이라고 생각했는데, 아버지가 일찍 죽고 난 후에도 생각은 변하지 않았다. 19세에 우트자흐나이더의 연구소에 취직한 소년은 빠른 속도로 화려한 경력을 쌓아가기 시작했다.[232] 곡면의 수학적 계산에서부터 마지막 광학적 광냄에 이르기까지 렌즈 제작의 모든 것을 알게 되었으며, 기계적 설계와 가장 중요한 유리 가공 분야의 전문가가 되었다.

프라운호퍼는 피에르 구이난드로부터 광학 유리 제조 기술들을 배웠다. 하지만 구이난드는 시작부터 자신이 알고 있는 특수 기술을 가르쳐주는 데에 소극적이었다. 1809년, 프라운호퍼는 상관인 우트자흐나이더로부터 철저하게 지도를 받았다. 이제 회사의 젊은 동업자가 된 프라운호퍼는 구이난드의 제조 방법에서 부족한 점들을 알게 되었고, 구이난드에 대해 점점 더 비판적이 되었다. 나이 많은 렌즈 제작자와 22세의 명민한 젊은이 사이에 증오가 점점 커지더니 1814년 5월, 드디어 폭발하고 말았다. 자제력을 잃은 구이난드는 스위스로 돌아가버렸다. 하지만 프라운호퍼는 렌즈 제작을 포함해서 광학 기술에 관한 모든 것을 이미 터득해버린 상태였다.

경력이 짧음에도 불구하고 프라운호퍼의 광학 실력은 최고점에 다다랐다. 그는 망원경 대물렌즈와 접안경의 새로운 설계, 천체 사이의 작은 각을 측정하는 새로운 방법을 생각했고, 심지어 빛의 성질 자체까지 연구했다. 프라운호퍼의 새로운 제작 방법으로 렌즈는 점점 더 좋아졌고, 점점 더 큰 렌즈도 만들 수 있게 되었다. 1812년, 이미 7인치(18센티미터)짜리 대물렌즈를 제작했고, 7년 후에는 자신의 대작을 완성했다. 현재 에스토니아 타르투의 도르파트에 있는 러시아 천문대에 설치할 정교한 9.5인치(24센티미터)짜리 대물렌즈였다.

이 거대한 대물렌즈를 수용하도록 제작된 망원경은 몇 년 동안 세계에서 가장 큰 굴절 망원경으로 군림했다. 그 크기보다 더 주목할 만한 것은, 길이가 14피트(4.3미터)인 나무 경통이 새로운 가대 위에 얹혀졌는데, 이 가대가 효율성과 편리성의 새로운 표준이 되었다고 하는 사실이다. 기본 원리가 매우 효율적이어서 오늘날도 작은 망원경들은 이 방식의 가대를 사용한다.

쇠로 만든 두 축을 상상해보자. 두 축은 T자 모양을 이루도록 서로 직각으로 고정되어 있다. 만약 더 긴 것이 지구의 축과 평행하게 기울어 있을 경우, 망원경이 같은 방향을 가리키게 하려면 지구와 같은 속도로 돌려주기만 하면 된다. 지구가 23시간 56분마다 한 바퀴씩 자전하기 때문이다. 긴 축이 천구의 극*을 향하고 있기 때문에 이것을 극축이라고 부르는데, 축은 견고한 고정 대 위에 있는 튼튼한 베어링에서 회전한다.

망원경 경통은 짧은 축 한쪽 끝에 달려 있고, 균형을 잡기 위해 대개 반대쪽에 평형추가 있다. 관측자가 원하는 방향에 맞추려면 이 축에 대해 망원경을 움직일 수 있다. 원하는 천체가 시야에 들어오면 이 축에 대해 망원경을 고정한다. 그렇게 하면 극축에 대해서만 회전시켜 하늘을 가로질러 가는 별을 쉽게 따라갈 수 있다. 이 축이 위도와 같은 방향으로 움직이기 때문에 천문학자들은 이것을 적위*라고 부르며, 이 두 번째 축은 적위축이라고 부른다.

한 축을 지구의 자전축과 나란하게 만드는 원리는 거의 250년 전,

**천구의 극** 천구는 하루 동안 회전하는 것처럼 보이는데, 이때 그 회전의 중심축. 이것의 고도는 관측자의 위도와 같다.

**적위** 천구에서 측정되는 위도. 즉, 천구의 적도에서 극 방향으로 측정되는 각거리.

## 예의 없는 천문학자

■ 요제프 폰 프라운호퍼의 1824년 대작. 도르파트 천문대를 위한 9.5인치(24센티미터) 굴절 망원경. 미래를 위한 표준을 만들었다.

티코의 대적도의식 혼천의에서 채택한 것이다(1장을 보시오). 그러나 프라운호퍼가 개발한 우아한 형태 덕분에, 이 설치 방식을 독일식 적도의식* 설치라고 부른다. 프라운호퍼는 한층 더 세련되게 망원경을 별과 정렬 상태에 있게 하려고 무게에 의해 움직이는 시계를 달았다. 재기가 엿보이는 대목이다.

1824년 11월 16일, 거대한 굴절 망원경이 하늘을 처음으로 향했을 때, 도르파트 천문대 대장은 울음을 터뜨릴 뻔했다. 이 사람은 그 유명한 이중성 관측자인 빌헬름 슈트루베Wilhelm Struve였다.

> 어느 것을 더 칭찬해야 할지 모르겠다.
> 가장 작은 부분들에서 보이는 아름다움과 우아함,

**독일식 적도의식** 극축과 경위축이 T자 모양이 되도록 고안된 적도의식 망원경 설치법. 망원경 반대쪽 끝에 무게 균형을 맞추기 위한 균형추가 있다.

제작의 타당성,
이것을 움직이는 천재적인 기계 장치,
또는 망원경의 비교할 수 없는 광학적 능력,
그리고 천체를 정의하는 정밀도.

망원경은 몹시 만족스러웠다. 슈트루베는 1초보다 더 가까이 있는 3천 개가 넘는 이중성을 측정하기 위해 이것을 사용했다. 이 정도는 파악하기도 힘든 거리이다. 다행히 이 위대한 망원경은 1993년에 조심스레 복원되어 아직도 남아 있다.

프리드리히 빌헬름 베셀Friedrich Wilhelm Bessel(1784-1846)은 별이 앞뒤로 움직이는 것을 처음으로 감지했는데, 이 역시 프라운호퍼의 망원경이 있었기에 가능한 일이었다. 이는 지구가 태양 주위를 1년 주기로 공전하고 있기 때문에 생기는 현상으로, 천문학자들은 이것을 연주 시차라고 부른다. 망원경은 정밀한 각을 측정할 수 있도록 분리된 대물렌즈로 만들어진 태양의 형태를 취했다.[233] 1838년, 쾨니히스베르크 천문대 대장으로 있던 베셀은 61시그니61Cygni라는 흐린 별의 연주 시차를 관측했다. 이는 태양계의 코페르니쿠스 모형을 마지막으로 결말짓는 증거였다. 지금까지 알고 있던 증거보다 더한 증거가 필요한 사람이 있었다면 말이다. 이는 또한, 별들 사이의 공간이 얼마나 넓은가를 보여주었다.

1825년, 요제프 프라운호퍼의 경력은 정점에 이르러, '우트자흐나이더와 프라운호퍼'(뮌헨 연구소가 현재 사용하는 이름)의 사장이 되었다. 뮌헨 학회의 통신 회원이었고, 바이에른 정부의 시민회의 회원이었던 프라운호퍼는 1824년 8월, 광학에 기여한 공로로 기사 작위를 받았다.

※ 예의 없는 천문학자

프라운호퍼는 애초부터 건강한 사람이 아니었다. 어린 시절 허약했던 것이 그를 다시 괴롭힌 것 같았다.[234] 유리 용광로의 유독성 증기에 늘 노출되어 있었기 때문일 것이다. 프라운호퍼는 결핵을 앓다가 1825에서 1826년 사이 겨울, 집으로 돌아가 병상에서 연구를 계속했다. 그리고 몇 달 후인 1826년 7월 7일, 세상을 떠났다. 겨우 39세였다.

프라운호퍼의 장례식은 뮌헨의 남쪽 공원묘지에서 국장으로 거행되었다. 그의 마지막 안식처는 그의 옛날 동료인 게오르크 프리드리히 폰 라이헨바흐Georg Friedrich von Reichenbach의 옆자리였다. 라이헨바흐는 뮌헨 연구소의 창업자 세 명 가운데 한 사람이었다. 175년 후, 뮌헨의 추운 어느 날 오후, 프라운호퍼의 학문적 후손 몇 명은 '새천년을 향한 강력한 망원경과 기기'라는 최첨단 심포지엄에서 위대한 독일 선조를 존경하는 마음으로 묵념을 했다.

### 전면적인 전쟁

1814년에 뮌헨 연구소를 떠나던 때, 피에르 구이난드는 더 이상 렌즈 만드는 일을 하지 말라는 권고를 받았다.[235] 그 대가로 상당한 연금을 받았지만, 구이난드는 타고난 실험가였다. 우트자흐나이더는 구이난드가 유리 제작하는 일을 시작했다는 소식을 듣자마자 연금 지급을 중지했다. 그 다음부터 구이난드는 유리 제조에서 개선할 점을 찾는 데에 전력을 다했다. 부드럽게 된 유리를 원형 주조 틀로 눌러 넣어서 큰 유리 원판을 만드는 새로운 기술을 발견했을 때 특히 더했다.

구이난드는 이 방법으로 매우 큰 유리 덩어리를 많이 만들었고, 큰 유리 덩어리들은 유럽 대륙의 솜씨 좋은 광학 기계상들 손에 전달되었다. 그 가운데 몇 개는 파리에 사는 로베르-아글리 초서Robert-Aglae Cauchoix(1776-1845)라는 뛰어난 렌즈 제작자에게 팔렸다. 이 유리들 가운데 하나가 우연히 그 시대의 가장 훌륭한 영국 천문학자 두 명 사이에 전면적 논쟁을 불러일으켰다.

구이난드와 프라운호퍼의 의견차와는 달리, 매우 공개적인 논쟁이었다. 두 참여자는 이례적으로 심하게 행동했다. 이 논쟁의 비극은 이 일로 인해 영국에서 잠재적으로 가장 중요한 굴절 망원경이 천문학 연구에 결코 쓰이지 못했다는 사실이다. 뿐만 아니라 재능 있는 과학자들이 아무 것도 안 하고 말다툼하는 데에 그 귀한 시간을 낭비했다는 것이다.

실제로 두 부류가 싸움에 참여했지만,[236] 중심에 있던 두 사람이 전투에 깊게 참여하는 바람에 나머지 사람들은 아무것도 아니게 된 것뿐이었다. 청코너에는 제임스 사우스James South(1785-1866) 경이, 홍코너에는 리처드 쉽생크스Richard Sheepshanks(1794-1853) 목사가 있었다.

사우스는 독립적인 재력이 있는 재능 있는 아마추어 천문학자이자, 부유한 상속녀와 결혼한 의사였다. 이중성 측정에 대한 그의 연구는 높은 평가를 받았다. 1820년대에 영국 정부는 사우스가 지신의 기술과 인상적인 천문 기구들을 프랑스로 가져가지 못하게 하려고 사우스에게 기사 작위를 내렸다. 사우스는 영국에 머물면서 주류 천문학자들을 신랄히 비판했다. 뿐만 아니라 왕립 천문대(항해력의 부족 때문에)와 왕립 학회까지 비판했다. 그러나 천문학회의 열정적인 창립 회원이었고, 1829년부터 1831년까지 학회 회장을 지냈다. 이 천문학회는 1831

## 예의 없는 천문학자

■ 제임스 사우스 경과 리처드 쉽생크스 목사.

년에 왕립 천문학회가 되었다.

리처드 쉽생크스는 매우 남다른 사람이었다. 요크셔 제분소 주인의 아들로, 케임브리지에서 수학을 공부한 그는 자신보다 재능이 없는 사람들을 경멸하는 사람이었다. 쉽생크스는 수학 분야에서 업적을 남겼을 뿐 아니라 법학을 공부해 변호사 일도 했으며, 영국 교회의 성직을 맡기도 했다. 게다가 갓 태어난 천문학회의 열정적인 지지자이기도 해서, 1829년부터 1831년까지 학회 총무와 비서를 맡았다.

이 두 사람이 같은 시기에 천문학회에서 직분을 맡은 것은 결코 우연이 아니었다. 제임스 사우스 경을 회장으로 추천한 에드워드 스트랫포드Edward Stratford는 모든 것이 규칙대로 잘 돌아가려면 학회 총무도 사우스만큼 완고한 사람이 맡아야 한다고 생각하고 쉽생크스를 추천했다. 이 두 학회 임원은 서로에 대해 즉각적으로 반감을 가졌다. 쉽생크스는 후에 사우스를 이렇게 평가했다. '제임스 경은 사인과 코사인

도 구별하지 못한다. 그리고 가장 간단한 계산을 하기 위해 로그표도 사용할 줄 모른다.'

사우스 역시 이 젊고 건방진 쉽생크스를 경멸했다. 자신이 얼마나 똑똑한지 몰라도 말이다. 이 두 사람의 일생에 걸친 신랄함은 이렇게 시작되었다. 1829년 후반, 제임스 경은 위대한 로베르-아글리 초서로부터 직경이 11.75인치(30센티미터)인 대물렌즈를 구매했는데, 이것이 나중에 일어날 전면전의 씨앗이었다. 이 렌즈는 질적으로 정교했고, 그 시대에 영국에서 가장 큰 렌즈였다. 사우스는 영국에서 가장 강력한 망원경을 만들기 위해 이 렌즈를 망원경 제작자 에드워드 스로우턴 Edward Troughton에게 맡겼다. 그때만 해도 사우스와 스로우턴은 친구였다. 스로우턴의 동반자 윌리엄 심스William Simms는 그렇게 하기로 동의했지만, 주문이 나가자마자 어려움이 시작되었다.

사우스는 이것을 자신이 유용하게 사용하고 있던 3.75인치(9.5센티미터) 망원경을 놓는 가대와 비슷한 가대에 놓아야 한다고 했다. 그러나 스로우턴은 단순히 비례적으로 늘린 설계는 안정성을 만들어내지 못할 수도 있다고 믿었기 때문에 전혀 다른, 새로운 설치법을 제시했다. 마지못해 동의한 사우스는 일이 진행되는 동안 계속 간섭을 했다. 채택된 설계는 오늘날 영국식 적도의식*이라고 알려진 양식으로, 프라운호퍼의 독일식 적도의식보다 더 오래된 양식이었다. 하지만 훨씬 더 긴 극축을 갖고 있다는 점이 달랐다. 영국식 적도의식은 양쪽 모두 베어링으로 지지되고, 적위축은 두 베어링 사이의 중간쯤에 가로대의 형태로 자리했다. 사우스의 망원경의 극축은 그 시대 대부분의 망원경처럼 나무로 만들어져 있었다.

1831년, 완성된 망원경이 런던 켄싱턴에 있는 사우스의 저택에 설

**영국식 적도의식** 적도의식의 일종. 극축의 양쪽이 고정되어 있고, 적위축은 그 중간을 관통하도록 설계되어 있다. 독일식 적도의식보다 오래된 형태.

치되었다.²³⁷ 그런데 사고가 발생해 망원경 몸통이 땅에 떨어졌다. 경통과 돔 구조물 모두 피해를 입었지만, 다행히도 그 귀중한 30센티미터짜리 렌즈를 망원경에 넣기 전이었다.

장치를 제대로 설치하자 이번에는 망원경이 하늘을 떠다녔다. 별들이 시야에서 떠다니기라도 하는 것 같았다. 이중성의 위치를 정확하게 측정하려고 만든 망원경으로서는 치명적인 약점이었다.²³⁸ 이 오류를 고치려던 스로우턴과 심스는 사우스가 현장 일꾼을 방해하자 짜증이 났다. 다소 완강한 사람이었던 스로우턴은 옛날 설계로 바꾸자는 사우스의 제안을 거절했다. 1832년 5월, 사우스는 정식으로 편지를 보내, 스로우턴이 '쓸모없는 건축물'을 만들었다고 불평했다. 운명은 결정되었다. 스로우턴의 나이 많은 친구 한 사람이 사우스로부터 돈을 받아내야 한다며 법적 행동을 취하라고 스로우턴을 설득했다. 그러면서 법적인 도움을 주겠다고 했다. 짐작했는지 모르지만, 이 친구는 바로 리처드 쉽생크스였다.

스로우턴, 쉽생크스 그리고 다른 사람들(왕립 천문학자인 조지 에어리 George Airy 경을 위원회에 데리고 왔다)과 사우스(동맹군은 찰스 배비지Charles Babbage를 포함한다) 사이에 서로 주고받은 단서로도 기록은 충분하다. 편지, 법률적 문서 그리고 심지어 윌리엄 심스의 연습장에 있는 기록 형태로 남아 있다.²³⁹ 역사학자로서 다행한 일이 아닐 수 없지만, 이것들을 읽고 있노라면 우울해진다. 망원경의 진짜 문제가 개인적인 복수극에 완전히 묻혀버렸기 때문이다. 쉽생크스와 사우스 사이의 문제보다 큰 문제는 없었던 것이다.

1835년, 에드워드 스로우턴은 문제가 아직 해결되지 않은 상태에서 세상을 떠났다. 3년 후인 1838년 12월 15일, 그의 회사는 법적으로 승리했고, 스로우턴과 심스는 사우스로부터 지급받아야 할 대금 1,470파운드를 받았다. 사우스는 금전적 손실 때문이 아니라 이 모든 분쟁을 조정한 사람이 쉽생크스였다는 사실에 크게 분노했다. 사우스는 어떤 방식으로든 상대를 욕보이기로 결심하고, 1839년, 망원경 가대*의 주요 부분을 파괴해버렸다.

**망원경 가대** 망원경의 경통을 지지하고, 망원경이 원하는 방향을 지향할 수 있도록 해주는 구조물.

> 켄싱턴 천문대를 위해 트로프트와 심스가 만든 큰 적도의식 망원경의 극축이었던 많은 양의 마호가니, 다른 목재와 철재 제품
>
> 경매에
>
> 마호가니문 손잡이, 서랍장 손잡이와 공 모양 물건의 선반공; 의자, 단추, 황린 성냥, 코담배 갑 제작자 그리고 장작과 녹슨 철제품 상인

이들을 초대하는 경매 광고 전단지를 온 지방에 뿌렸다. 사우스는 복수였다고 시인했다.

사우스는 황동으로 만든 망원경 부품들은 보관해 두었다. 그러나 법률적인 해결이 있고 나서 정확히 4년이 지난 후, 그 지역에서 가장 미천한 부류의 장사꾼들을 초대했다. 이번에는 더 심했다. 다음과 같은 사람들을 초대한다는 광고지였다.

> 수줍은—닭 장난감 제작자, 꼬치 돌리개 제작자, 장난감 동전 제작자, 녹슨 철제품 상인

## 예의 없는 천문학자

이들을 아래와 같은 금속 부품 경매에 초대했다.

트로프트와 심스가 켄싱턴 천문대에 세우려고 만들었던 큰 적도의식 망원경.
위의 기술자가 만든 나무 극축과 그들의 조수 에어리 씨와 리처드 쉽 생크스 목사가 조잡하게 끼워 맞춘, 망쳐진 이 망원경은 1839년 7월 8일에 있었던 공개 광고 결과, 낡은 옷을 입은 행상과 죽은 소와 말을 파는 면허를 갖고 있는 상인 등에게 팔렸다.

20세기 초, 역사학자들은 이 분노에 넘치는 광고지를 인용하면서, 사우스가 정신적으로 발광하고 있으며, 문제를 일으킨 장본인은 사우스라고 말한다.[240] 그러나 가장 최근에, 역사학자 마이클 허스킨은 그 때의 상황을 흑백논리로 이야기할 수 없으며, 비난을 하더라도 사우스

■ 1839년 7월 8일 제임스 사우스 경의 천문대의 우울한 전경. 그는 '쓸모없는 20피트짜리 적도의식 망원경'의 부품을 경매에 붙였다.

와 쉽생크스를 공평하게 대해야 한다고 말했다.

싸움은 경매로 끝나지 않고, 1853년, 쉽생크스가 세상을 떠날 때까지 계속 이어졌다. 사우스는 자신의 적을 따뜻하게 묘사한 부고를 쓴 왕립 천문학회 회원들을 겨냥해 쓴 편지를 발표함으로써 끝까지 빈정거렸다.

우수한 초서렌즈는 어떻게 되었을까? 초서렌즈는 얼마 동안 제임스 사우스의 집에서 기죽어 지냈다.[241] 그는 1863년, 더블린 대학교에 이 렌즈를 주기 전까지, 가끔 천체를 관측할 때만 사용했다. 관측에 사용할 때는 임시로 만든 나무 스탠드를 이용했다. 그리고 허스킨이 말한 것처럼 이 렌즈의 시대는 끝이 났다. 천문학에 이 무슨 비극이란 말인가!

# 11 레비아탄
Leviathans

### 금속거울을 가진 괴물

1863년, 제임스 사우스 경이 자신이 가지고 있던 귀한 초서렌즈를 더블린 대학교에 주기로 한 것은 단순한 변덕 때문이 아니었다. 19세기 중반은 아일랜드가 천문학에서 중요한 집단으로 부상하던 때였다. 어떤 기회이든 잡고 놓치지 않는 창의적인 선구자 집단 덕이었다. 그때까지 있던 망원경 가운데 세계에서 가장 큰 망원경이 아일랜드의 녹색 초장에 놓이게 된 것은 우연이 아니었다.

토머스 롬니 로빈슨Thomas Romney Robinson(1792-1882)이 이 진취적인 천문학자들을 조직하는 접착제 역할을 했다.[242] 재능 있는 물리학자이자 천문학자인 로빈슨은 신학 박사 학위까지 갖고 있었다. 로빈슨은 1823년부터 긴 일생을 마칠 때까지, 현재 북 아일랜드 지역에 있는 알마 천문대 대장이었다. 그의 많은 친구들 중에는 토머스 그럽Thomas Grubb(1800-1878)이라는 기술자가 있었다. 이 퀘이커 교도의 후손은 워터포드에서 태어났다. 천문학과 광학 기구에 대한 흥미가 로빈슨과의 우정을 돈독히 한 것 같다.

그럽은 1832년까지 더블린에서 작은 공학과 관련된 사업을 운영하면서 기계 도구에서부터 무쇠 당구대까지 생산했는데, 종종 작은 망원경도 만들었다. 당구대를 만들어 충분히 먹고살았지만, 그의 상상력에

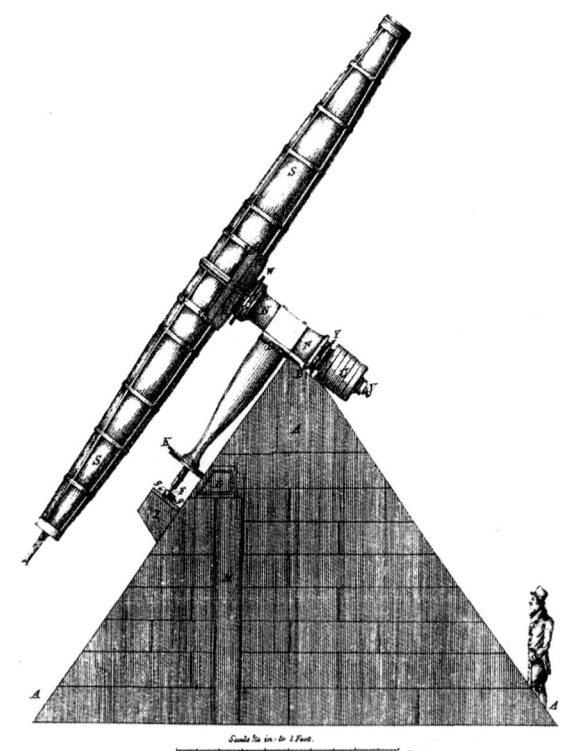

■ 마크리 망원경. 에드워드 쿠퍼의 13.3인치(34센티미터) 렌즈를 담기 위해 토머스 그럽이 1834년 세웠다.

불을 붙이고, 그가 갖고 있는 공학적 기술에 도전해온 것은 바로 망원경이었다. 그럼은 곧 자신의 기술을 시험할 기회를 잡았다.²⁴³ 그해 슬라이고 지방의 부유한 지주이자 뛰어난 아마추어 과학자 에드워드 쿠퍼Edward Cooper(1798-1863)라는 사람이 망원경을 주문한 것이다. 이 망원경은 로베르-아글리 초서로부터 최근 구입한 13.3인치(34센티미터) 대물렌즈를 수납하기 위한 것이었다. 사우스의 렌즈보다 지름이 1.5인치 더 큰 이 렌즈는 그 당시 존재하던 렌즈 가운데 가장 큰 렌즈였다.

그럼은 이 렌즈를 성공적으로 설치했고, 이 망원경은 1834년 4월, 쿠퍼의 소유지인 마크리에 세워졌다. 길이가 25피트(7.6미터)인 망원경 경통은 프라운호퍼의 독일식 적도의식 튼튼한 가대에 올려졌고, 시계 구동으로 완성되었다. 하지만 보호하는 돔 없이 자연 환경을 잘 견뎌야 했으므로 전체 구조물은 검은 대리석으로 만든 특이한 삼각형 주춧돌 위에 받쳐졌다. 이 훌륭한 설계는 약 66만 개의 별 위치 목록이라고 하는 대단한 결과를 만들어냈다.²⁴⁴ 쿠퍼가 세상을 떠나자 이 망원경은 다소 명암 있는 이력을 갖게 되어 결국 필리핀의 마닐라 천문대에서 여정을 끝냈다. 유서 깊은 초서렌즈는 그곳에서 태양 망원경의 일부로 지금도 사용되고 있다.

그럼이 마크리 굴절 망원경을 만드는 데에 성공하자 곧 알마 천문대의 롬니 로빈슨으로부터 또 다른 망원경을 만들어달라는 주문이 들어왔다.²⁴⁵ 이번에는 15인치(38센티미터)짜리 반사 망원경이었다. 1835년에 완성된 이 망원경은 명성에 걸맞은 망원경이었다. 무엇보다 먼저 이 망원경은 적도의식으로 설치된 최초의 대형 반사 망원경으로, 기본적으로 마크리 망원경의 복제품인 시계 구동형 독일식 설치법을 택했다. 견본으로 미리 만들어졌을지도 모르기 때문에 어쩌면 마크리 망원경보다 앞선 것일 수도 있다. 도래할 망원경의 관점으로 볼 때 특히 중요한 것은, 그럽이 설계한 천재적인 장치가 망원경의 금속거울을 받치고 있다는 사실이다.

그전까지 반사 망원경에 쓰이는 거울은 경통 바닥에 있는 상자에 볼품없이 놓여졌다. 이미 만들어진 지지물이 반사면의 완벽성에 영향을 주는 방법에 대해서는 아무 생각도 하지 않고 말이다. 그럽은 거울이 균형을 잡고 떠 있을 수 있게 받치는 지렛대를 포함한 강철 '거울통'*(원형 상자) 개념을 도입했다.

이 계획은 거울 뒷면에 초과되는 압력을 없애주는 아주 성공적인 계획이었다. 오늘날은 컴퓨터로 조절되어 세계의 대형 반사 망원경의 거울을 지탱하고 있다. 이 혁신적인 거울통으로 만들어진 알마 망원경이 다행히 아직도 남아 있는데,[246] 토머스 그럽만큼 훌륭한 뉴캐슬-어폰-타인Newcastle-upon-Tyne의 데이비드 신든David Sinden의 작업장에서 최근 복원한 것이다.

**거울통** 망원경 거울을 지지하는 기계 구조물.

그럽은 이 망원경을 포함한 여러 망원경을 만드는 데에 성공함으로써 명성을 높였다.[247] 1840년 그럽은 아일랜드 은행의 기술자가 되었는데, 지폐를 조판하는 일이 망원경을 제작하는 일과 아주 다른 듯 보이지만, 두 분야 모두 유사한 정밀 기술을 요구한다는 점에서는 같다. 재주가 많은 그럽은 어려움 없이 기술을 잘 합쳤다. 토머스 그럽이 그보다 일찍 아일랜드 천문학 단체의 유명한 회원들에게 소개된 것이 틀림없다. 물론 롬니 로빈슨이 주선했을 것이다. 옥스맨타운의 세습 영주인 윌리엄 파슨스William Parsons(1800-1867)는 위대한 과학적 능력을 가진 사람으로, 중요하지—않지—않은 포부를 수행하는 데에 필요한 모

## 레비아탄

■ 알마 천문대를 위해 1835년 그럽이 만든 혁신적인 반사 망원경. 데이비드 신든에 의해 2003년 복원되었다.

든 자원을 갖고 있었다.

1841년, 윌리엄 파슨스는 로스의 세 번째 백작이 되었다. 그리고 아일랜드의 한가운데에 있는 파슨스타운의 버르 성에 딸린, 조상 대대로 내려오는 소유지를 물려받았다. 1836년에는 요크셔의 브래드포드 교외 히튼 출신인 부유한 과부인 매리 필드Mary Field와 결혼함으로써 풍부한 재산을 보장받았다.[248] 히튼 사람들은 아직도 로스필드 로드와 파슨스 로드를 자랑하며 두 사람의 결합을 경축하고 있다. 매리는 초기 사진의 선구자로서 1859년, 아일랜드 사진학회 취임식 때 은메달을 수상하기도 한 주목할 만한 인물이었다.

로스 경의 미래는 1827년에 한 망원경 제작 실험에서 시작되었다.[249] 어떤 선조들과 달리, 그는 시작부터 자신이 이룬 발전을 과학계에 알리는 데에 열심이었다. 그리고 1828년, 금속거울의 연삭과 광택에 관한 첫 번째 결과를 발표했다. 그는 속까지 단단한 금속거울의 무게를 줄이기 위한 방법으로, 케이크 조각같이 속이 빈 부채꼴 모양으로 망원경을 만드는 기술을 개발했다. 이런 방법으로 구경이 각각 15인치(38센티미터), 24인치(61센티미터), 36인치(91센티미터)인 망원경에 쓸 가벼운 거울을 계속 만들어냈다.

로스는 1839년에 완성한 36인치짜리 거울을 뉴턴식 망원경에 설치했다. 이 망원경은 허셜의 40피트짜리 망원경이 놓인 가대와 비슷한 큰 경위대식 가대에 놓였다(9장을 보시오). 비록 왕립 학회의 간행물인 《필로소피컬 트랜스액션스》는 지나가는 말로 로스를 언급하는 데에 그쳤지만, 로스는 토머스 그럽이 고안한 지렛대의 지지 체계를 채택했다.[250]

> 지름이 3피트인 금속거울을 지지하기 위해 더블린의 현명한 명인인 그럽이 제안한 것을 이용한 것이다. 그리고 조금 더 복잡하기는 했지만, 지렛대가 받치고 있는 지점 위에 얹혀 있는 판 3개를 9개로 늘렸다.

분할된 36인치짜리 거울이 잘 작동하자[251] 로스는 계획을 실천했다. 로스는 성운을 개개의 별들로 분해해 관측하고 싶었다. 만약 어디에서 들어본 듯하다면, 기억력이 좋은 사람이다. 왜냐하면 이는 50년도 더 전에 허셜이 하려던 것이기 때문이다. 사실은 허셜 가문의 영웅적인 노력에도 불구하고 성운의 성분이 무엇인가 하는 수수께끼는 풀리지 않고 있었다. 로스 경의 의도는 성운의 성분을 최종적으로 판독하는 것이었다.

이것을 마음에 둔 로스는 다음해, 분할된 거울과 비교하기 위해 속이 찬 36인치짜리 거울을 주조하기로 결심했다. 로스는 다시 한 번 크게 성공했고, 1840년 후반, 자신을 방문한 두 명의 뛰어난 천문학자와 함께 이 두 거울을 옆에 두고 비교할 수 있었다. 실험 결과, 두 거울의 우수성이 증명되었다.[252] 그러나 속이 찬 거울의 강점이 매우 분명히 증명되었기 때문에 로스는 가벼운 분할된 거울에 곧 흥미를 잃어버렸다.

1840년 11월에 벌어진 실험은 결과 이상으로 흥미로웠다. 실험을 자세히 설명한 것을 읽어보면, 관측자가 날씨와 계속해서 씨름했고, 구름과 나쁜 시상* 때문에 연구가 제대로 시행되지 못했다는 것을 알 수 있다. 불행히도 이는 저지대인 버르 지방과 알렌 습지 근교의 전형적인 기후 조건 때문이었다.

로스 경을 방문한 귀한 손님들을 눈여겨 볼 필요가 있다. 이들 가운데 한 명이 롬니 로빈슨이라는 것은 놀라운 일이 아닐 것이다. 그러나 로빈슨의 동료가 악명 높은 제임스 사우스 경이라는 사실은 다르게 느껴질 것이다. 역사학자 마이클 허스킨은 이 기간 동안 제임스 경이 로스 경과 로빈슨에게 현명한 조언을 해주는 등 아주 좋은 행동을 보였다는 사실에 놀랐다.[253] 이 기간은 사우스에 대한 악평이 자자했던 첫 번째 경매가 있은 지 1년쯤 지난 때였고, 두 번째 경매보다 2년 전쯤이었다. 아일랜드 해협이 제임스와 제임스의 대적인 리처드 쉽생크스를 떼어놓은 후에는 매우 모범적이었던 것이다.

로스 경 자신이 다음에 만든 망원경을 하늘로 향한 1845년에도 로

**시상** 대기 난류에 의해 번져 보이는 별빛의 크기. 초로 표시한다.

빈슨과 사우스는 버르 성에 함께 와 있었다. 이 망원경은 직경 3피트 짜리 배수관이 아니라 탄갱의 갱구와 더 유사해 보이는 긴 탑에 매달려 있었다. 로스의 다음 망원경은 6피트(1.8미터)짜리 괴물이었다. 그때까지 존재한 광학 망원경* 중에서 가장 큰 망원경인 이 망원경은 단단한 돌기둥으로 된 큰 벽 사이에서 별을 향해 입을 벌리고 있었다.

**광학 망원경** 가시광선을 모으는 망원경.

### 나선형 구조

'파슨스타운의 레비아탄'은 3피트(91센티미터)짜리 거울의 성공적인 실험 결과에서 나왔다. 열정에 불타던 로스 경은 즉각 구경이 두 배가 되는 망원경을 만들기로 결심하고 일을 시작했다. 1842년 4월 13일 저녁, 버르 성 바깥마당에서 첫 번째 6피트(1.8미터)짜리 금속거울을 주조했다.[254] 그 광경을 목격한 롬니 로빈슨은 시인이라도 된 듯, 엄청난 감동을 받았다.

> 누군가와 함께 장대한 아름다움을 본다면 절대로 잊지 못할 것이다. 위에서는 별들이 관을 씌우고 가장 밝은 달이 비추는 하늘이 그들이 일하는 모습을 상서롭게 내려다보고 있는 듯하다. 아래에서는 용광로가 거대한 노란 불꽃 기둥을 쏟아내며 공기를 통과하는 동안, 금속이 녹아 불붙은 도가니는 붉은 샘이었다. 빛이 성의 탑과 나뭇잎에 쏟아진다. 이러한 색과 그림자의 우연성은 이와 대비되는 이중성의 행성으로 상상력을 이동시키는 듯하다.

눈앞에 벌어지는 일이 갖고 있는 엄청난 중요성을 그 누구보다 더 잘 알고 있었던 로빈슨에게는 이 극적인 장면이 그 시대의 모든 기술적·과학적 열망을 요약해주고 있었다. 오늘날의 우주선 발사가 아마 이와 같을 것이다.

로스 경은 성의 경계에 만들어진 큰 화덕을 준비하고, 모든 주조 과정을 조심스럽게 다뤘다. 금이 가게 할 수 있는 내부 압력의 위험을 피하기 위해 4톤이나 나가는 거울을 조절해 천천히 식을 수 있게 했다. 거울이 식는 데에는 16주 이상이 걸렸지만, 거울은 결국 금이 가고 말았다. 냉각이 잘못되었기 때문이 아니라 반사면을 연마하는 과정에서 사고가 났기 때문이다.

지칠 줄 모르는 로스 경은 두 번째 거울을 주조했다. 그 다음에는 세 번째, 그 다음에는 네 번째, 다섯 번째 거울을 주조했다. 이 가운데 두 번째 거울과 다섯 번째 거울이 증기로 구동되는 연삭 과정과 광택 과정을 성공적으로 통과했다. 망원경이 완성되자 두 거울이 차례로 거울통에 들어갔다. 망원경의 바닥은 지렛대가 지지하고 있었다.

로스 경은 길이가 56피트(17.1미터)인 레비아탄의 나무 경통을 지지하기 위해 3피트짜리 망원경의 경우와는 전혀 다른 구조를 채용했다.[255] 그리고 바람이 불어도 안전하게 보호하기 위해 길이가 72피트(21.9미터)에 높이가 56피트(17.1미터)인 큰 벽 사이에 매달았다. 벽은 남북으로 정렬되어 있는 데다 충분히 멀리 떨어져(24피트 즉, 7.3미터) 있었기 때문에 망원경은 천체가 자오선을 지나갈 때 동서 방향으로 한 시간쯤 따라갈 수 있었다. 자오선은 남과 북 사이로 머리 위를 바로 지나는 가상적인 선이다.

별들의 고도(지평선으로부터의 높이)가 변하는 것에 대처하기 위해서

■ 로스 경의 기념비적 구경 6피트(1.8미터)짜리 반사 망원경인 파슨스타운의 레비아탄.

쇠사슬이 수직 방향으로 망원경을 끌어올릴 수 있게 했다. 뒤로는 하늘의 북극까지 기울어질 수 있었다. 설치법은 확실히 적도의식이 아니지만, 무거운 망원경은 조수 두 명만 있으면 별들을 잘 따라갈 수 있었다. 로스 경은 다시 한 번 뉴턴식 배치를 채용했다. 그리고 서쪽 벽 높은 곳에 기대어 움직일 수 있게 만든 관측 회랑에서 접안경으로 보았다. 편리한 접안경 활판은 관측자가 낮은 배율에서 높은 배율로 배율을 쉽게 바꿀 수 있게 해주었다.

1845년 2월, 레비아탄은 준비를 끝냈다.[256] 로스와 로빈슨 그리고 사우스는 성운의 신선한 공격에 맞설 태세를 단단히 갖추었다. 그러나 그것만으로는 부족했다. 겨울 날씨가 지독하게 비협조적이었던 것이다. 하늘은 매우 좋은 거울이라는 사실만 확인할 수 있는 만큼의 별빛만 보여주었다. 로스는 몹시 실망했을 것이다. 망원경을 제작하는 데에 약 1만 2천 파운드를 들인 만큼 과학적인 이득을 얻고 싶은 마음이 간절했을 것이기 때문이다.

3월 초, 비로소 날씨가 좋아지자 로스 경은 체계적인 관측을 시작했다. 대담무쌍한 하늘의 탐험가들은 모든 성운이 실제로 별들로 분해될 수 있을 거라는 확신이 들 정도로, 3월 중순까지 하늘을 충분히 관측했다. 그리고 서로를 축하했다. 1860년대 호이겐스의 연구가 발표되기 전까지는, 그들이 틀렸다는 결정적인 증거가 없었다(13장을 보시오).

새로운 종류의 천체가 나타났다. 세상에 있는 다른 망원경으로는 절대 볼 수 없을 만큼 미묘한 모습이었다. 당장 로스 경의 정력적이고 열정인 성운의 분해능을 압도한 이것은 1920년대에 해명될 때까지 기다려야 하는, 또 다른 의문을 야기했다. 성운 가운데 하나는 사냥개자리에 있는 신기한 나선 구조의 천체였는데, 낭만적이지 않게도 이름이 M51이다. 관측자들은 틀림없는 소용돌이 모양을 하고 있는 이 천체에 반해버리고 말았다. 이것은 '전에 천체 역학에서 심사숙고하지 못한 역학적 작용 양식'이 있다는 것을 의미했다. 나선 은하에서 첫 번째로 알려진 예를 발견한 것이다.

파슨스타운의 레비아탄은 이 '나선 성운'을 60개 이상 발견했다.[257] 실제로 나선 성운이라고 불린 이 성운은 레비아탄이 해낸 가장 위대한 업적으로 남아 있다. 나선 성운 대부분은 망원경이 10년 이상 되었을 때 발견했는데, 이때는 거울 상태가 좋지 않은 때였다. 뜻하지 않은 재앙이 아일랜드의 모든 정상적인 삶을 멈추게 하자 레비아탄의 연구도 다른 모든 것과 같이 멈춰 섰다. 1845년에서 1848년 사이에 발생한 감자 가뭄 동안, 거의 1백만 명 이상이 굶어 죽었고, 또 다른 1백만 명은 고향을 떠나야 했다. 주민들의 고통을 덜어주려고 노력한 매리가 주민들로부터 특별한 사랑을 받은 것처럼, 로스 경도 책임 있는 영주로서 자신의 영지에 관심을 쏟아 부어야 했다. 그러나 1801년 합동법 Act of Union 이후 아일랜드를 책임져야 하는 런던에 있는 영국 정부는 너무 심할 정도로 아무런 조치도 취하지 않았다. 이로써 뒤틀린 영국과 아일랜드 사이에, 실패한 감자 수확물의 황폐한 잔해 사이에 혁명의 씨가 뿌려졌다.

1908년, 로스 경의 장남인 로렌스Laurence(네 번째 백작)가 세상을 떠나자 이 위대한 망원경도 심각하게 쇠퇴해갔다. 망원경은 곧바로 해체되어 유기된 경통과 돌 벽과 함께 남겨졌다. 1955년, 헨리 킹이 자신의 기념비적인 망원경 이야기를 끝냄과 더불어 레비아탄 이야기도 끝이 났다. 그러나 오늘날 놀랄 만한 일이 이어지고 있다. 1996년과 1998년 사이에 위대한 망원경이 동정을 받아 다시 작동할 수 있도록 복원되어 새로운 알루미늄 거울과 수압으로 작동하는 현대적인 기계장치가 장착되었다. 이 망원경은 일곱 번째 로스 백작인 윌리엄 브렌던 파슨스William Brendan Parsons의 환상과 정열 덕분에 옛날과 현대 기술의 약동적인 융합을 대표하는 망원경으로 거듭났다. 두 세계를 빛내는 최고의 예로서 말이다.

### 위로와 기쁨

19세기 중반, 아일랜드가 슈퍼 망원경 리그에서 선도적 위치를 차지하고 있음에도 불구하고, 흥미로운 망원경을 개발한 곳은 아일랜드 해협 반대쪽이었다. 맨체스터 근처 패트리크로프트에 제임스 나스미스James Nasmyth(1808-1890)라는 스코틀랜드 기술자가 있었다. 나스미스는 남는 시간을 금속거울을 이용한 반사 망원경을 제작하는 데에 투자하고 있었다. 앤드루 바클레이처럼, 나스미스의 명성은 천문학에서가 아니라 중기계 공학 분야에서 나왔다.[258] 1839년, 나스미스는 증기 망치를 발명한 사람으로 널리 알려져 있는데, 불행한 바클레이와 달리, 나스미스의 망원경은 정말로 언급할 만하다.

나스미스는 인정 많고 대단히 재능 있는 공학자였다. 나스미스가 발명한 중요한 발명품 가운데 몇 개는 특허로 묶여 있지 않아 널리 쓰이고 있는데, 거의가 작업자들의 안전을 개선하는 발명품들이다. 유명한 담화가였던 나스미스는[259] 브리지워터 운하의 사공 이야기를 종종

들려주었다. 어느 날, 그 사공은 잠옷을 입은 채 정원에서 망원경을 들고 있는 나스미스를 보았다. 놀란 사공은 귀신이 어깨에 관을 메고 가는 것을 두 눈으로 똑똑히 보았다고 말했다. 나스미스의 이 분별없는 삶에 대한 사랑이 그로 하여금 플로시 러셀Flossie Russell과 혼외정사를 지속하게 해 1859년, 딸을 낳게 되었음에 틀림없다.

나스미스는 예술에 조예가 깊은 사람이자 선구자적 사진작가였다. 나스미스는 그가 만든 망원경 가운데 가장 큰 망원경인 20인치(51센티미터)짜리 망원경을 독특하게 설계함으로써 천문학에 자신의 이름을 남겼다.[260] 1842년에 완성된, 진보한 형식의 반사 망원경이었다. 나스미스는 이 망원경의 얇은 철로 된 경통에

**나스미스 망원경의 모식도**

- 카세그레인 부경 (볼록 거울)
- 방향을 바꾸는 평면 부경
- 접안경
- 주경

■ 나스미스 망원경의 단면도. 카세그레인 형태에 빛을 고정된 접안경에 보내기 위해 추가된 평면 거울이 있다.

대포의 포 걸이처럼 생긴 것을 설치해, 망원경이 돌아가는 회전판 위에 있는 두 삼각형 기둥 사이를 수직으로 움직일 수 있도록 했다. 경위식 설치는 허셜의 거대한 20피트짜리 망원경이나 40피트짜리 망원경과 비슷했다. 그러나 이 고풍스러운 나무 구조물과는 대조적으로, 나스미스의 20인치짜리 망원경은 관측자가 앉는 의자가 회전판에 고정되어 있고, 망원경과 함께 회전하는 것이 현대 해군의 총과 비슷하다. 편리하게 설치된 바퀴 손잡이로 망원경을 마음대로 조정할 수 있었다.

훨씬 더 편리한 것은, 망원경이 하늘의 어느 방향을 향하든 관측자

가 언제나 같은 방향을 바라본다는 사실이었다. '거대한 망원경을 한 번에 쉽고 간편하게' 만드는 이 배열은(나스미스가 이렇게 설명했다) 거울이 세 개인 혼성 광학 체계로 이루어졌다.[261] 본질적으로 카세그레인이 제안한 오목한 주경과 볼록한 부경의 조합이다. 빛을 주경의 구멍으로 가게 하는 대신 경통 옆면으로 나오게 빛의 방향을 바꾸는 45도 기울어진 평평한 거울을 추가했다. 이 45도 거울을 가대의 포 걸이와 나란히 설치했는데, 이곳에 접안경이 있었다. 즉, 접안경이 관측자의 의자 바로 앞에 있었다. 매우 깔끔한 배열이 아닐 수 없다. 비록 광택이 없는 금속거울의 값을 추가로 치러야 했지만 말이다.

나스미스는 이 망원경을 달을 연구하는 데에 주로 이용했다. 그리고 달 분화구의 생성에 관한 책을 쓰기 위해 제임스 카펜터James Carpenter와 공동으로 연구해 1871년에 출판했다. 그러나 오늘날 나스미스를 기억하는 것은 그가 쓴 책 때문이 아니라 우아한 설치법 때문이다. 오늘날 가장 큰 망원경 대부분이 무거운 보조 장치를 설치할 수 있는 '나스미스 초점'을 갖는 기본 구조를 사용한다. 하지만 슬프게도 전자 시대의 망원경은 관측자를 위한 안락한 의자를 더 이상 필요로 하지 않는다. 나스미스의 이 망원경은 런던의 과학박물관에 보존되어 있다.

제임스 나스미스의 친구 가운데 영국의 위대한 아마추어 천문학자가 있었는데, 이 사람이 반사 망원경의 개발에 중대한 기여를 하게 된다. 2세기 전의 용감한 요하네스 헤벨리우스처럼, 윌리엄 라셀William Lassel(1799-1880)도 양조자로 일하면서 돈을 모았다. 1840년대의 성공적이고 경험 많은 관측자였던 그는 외행성의 위성을 전문적으로 연구해 실제로 몇 개를 발견하기도 했다.

라셀은 나스미스 배치가 갖고 있는 복잡함을 싫어하고,[262] 간단한 뉴턴식 구조를 좋아했다. 라셀과 나스미스는 망원경 거울에 사용되는, 증기로 움직이는 광택 기계를 만들기 위해 함께 일했다. 라셀은 리버풀에 거주하고 있었지만, 새로 난 기찻길 덕에 나스미스와 쉽게 왕래할 수 있었다. 1830년 이후, 기찻길이 맨체스터와 머시 항구를 연결하자 리버풀에서 아일랜드까지 가기가 쉬워진 것이다.[263] 1844년, 라셀은 로스 경의 6피트짜리 반사 망원경이 어떻게 진척되어 가고 있는지 알아보기 위해 파슨스타운을 방문했다. 마음속에 24인치(61센티미터)짜리 망원경을 넣어 두고 있었던 그는 금속거울 제작과 광택 과정과 관련된 모든 것에 관심을 보였다.

1, 2년 후, 라셀의 24인치짜리 망원경이 처음으로 별빛을 보더니 곧 큰 성공을 거두었다. 라셀은 1846년 9월 30일, 해왕성이 발견되었다는 소식이 런던에 도착한 지 2주도 안 되어 해왕성의 큰 위성인 트리톤을 발견했다.[264] 길조가 분명했다. 라셀은 깨끗하고 안정적인 대기 조건을 찾아 자신의 망원경을 몰타의 발레타로 가져갔다. 약 6년 뒤, 망원경의 성능은 더 향상되었다.

■ 제임스 나스미스. 1842년 완성한 '안락한' 20인치(51센티미터)짜리 반사 망원경의 조정대에 앉아 있다.

라셀은 탁한 리버풀로 돌아가 로스 경이 갔던 길을 따라갔다. 자신이 만든 망원경 가운데 가장 좋은 망원경의 구경을 두 배로 늘리기로 결심한 것이다. 그 결과물로 나온 48인치(1.2미터)짜리 망원경은 반사 망원경의 역사에 기념비적인 망원경이 되었다. 금속거울을 이용한 반사 망원경이 갖고 있는 유일한 큰 약점은 거울이 변색되는 것을 막기 위해 계속 싸워야 한다는 사실이었다. 금속거울은 변색하게 마련이었다. 라셀은 거의 1세기 전에 허셜이 습관적으로 그랬던 것처럼 망원경에 쓸 48인치짜리 거울을 두 개 만들었다. 각각 무게가 1톤이 훨씬 넘었다.

라셀의 망원경은 길이가 37피트(11.3미터)인 경통, 주경의 지지를 위한 장치 그리고 망원경의 적도의식 설치에 혁신을 가져왔다.[265] 나스미스가 거울 주변에서 공기가 자유로이 순환해야 온도가 안정적이 될 것이라고 조언하자 라셀은 조언을 받아들여 경통을 철 판금으로 된 열려 있는 구조물로 만들었다. 완전히 새로운 접근이었다. 그런 다음, 그럽의 거울 지지 체계를 한층 더 개선했다. 그는 무게 추를 이용해서 거울의 평형을 유지했는데, 오늘날 이를 '무정위'* 지지라고 부른다.

**무정위** 거울의 무게와 균형을 맞추기 위해 균형추를 사용하여 거울을 지지하는 방식.

그는 마지막으로 프라운호퍼의 우아한 독일식 적도의식 설치는 크고 뚱뚱한 반사 망원경에 적당하지 않다는 것을 깨닫고, 포크식 설치로 알려진 것을 만들었다. 관측자의 위도에 해당하는 각만큼 기울어진 무거운 극축으로 회전판을 대치한 것만 제외하면, 기본적으로 나스미스의 20인치짜리 망원경의 설치식과 비슷하다. 이렇게 해서 망원경은 거대한 포크의 두 갈퀴 사이에서 적위 방향(천구의 적도로부터 각거리)으로 움직일 수 있게 되어 있었다. 라셀은 다시 한 번 광학에서 뉴턴식 배열을 선택했다.

    라셀은 이 훌륭한 망원경을 1860년에 완성한 후, 전과 같이 그 다음 해에 몰타로 옮겼다. 망원경은 성능을 훌륭하게 발휘했다. '거대한 파수막'에서 경통 꼭대기에 있는 접안경으로 하늘을 관측했다. 오리

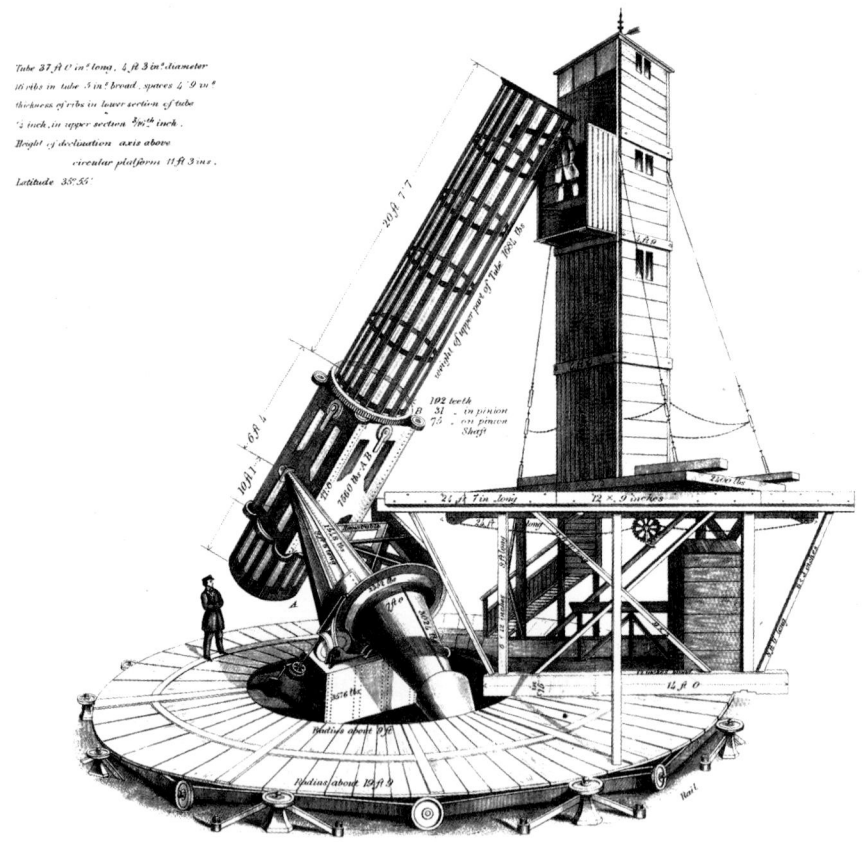

■ 라셀의 우아한 48인치(1.2)미터 구경의 1860년 망원경. 많은 장점이 있지만 뉴턴식이기 때문에 엄청나게 높은 관측 초소가 필요했다.

## 레비아탄

온성운에 대한 설명은 가스와 먼지로 밝게 빛나는 구름의 현대 영상과 잘 일치했다.

> 좋은 조건에서 1,018배의 확대 능력으로 조사해보면, 성운의 가장 밝은 부분은 많은 양의 모직물처럼 보인다. 한 층이 다른 한 층 위에 부분적으로 걸쳐 있는 것 같다. 이것은 그 층의 두께나 깊이가 얼마나 큰가를 생각하게 한다.

라셀은 행성과 위성을 관측하고, 60여 개의 성운의 목록을 만드느라 몰타에 3년 동안 머물러 있었다. 돌아와서는 더 큰 망원경을 다시 세우지 않고, 24인치짜리 망원경으로만 관측했다. 그에게는 다른 계획이 있었다. 하지만 그의 선의로 조직된 야심 찬 계획들은 잘못 조직된 위원회의 평가로 결국 좌절되고 말았다.

# 12 마음 아픈 일
Heartbreaker

### 남반구 대형 망원경

지금까지 등장한 사람들이 관련되어 있는 연구를 보면, 금속거울을 가진 망원경이 거의 신격화되어 있다는 걸 알 수 있다. 이로써 반사 망원경이 20세기 형태에 가까워지기도 했지만, 이 시대의 반전 드라마에 논쟁과 종말을 초래하기도 했다.

빅토리아 시대의 성운의 성질과 구조에 대한 과학계의 집념이 이 야심 찬 사업 계획을 만들어냈다. 존 허셜이 1834년과 1838년 사이에 희망봉에서 했던 연구가 남반구에서 한 유일한 체계적인 성운 연구라는 사실이 천문학자들을 괴롭혔다.[266] 허셜은 아버지의 거대한 20피트짜리 반사 망원경으로 성운을 연구했다. 거울 지름이 18.7인치(47센티미터)인 이 망원경은 남반구에서 사용된 망원경 가운데 가장 컸다.

## 🌸 마음 아픈 일

1840년대에 로스 경이 거대한 6피트짜리 반사 망원경으로 나선 성운에 대해 눈부신 성과를 얻었기 때문에 사람들은 적도 남쪽에 큰 망원경을 새로 세우는 걸 의미 있는 일로 받아들였다.

그런데 대부분의 천문학자들은 그렇게 생각하지 않았다. 1850년 4월, 롬니 로빈슨은 희망봉에 있는 여왕의 천문학자인 토머스 맥클리어Thomas Maclear(1794-1879)에게 희망봉에 큰 망원경을 설치할 수 있느냐고 물었다. 그러자 맥클리어가 화를 내며 말했다.[267]

> 지금까지 강력한 망원경으로 성운을 조사하고 이중성을 측정하는 일을 사설 천문학자들의 열의와 자원에 전적으로 맡겨왔다. 체계적인 관측으로 행성계 이론을 개선하고, 목록을 만드는 등의 더 즉각적이고 공리적인 분야에 봉헌된 공적 천문대들은······.
> 나는 기준이 되는 연구(작은 망원경으로 하는 체계적인 위치 측정)가 우선이고, 남반구의 진보가 느린 것은 우연이라고 생각한다. 모두가 들떠 있는 건 알지만, 큰 반사 망원경을 설치하고 활용하는 데에 지나치게 흥미를 갖다가 정작 완수해야 할 의무를 지체하고 소홀히 할까봐 걱정이다.

맥클리어의 열정은 부족했지만, 로빈슨은 왕립 학회의 회장이던 로스 경과 협력하여 남반구에 큰 망원경을 만들어달라고 수상에게 청원했다. 수상(존 러셀John Russell 경)이 청원서를 보지 못했기 때문에 이 제안서는 아무 소용이 없었다. 또 다른 전문 천문학자이자 왕립 천문학자인 조지 에어리(1801-1892)가 가로챈 것이다.[268] 본심이 아니었는지는 몰라도 말이다.

1, 2년 뒤인 1852년에 또 다른 시도가 있었다.[269] 이번에는 왕립 학회도 지지해주었다. 왕립 학회는 관습대로 전문가 위원회를 구성했다. 이 남반구 망원경 위원회 위원 중에는 대형 망원경 업계의 발의자와 선동자도 끼어 있었다. 롬니 로빈슨, 에드워드 쿠퍼, 로스 경, 제임스 나스미스, 윌리엄 라셀, 존 허셜 그리고 조지 에어리가 포함되어 있었다. 에어리는 전과 달리 열성적이었다.

아일랜드 은행에서 일하던 다재다능한 기술자 토머스 그럽도 고문으로 참여했다. 그럽은 구경 48인치(1.2미터)짜리 망원경을 제안했다. 이 급진적인 망원경 설계는 그 동안 많이 사용되던 뉴턴식 배열을 버리고,[270] 구멍 난 주경 뒤에 접안경을 두는 카세그레인 형식을 택했다. 이런 방식은 관측자가 높은 관측대에서 불안하게 흔들리지 않도록 해 주었다. 망원경을 영국식 적도의식으로 설치하면 접안경을 땅에서 멀지 않은 곳에 둘 수 있었다(10장을 보시오). 그럽은 건축 비용으로 약 5천 파운드를 예상했는데, 이는 48인치짜리 금속거울 두 개와 이 거울을 보수 유지할 광택 기계 그리고 1마력 증기 엔진 값을 포함한 금액이었다.

이 야심 찬 제안서가 활력을 주었다.[271] 1853년 7월 5일, 남반구 망원경 위원회는 '필요한 재정을 얻을 수 있도록 영국 정부에 제안서를 제출한다'고 결의했다. 위원회의 열성적인 회원들은 계획이 성공할 거라고 굳게 믿었다. 며칠 전, 먼 땅에서 발생한 사건 때문에 계획이 성공하지 못할 거라고는 상상조차 못한 것이다. 며칠 전, 러시아가 현재의 루마니아 일부인 몰다비아와 왈라치아를 침공한 일이 그 이듬해인 1854부터 1856년까지 계속된 크림 전쟁의 시작이었기 때문이다. 상황이 이렇게 되자 이 분쟁에 깊이 개입한 영국은 새로운 망원경을 지

## 마음 아픈 일

원할 여력이 없었다.

전쟁 발발과 같은 예상치 못한 일이 또 한 번 일어나지 않았다면 이 이야기는 여기에서 끝났을 것이다.[272] 하지만 1851년, 빅토리아의 식민지인 호주에서 거대한 금광이 발견되면서 호주의 인구가 10년 만에 일곱 배나 증가했고, 이에 비례해 부도 증가했다. 과학 교육과 예술 교육이 번영했다. 벨파스트에 있는 퀸스칼리지의 전임 교수인 윌리엄 파킨슨 윌슨 William Parkinson Wilson(1826-1874)은 1855년, 멜버른 대학교의 수학과 초대 학과장이 되었다.

윌슨이 아일랜드에 있는 동안 원기 왕성한 롬니 로빈슨과 함께 일했다는 것이나 윌슨이 천문학의 열성 팬이었다는 것은 놀라운 일이 아니다. 특기할 만한 것은 1860년까지 예산 당국의 최고위층 한 사람이 과학을 사랑하는 사람이었다는 사실이다.[273] 이 사람은 재정부의 수장인 조지 버든 George Verdon(1834-1896)으로, 정부가 멜버른에 천문대—1863년 6월에 교체된—를 설립하는 데에 호의를 갖고 있던 아마추어 천문학자였다.

새로 세운 멜버른 천문대가 운영되자, 빅토리아에 설치될 가상의 반사 망원경의 가능성을 두고 모국과 예비 교섭을 갖고 있던 윌슨 교수는 왕립 학회에 이 문제를 정식으로 문의했다. 왕립 학회는 이 생각에는 열성적으로 찬성했지만, 다음과 같은 이유를 들어 예산 지원을 거절했다.

… 어마어마하게 증가하는 식민지의 부에 대한 추정치가 너무 많아서 식민지 충당금을 추가하기가 어렵다.

그러던 왕립 학회는 남반구의 부유한 사촌 국가가 관심을 보이자 자극을 받아 남반구 망원경 위원회를 다시 소집했다. 빅토리아 정부는 너그럽게도 세계에서 가장 진보된 망원경을 먼 식민지에 두기 위해 5천 파운드를 할당했다. 모두들 남반구 하늘에 새로운 것을 발견할 무대가 마련되는 것이라고 생각했다.

## 공학적 대작

기금이 만들어지자 일은 일사천리로 진행되었다. 다시 소집된 남반구 망원경 위원회는 그럽의 설계를 크게 변화시키지 말고 수용하자고 함으로써 시작부터 논쟁을 일으켰다. 왜냐하면 1850년대에 망원경 거울을 만드는 새로운 기술이 나타났기 때문이다(14장을 보시오). 이 기술은 광을 낸 유리 표면에 얇은 은을 입히는 기술로, 골칫거리인 금속거울과 비교해 장점이 많았다. 훨씬 가벼워서 망원경 구조물 자체의 무게를 상당히 줄일 수 있었고, 반사도가 엄청나게 향상되었으며, 변색되면 번거롭게 광학적인 광택 작업을 하는 대신 은 코팅만 다시 하면 끝이었다.

망원경이 제작자들로부터 멀리 떨어져 있는 곳에서 작동한다는 것을 고려하면, 은 코팅은 상당히 의미 있는 장점이었다. 그러나 위원회는 이러한 뚜렷한 장점에도 불구하고 보수적인 선택을 했다.[274] 그렇게 큰 거울에는 아직 은을 입혀보지 않았기 때문에 쉽게 결정할 수 없다며 금속거울을 고집한 것이다. 1862년, 파리 천문대에 설치할 31인치(80센티미터)짜리 은 코팅 거울 망원경을 이미 만든 상태인데도 불구

## 마음 아픈 일

하고 말이다. 이 옳지 못한 결정은 망원경이 기대에 부응하지 못하게 된 이유 가운데 하나임에 틀림없다.

윌리엄 라셀이 자신이 만든 48인치(1.2미터)짜리 망원경 설계를 채택해야 한다고 위원회를 설득했을 때는 더 많은 논쟁이 일어났다.[275] 러셀이 나중에는 완성된 망원경을 위원회에 그냥 주겠다고 제안했지만, 위원회는 뉴턴식 접안경의 위치가 높기 때문에 관측자에게 위험하고, 조정하기가 어렵다며 거절했다. 그럽의 설계가 라셀의 설계에 비해 13분의 1의 힘으로 움직일 수 있었기 때문에 맞는 이야기이기는 했다. 망원경 설치에 관한 세부 사항을 보면, 그럽이 제안한 망원경이 대작이었음을 쉽게 알 수 있다.

1866년 2월, 드디어 망원경을 설치하라는 주문을 받은 토머스 그럽은 당시 은행 일에 전념하고 있었기 때문에 아들 하워드Howard에게 멜버른 계약을 맡겼다. 하워드는 당시 21세였다. 30년 후, 세계에서 가장 큰 망원경 제작 회사의 사장이 된 하워드 그럽 경은 다음과 같이 회상했다.[276]

> 이 멜버른 망원경이 우리 광학 회사를 탄생시켰다. 아버지는 망원경을 주문받자마자 더블린 근교 라스민스에 땅을 조금 사서 4피트짜리 금속거울을 주조하는 데에 적합한 기계와 용광로를 만들고, 임시 공장을 세웠다.

7월, 갓 태어난 공장은 금속거울을 주조할 준비를 마쳤다. 용광로에 공기를 집어넣는 데에 증기 기관이 사용된 것만 제외하면, 그럽은

■ 거대한 멜버른 망원경의 48인치(1.2미터) 금속거울 가운데 하나를 주조하고 있다.

로스 경이 14년 전에 개척한 과정을 그대로 따라갔다.[277] 열이 강력해서 인부들은 KKK단 옷처럼 보이는 볼품없는 작업복을 입어야 할 정도였다.

7월 3일, 첫 번째 주조는 순조롭지 못했다. 용광로는 전날 오후 내내 불붙어 있었다. 일찍 퇴근해 자고 있던 젊은 하워드는 깜짝 놀라 눈을 떴다.

> 새벽 12시 반, 심부름꾼이 공장에 불이 났다고 소리치며 집으로 뛰어들었다. 지붕에서는 시뻘겋게 달아오른 굴뚝이 불타고 있었다. 벌떡 일어나 정원용 호스로 타오르는 나무에 물을 뿌리며 뛰어다녔지만, 소용이 없었다. 탄갱으로부터 들보가 사라지는 것을 보고 있을 수밖

🌸 **마음 아픈 일**

에 없었다. 지붕이 불타 없어졌다.

다행히도 그럽과 인부들은 응급 상황을 잘 처리한 후, 용광로를 작동시키느라 하루 종일 고생을 했다. 밤 11시가 되자 무게가 2톤이나 되는 금속 용액을 쏟아 부을 준비가 되었다. 백열의 거울을 식히는 가마로 옮기는 데에는 6초밖에 걸리지 않았다. 그들이 일을 끝내고 얼마나 안도했을지 짐작이 갈 것이다. '소름끼치는 장소에서 스물네 시간 동안 계속 일을 하고 나서 7월 4일 새벽 1시에 집으로 돌아왔다.' 하지만 불행하게도 노력은 수포로 돌아갔다. 첫 번째 주조물에 심각한 결함이 있었던 것이다. 하지만 이 과정에서 배운 점이 있어, 그해 후반에 훌륭한 거울 두 개를 만들 수 있었다.

거울을 주조할 때의 드라마에 비교하면, 광학적 광택 연마 과정이나 망원경 구조물 제작은 상대적으로 쉬운 일상적인 과정에 불과했다. 1868년 2월 17일, 왕립 학회의 검수 소위원회가 완성된 망원경을 조사했다. 라스민스의 마당에 세워진 망원경은 하늘의 눈부신 광경을 보여주었다. 소위원회는 망원경이 '의도한 연구를 하기에 완벽하게 적합하다'는 판정을 내렸다.

망원경은 아일랜드 해협을 건너기 위해 석 달 동안 분해된 상태로 있었다. 1868년 7월, 드디어 그 큰 망원경은 '바다의 황후 호'에 실려 리버풀 항을 떠나 남반구로 출발했다.[278] 11월 6일, 소금과 슬레이트, 맥주 등을 수송하는 화물 수송 회사 선박이 망원경을 싣고 멜버른에 도착했다.

망원경을 새 집에 세울 때 사고가 일어났다. 멜버른과 더블린의 위도 차이가 잘못 계산되어 있었기 때문이다. 게다가 망원경 거울 하나가 완벽하지 못한 상태로 도착했다. 벌써부터 거울면의 성능이 저하된 게 명백했다. 또 다른 문제는 길이가 9미터(30피트)인 그물 모양 경통이 바람에 너무 민감하다는 것이었다. 멜버른의 기후를 전혀 고려하지 않고 망원경을 보호해주는 돔도 없이 작동하도록 설계했기 때문이다.

그런 상태에서 1869년 8월, 점검에 들어갔고, 정부가 보낸 천문학자 로버트 엘러리Robert Ellery(1827-1908)는 초기의 어려움은 지나갔다고 확신했다. 하지만 잘못된 생각이었다.

### 쇠퇴와 재난

거대한 멜버른 망원경은 별을 잘 정의된 점광원이 아니라 클로버 모양에 가까운 상으로 보여주었다.[279] 이러한 결점은 거울통에 거울을 고정시키는 맞물림 장치를 느슨하게 함으로써 곧 고쳐졌다. 1870년 3월, 《오스트레일리언 저널Australian Journal》은 새로운 망원경에 대해 매우 비판적인 논문을 발표했다.

> 멜버른 천문대 식물원에 세워진 망원경이 멋진 천문학적 발견을 할 거라고 믿었지만, 여러 면에서 실패하고 말았다. 망원경을 관리하는 르 쉬외르Le Sueur 씨는 카세그레인식을 선택한 것이 가장 큰 실수라고 말했다. 망원경 제작과 장착에 1만 4천 파운드를 지출한 것 치고는 우스꽝스러운 결론이다. 전적으로 거대한 철학적 실수 탓이다.

'터무니없는 공공 기금의 낭비' 운운한 점은 정확히 120년 후, 허

## 마음 아픈 일

블 우주 망원경 주경에서 결함이 발견되었을 때 한 말과 신비할 정도로 유사했다. 1993년 12월, 허블 우주 망원경은 보정 거울을 추가함으로써 신뢰를 회복했지만, 멜버른 망원경은 그렇지 않았다. 엘러리의 보조 천문학자인 알베르 르 쉬외르Albert Le Sueur는 설계의 주요한 결점을 발견하고 몹시 실망했다. 그리고 1870년 7월, 주경을 다시 광택을 연마하면서 모든 전문 기술을 습득한 상태로 영국으로 돌아갔다.

호주에서 날아온 보고서를 보고 깜짝 놀란 그럽과 로빈슨은 이 문제로부터 거리를 두면서도 호주에서 방법을 잘못했기 때문이라고 비난했다. 실제로 거울은 망원경의 수명 내내 변색되지 않으면 상을 제대로 만들지 못하거나 하는 식으로 문제를 일으켰다. 1875년의 편지를 보면, 켄타우루스자리 오메가성단을 묘사한 걸 볼 수 있다. '별들이 서로 달려가는 듯하고, 사고야자수 푸딩처럼 보이기도 한다.' 이런 외형에 매우 불만족한 관측자는 경통에서 거울의 배열을 조정해 이 문제를 쉽게 고쳤다. 그러자 망원경은 많은 면에서 완벽하게 작동했다. 예를 들어, 그 시대에 있던 사진 중에서 가장 좋은 달 사진을 얻게 해주었다. 그런데도 이 망원경에 대해서 아직까지도 비관적으로만 평가하고 있다.

그러면서 거대한 멜버른 망원경이 보잘것없는 발견만 했다고 비난한다. 그리고 허셜이나 로스와 같은 열정적인 사람들이 아니라 위원회가 설계하고 운영한 것도 문제라고 지적한다. 자주 광택 작업을 해야 하는 구식 금속거울을 사용한 것도 잘못이라고 한다. 그러나 한 가지 확실한 것은 이 망원경이 구식 금속거울을 사용한 마지막 대형 망원경이라는 점이다.

최근 재평가에서 많은 사람의 사랑을 받는 출중한 호주 천문학자

벤 개스코인은 다른 결론에 도달했다.

> 진짜 문제는 남반구의 성운을 손과 눈으로 그릴 목적으로 망원경을 세웠다는 사실이다. 망원경이 세워질 시기에는 이미 사진이 그 성운 연구에서 혁명적인 도구로 유망했다. 1870년대에 민감한 사진 건판이 도래하면서 사진은 피할 수 없는 선택이 되었다. 이는 연필로 그리는 스케치의 종말을 예고했다. 사진 관측이나 분광학 외에는 망원경이 할 수 있는 일이 없었다. 이제 망원경은 쓰이지 않게 되었다. 거울이 유리에 은을 덧씌운 것이었다 해도 차이는 없었을 것이다.

르 쉬외르가 옳았을까? 카세그레인식 배치에 자체적인 결함이 없다 해도, 멜버른 망원경은 거울의 초점거리를 50.6미터(166피트)로 확대하는 등 극단적인 형태를 취한 건 사실이었다. 그러면 희미한 빛을 너무나 많이 희석하기 때문에 성운 사진을 관측할 수 없다. 따라서 이 망원경의 운명은 토머스 그럽이 처음 설계할 때부터 정해져 있었던 것이다.

엘러리가 거울을 광내기 위해 매우 노력했지만, 거대한 멜버른 망원경은 정부 천문대와 함께 천천히 쇠퇴해갔다. 1944년 3월, 결국 천문대는 폐쇄되었다. 실패 이유가 무엇이든 간에 미국의 천문학자이자 망원경 제작자인 조지 리치George Ritchey가 1904년에 내린 냉혹한 평가는 터무니없지만은 않았다.[280]

> 멜버른 반사 망원경의 실패는 천문 기기 역사에서 가장 큰 재앙 가운데 하나이다. 왜냐하면 거대한 반사 망원경에 대한 신뢰를 무너뜨리

## 마음 아픈 일

고, 사진 관측과 분광학 연구에 매우 효과적인 이런 망원경의 발전을 30년 가까이 가로막았기 때문이다.

이것은 사실이었다. 대형 굴절 망원경은 멜버른 반사 망원경의 비통한 운명이라고 하는 마지막 반전을 향해 가고 있었다. 19세기가 끝나갈 무렵, 망원경 제작자들은 잘 작동하는 대형 렌즈를 만들 수 있다고 확신했다.

자신이 있던 천문대가 폐쇄되자, 거대한 멜버른 망원경은 캔버라 외곽 스트로믈로 산에 있는 영연방 태양 천문대에 5백 파운드에 팔렸다.[281] 고철값으로 팔려간 망원경은 계속해서 변형되었다. 이 변형은 1959년, 50인치(1.3미터)짜리 내열유리 거울을 장착함으로써 정점을 이루었다. 망원경은 벤 개스코인과 다른 사람들의 손에 의해 광전측광(별의 밝기를 전기적으로 측정하는 관측법) 분야에서 유용하게 쓰였다. 비슷한 시기에 영연방 태양 천문대도 호주 국립 대학교 스트로믈로 산 천문대로 바뀌었다.

1970년대 중반에 망원경의 베어링이 완전히 닳았음에도 불구하고 백 년도 더 된 이 위대한 생존자는 이제 특정한 과학적 임무를 수행하기 위해 1990년대에 또 다시 환생했다. 최첨단 전자 사진기를 장착한 멜버른 망원경은 우주에 널리 퍼져 있다고 알려진 신기한 '암흑 물질' 후보 가운데 못 찾은 별을 찾아내는 임무를 맡았다. 결과는 눈부실 정도로 성공적이었다. 망원경의 일부만이 원래 부품이지만—거울통과 극축, 적위축—드디어 제작자의 기대에 부응하기 시작한 것이다.

1996년, 거대한 멜버른 망원경은 개스코인이 예상했던 대로 '19세기를 보냈던 것보다 훨씬 더 잘' 20세기를 보내고 있었다. 2000년에는 태양계 끝자락에 있는 작은 명왕성 같은 천체를 발견하는 새로운 임무를 맡았고, 야심 차게 남반구 하늘 전체를 조사하는 데에 사용될 새로운 사진기를 장착하는 일이 2002년까지 진행되었다. 망원경의 능력을 다시 태어나게 하는 데에는 한계 같은 건 없는 듯했다.

그러나 그때 재앙이 닥쳤다.[282] 1952년 2월 이래 산불에 취약하다고 알려져 있던 스트로믈로 산에 불이 나 근처의 소나무 재배지를 휩쓸고, 천문대 작업장에 피해를 입혔다. 그리고 2003년 1월 18일에 일어난 사건에도 무방비 상태였다. 그 재앙의 날, 캔버라 남서부 교외에

■ 2003년 1월 18일 대 화재 뒤에 남은 거대한 멜버른 망원경의 잔해. 그럽의 극축을 아직도 볼 수 있다.

## 마음 아픈 일

 거대한 산불이 나 네 명이 죽고, 집 5백 채가 불에 탔다. 불길은 스트로믈로 산 근처 불이 잘 붙는 소나무 숲에서 다시 격렬히 타올라 이번에는 천문대의 유서 깊은 건물까지 삼켜버렸다. 거대한 멜버른 망원경의 돔과 역사적으로 매우 중요한 망원경 다섯 개를 포함해서.

 7개월 후, 스트로믈로 산을 방문해보니 남아 있는 잔해가 그렇게 애처로울 수 없었다. 심리 중인 보험금 청구는 여전히 불확실해 보였고, 모든 것이 안전 방벽과 건물 붕괴 위험 경고판에 둘러싸여 있었다. 하지만 거대한 멜버른 망원경 구조물보다 더 가슴을 찢는 것은 없었다. 알루미늄 돔은 강한 열에 내려앉았고, 뒤틀린 망원경 잔해는 기본 구조물까지 드러내놓고 있었다. 원제작자의 명패가 붙어 있는 그럽의 극축은 백 년에 한 번 있는 호주의 가뭄이 끝났음을 알리며 쓸모없는 것으로 변해 있었다.

 망원경이 다시 작동할 가능성은 거의 없고, 박물관에 갈 수 있다면 그나마 다행인 듯 보인다. 이 뛰어난 망원경이 그 종말처럼 초대받지 않은 화염과 함께 시작되었다는 것이 정말 이상하게 느껴질 뿐이다. 이 망원경을 생각하면 늘 마음이 아프다.

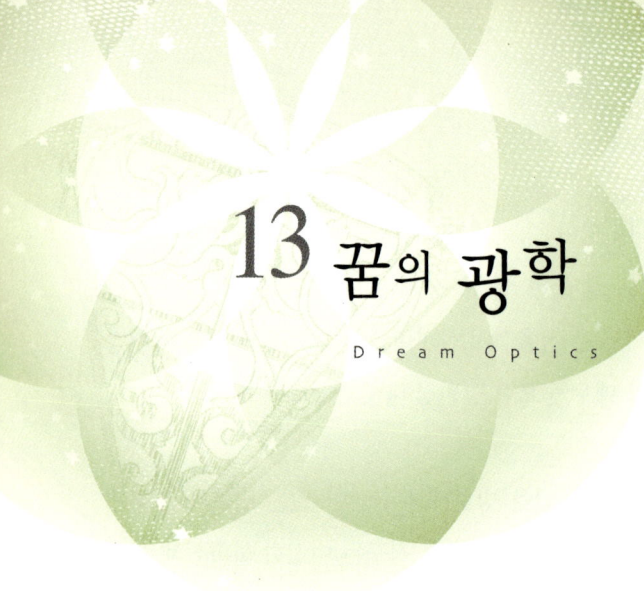

# 13 꿈의 광학
Dream Optics

### 큰 굴절 망원경을 회상하다

왕립 학회가 완성된 멜버른 망원경을 조사하고 나서 7주가 지난 1868년 성 금요일, 북부 독일의 브레멘에서는 문화적으로 대단히 중요한 일이 벌어지고 있었다. 요하네스 브람스Johannes Brahms라는 진취적인 젊은 작곡가가 세계 음악계에 자신의 이름을 올릴 기념비적 합창곡을 지휘하고 있었던 것이다.[283] 〈독일 장송곡Ein deutsches Requiem〉은 무신론자인 브람스가 전통적이지 않게 만든 라틴 미사곡이었다. 전통적인 라틴 미사곡은 유족을 위로하기 위한 것이라기보다 죽은 사람을 위한 것이다. 브람스가 그 즈음 모친을 잃었다는 사실을 생각하면 충분히 이해할 만한 일이었다. 이 곡의 제목은 특별한 민족주의적인 열정보다는 브람스가 성서에 대해 갖고 있는 언어적인 애정을 나타낸다.

칙칙함과 기쁨이 번갈아 반복되는 심오하고 위대한 브람스의 곡들은 요제프 하이든Joseph Haydn(1732-1809), 볼프강 아마데우스 모차르트(1756-1791), 루트비히 판 베토벤Ludwig van Beethoven(1770-1856), 로베르트 슈만Robert Schumann(1810-1856)과 같은 위대한 선배들이 놓은 초석 위에 세워졌다. 브람스의 작품에서는 선배들의 음악적 특징과, 브람스의 유일한 개성적 표현 방식을 만드는 새로운 느낌이 혼합되어 있다. 뉴턴처럼, 요하네스 브람스는 거인의 어깨 위에 서 있었던 것이다.[284]

관현악단의 악보는 수학 이론과 매우 흡사하다. 배우지 않은 사람들에게는 둘 다 의미 없는 상형 문자에 불과하기 때문이다.[285] 둘 다 추상적 개념을 전개해나가 결론에 이르고, 마지막에는 신선한 통찰력을 준다. 그리고 둘 다 선배들의 영감을 받아 규모가 큰 구조에서부터 가장 작은 세세함에 이르기까지 우아함과 창의성을 보여준다.

브람스의 음악이 그랬고, 브람스의 동포인 어느 학자의 수학 이론이 그랬다. 이 학자가 독일 과학에 끼친 영향은 브람스가 독일 문화에 끼친 영향처럼 심오했다. 그 사람이 바로 에른스트 아베Ernst Abbe이다.[286] 아베는 튀링기아의 예나 대학교에서 연구하고 있던 광학 전문가이자 수리물리학자로, 브람스와 거의 동시대인이었다. 작곡가는 1833년부터 1897년까지 살았고, 물리학자는 1840년부터 1905년까지 살았다. 그들이 만났을 것 같지는 않지만, 서로 친구였다고 생각해서 나쁠 것도 없다.

브람스가 문화에 그랬듯이, 아베는 광학 이론에 크게 기여했다. 카를 프리드리히 가우스Carl Friedrich Gauss(1777-1855), 요제프 폰 프라운호퍼(1787-1826), 요제프 페츠발Joseph Petzval(1807-1891) 그리고 루트비히 폰

자이델Ludwig von Seidel(1821-1896) 같은 위대한 선배들의 선구자적 연구를 이용했다. 망원경과 다른 광학 기구들에 사용되는 렌즈의 설계는 이들의 손을 거쳐 수학적 개념의 진정한 교향곡으로 발전되어갔다.[287] 작곡된 음악이 연주가에 의해 실제로 나타나듯이, 렌즈는 실제 유리 조각에 의해 만들어진다.

1870년대, 에른스트 아베는 광학 렌즈의 이용도에서 이론이 현실을 한참 앞지르고 있다는 것을 깨달았다.[288]

> (나중에 그가 썼다.) 우리는 오랫동안 소박한 광학과 꿈의 광학을 합쳐 왔다. 꿈의 광학에서는 상상에만 존재하는 렌즈로 만든 조합을 진보적인 논의에 사용하였다. 그런데 이 진보는 렌즈 제작자가 광학이 실제로 요구하는 사항에 맞출 수 있을 때에만 이룩된다.

실로 '꿈의 광학'이 이룩되는 것을 가로막은 것은 큰 유리 덩어리가 아니라 특별한 굴절 성질을 가진 유리였다. 이런 매력적인 성질은 특별한 능력을 갖는 우아하게 설계된 렌즈를 제작하게 해주었다. 시야, 색 보정, 초점 비(초점거리와 지름의 비로서 상의 밝기를 결정한다), 이 모든 것이 특별한 목적에 맞게 최적화될 수 있었다.

아베는 앉아서 꿈만 꾸는 사람이 아니었다. 1881년 1월, 아베는 화학과의 젊은 박사 졸업생인 오토 쇼트Otto Schott를 만났다.[289] 오토는 이색적인 성질을 갖는 유리 종류 제작에 대해 새로운 생각을 갖고 있었고, 아베는 15년 동안 재능 있는 기구 제작자 카를 차이스Carl Zeiss와 일하던 중이었다. 1884년, 이 세 명은 차이스의 아들 로더리히Roderich와 함께 예나에 쇼트 유리 공장을 세웠다. 이로써 현대 유리 기술이 시작되었고, 광학 기기 제작을 혁명적으로 바꾸었다.

이제 시각적 이용과 사진에 쓰일 모든 종류의 렌즈가 만들어졌다. 빛을 통과시키거나 반사시킬 수 있는 유리 조각인 광학 프리즘도 완성도가 훨씬 높아졌다. 처음으로 이득을 볼 수 있었던 것은 작은 종류의 기구였다. 새로운 형태의 현미경과 망원경을 포함해, 1894년에 처음 소개된 아베의 놀랍게 성공적인 프리즘 쌍안경은 아주 잘 팔리는 물건이 되었다.[290] 차이스와 독일 회사는 20세기의 첫 10년 정도 동안 지름이 80센티미터(31.5인치)인 천문학적 굴절 망원경을 쏟아냈다. 모두 화려한 광학 기술 덕분이었다.[291]

그러나 역설적으로, 그때 이미 큰 굴절 망원경의 시대는 끝나가고 있었다. 오늘날 존재하는 가장 큰 굴절 망원경은 미국 제작자가 프랑스 렌즈를 사용하여 미국에 건설한 망원경이다. 거대한 멜버른 망원경

이 실패함으로써 잃었던 신뢰가 빠르게 회복되고 있었다. 분광기*와 광각* 천체 사진기 같은 기기에 렌즈가 많이 필요했기 때문이다. 큰 망원경을 만들 경우, 천문학자들은 유리에 은을 입힌 반사 망원경을 선택했다.

**분광기** 천체의 스펙트럼을 얻는 데에 사용되는 기구.

**광각(광시야)** 넓은 시야를 갖는 것.

### 별빛을 채질하다

1824년 프라운호퍼가 만든 95인치(24센티미터)짜리 거대한 도르파트 굴절 망원경과 함께 19세기의 큰 굴절 망원경은 점차 완벽의 경지에 이르러(10장을 보시오) 다른 큰 망원경들이 연이어 만들어졌다.[292] 1840년 초, 프라운호퍼의 후계자인 게오르크 메르츠Georg Merz(1793-1867)와 메르츠의 동료 프란츠 요제프 말러Franz Joseph Mahler(1795-1845)는 러시아 상트페테르부르크 근처 풀코보와 미국 하버드에 15인치(38센티미터)짜리 굴절 망원경 두 대를 세웠다. 이는 행성과 이중성을 측정하기 위해 만든 것일 뿐, 한창 연구 중이던 성운의 성질 연구와는 관계가 없었다. 로스 경의 레비아탄과 거대한 멜버른 망원경이 예증했듯이, 구경이 큰 반사 망원경에 대한 집착 때문이었다.

실제로 판명 난 바와 같이, 순수한 아마추어 천문학자의 손에 있던 평범한 굴절 망원경은 이 생각이 얼마나 잘못된 것인가를 증명해주었다. 설계의 무력감을 다시 한 번 강조한 이 극적인 증명은 거대한 멜버른 망원경을 주문받기 전의 일이었다.

문제의 굴절 망원경은 요크에 사는 토머스 쿡Tomas Cook(1807-1868)이 만든 8인치(20센티미터)짜리 적도의식 망원경이었다.[293] 쿡은 당시 영국에서 가장 앞선 망원경 제작자였다. 1858년에 아마추어 천문학자 윌리엄 호이겐스가 2백 파운드에 산 중고 대물렌즈를 쓰려고 주문한 것이었다.[294] 그 시대에는 큰돈이었지만, 호이겐스에게는 그리 비싼 물건이 아니었다. 최상의 품질인 이 대물렌즈는 미국 광학 기계상이자 미국에서 처음으로 성공한 망원경 렌즈 제작자인 앨번 클라크Alvan Clark(1804-1887)가 만든 것이었다.

1824년 태어난 호이겐스는 부유한 재산가로, 1850년대 중반, 가업을 정리하고, 런던 남부 툴스 힐의 어두운 하늘 아래 새 집을 짓고 살면서 천문학에 헌신했다. 그는 배달받은 새로운 망원경으로 일반적인 천체 관광을 하며 성능을 알아본 후, 이것을 가지고 무슨 대단한 연구를 할 수 있을까 하고 고민하기 시작했다. 그래서 곧 나온 답이 항성분광학* 기술을 개척하는 것이었다. 윌리엄 호이겐스는 심연의 공간을 건너온 별이 갖고 있는 심오한 비밀을 밝히는 무지개 색의 요소로 분리하는 마술 같은 기술을 완성한 사람이다. 이 기술은 호이겐스 시절의 최첨단 천문학 기술이었는데, 놀랍게도 오늘날도 마찬가지이다.

천문학자들은 17세기 이후부터 별의 특별한 스펙트럼을 관측해오고 있었다.

**항성분광학** 별의 스펙트럼에 관한 학문.

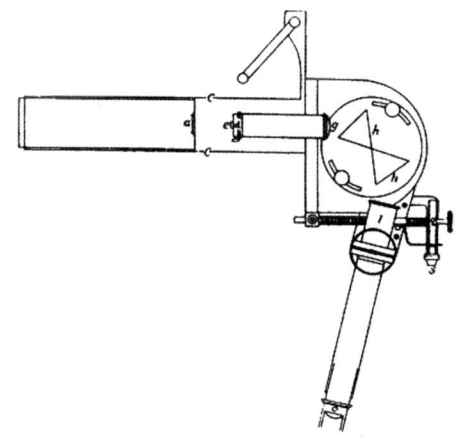

■ 별의 성분을 조사하기 위한 윌리엄 호이겐스의 첫 번째 분광기, 1862년.

29세의 아이작 뉴턴은 다음과 같이 썼다.[295]

색의 현상을 세상에 알리고 싶어 삼각형 유리 프리즘을 샀다. 내 방을 어둡게 한 후, 사용하기에 알맞은 만큼 빛이 들어오게 창문 가리개에 작은 구멍을 뚫었다. 그리고 나서 빛이 반대 방향으로 굴절될 수 있게 거기에 프리즘을 놓았다. 그렇게 만들어진 생생하고 강력한 빛을 보니 몹시 즐거웠다.

백색광이 개개의 스펙트럼 색으로 이루어졌다고 하는 뉴턴의 발견은 19세기가 되어서야 완전히 이해되었다.[296] 토머스 영Thomas Young(1773-1829)이, 색은 다른 파장의 빛에 해당한다는 것을 깨달은 때였다.

1802년, 윌리엄 울러스턴William Wollaston(1766-1828)은 태양 스펙트럼을 가로지르는 정체불명의 검은 선들을 발견했지만, 단순히 색과 색의 경계를 나타내는 것일 거라고 지나쳐버렸다. 그 후 프라운호퍼, 구스타브 키르히호프Gustav Kirchhoff(1824-1887), 로베르트 분센Robert Bunsen(1811-1899)과 여러 사람들이 60년간 계속 연구한 결과, 검은 선은 태양의 대기에서 오는 화학적 메신저라는 것이 밝혀졌다. 이 '흡수선'*들의 위치는 밝은 '발광선'의 위치와 정확히 일치했다. 칼슘, 철 등과 같은 다양한 지구의 원소가 실험실의 전기 불꽃이나 화염에 자극을 받으면, 스펙트럼에서 밝은 발광선이 나타난다(다음의 '막대 부호를 가진 빛'을 보시오). 별의 물리학인 천체물리학을 탄생시킨 엄청난 진전이었다.

프라운호퍼는 프라운호퍼선*으로써 영원성을 얻었다. 오늘날 태양 흡수선을 프라운호퍼선이라고 부르기 때문이다. 프라운호퍼는 태양

**흡수선** 별의 스펙트럼에서 나타나는 검은 선. 별 표면에 있는 기체가 특정 파장의 빛을 흡수하기 때문에 만들어진다. 따라서 이 흡수선을 이용하면 별에 대한 정보를 많이 알 수 있다.

**프라운호퍼선** 태양의 스펙트럼에 나타난 흡수선.

## 막대 부호를 가진 빛

분광기는 빛을 보라색에서부터 빨간색에 이르는 무지개 색으로 분산시키는 기기이다. 색들의 영역은 가시광선을 이루는 가장 짧은 파장에서 가장 긴 파장으로 이루어진 파장의 구간에 해당하는데, 이것들이 함께 섞여 단순한 백색광을 만든다. 따라서 분광학은 우리로 하여금 빛의 성분 색을 따로따로 분석할 수 있게 해준다.

분광기가 열을 받아 달아오른 일반 전구의 가열 실을 바라보면, 연속적인 띠 형태로 스펙트럼이 보이는데, 이를 연속 스펙트럼이라고 한다. 그리고 전류가 흘러 달궈지거나 불꽃에 태워지는 기체는 어떤 특정한 색(특정한 파장에 해당하는)만 포함하는 매우 다른 스펙트럼을 만드는데, 이를 발광선 스펙트럼이라고 한다. 발광선 스펙트럼은 어두운 배경을 가로지르는 밝은 선으로 나타난다. 연속 스펙트럼의 나머지 부분은 전구를 관측할 때 볼 수 있다. 빛을 내는 특정한 파장의 집합, 다시 말해, 관측되는 선의 형태는 기체에 따라 매우 다르다. 빛을 내는 기체가 발생하는 빛은 분광학자로 하여금 자신이 정확히 무슨 물질을 관측하고 있는지 알게 해주는 일종의 막대 부호이다.

스펙트럼 분석이 갖고 있는 또 다른 중요한 성질은, 뜨거운 물체를 낮은 온도의 가스를 통해 관측하면, 검은 선 때문에 연속 스펙트럼이 겹쳐 보인다는 것이다. 그 기체가 빛날 때 관측하면 나타나는 발광선의 위치와 이 검은 선들이 정확히 일치한다. 이런 흡수선 스펙트럼은 태양과 같은 별에서 관측된다. 다시 말해, 별의 대기의 차가운 기체를 통과한 별의 뜨거운 표면이 관측되는 것이다.

외에 다른 별(1814년, 시리우스)의 스펙트럼을 처음으로 관측한 사람임에 틀림없다. 하지만 이 신기한 다채로움을 중요한 진단 도구로 발전시킨 사람은 호이겐스였다.

1862년은 호이겐스가 화려한 새 망원경으로 무엇을 할 것인지 고민하던 시기였다. 그러던 어느 날, 그는 키르히호프가 태양 스펙트럼에 대해 자세히 분석한 결과에 대해 들었다.

> 나에게 이 소식은 사막의 오아시스였다(1897년 그가 썼다). 드디어 내가 찾던 확실한 연구 체계를 얻은 것이다. 즉, 키르히호프가 태양을 연구한 이 새로운 방법을 다른 천체까지 확장하는 것이다.

호이겐스는 친구이자 킹스칼리지 화학과 교수인 윌리엄 밀러William Miller(1817-1870)의 도움으로 망원경에 두 개의 프리즘 분광기를 장착했다. 이 두 사람은 태양과 달, 행성 그리고 별들의 스펙트럼을 함께 관측하면서 하늘로 가는 발걸음을 재촉하기 시작했다.

물론 이 두 선도자의 조악한 기기가 알아낸 것은 무지개의 비밀을 알려준 밝은 별들뿐이었다. 하지만 두 사람은 인내심과 열정으로 관측과 연구를 계속해 1864년, 별의 스펙트럼 약 50개에 관한 결과를 발표하기에 이르렀다. 지상의 원소의 불꽃 스펙트럼에서 찾을 수 있는 발광선과 흡수선의 움직임을 명백하게 알 수 있었다. 호이겐스가 나중에 이렇게 쓴 것처럼.

> 별과 다른 천체의 빛을 연구한 이 독창적인 연구의 중요한 목적, 다시 말해, 지구에 있는 것과 같은 화학적 원소들이 우주 전체에도 존재하는가 하는 질문에 거의 그렇다고 만족스럽게 대답할 수 있다. 우주 전체에 화학적 성질이 공통적으로 존재하는 것 같다.

이 새로운 천체물리학자는 자신의 길로 접어들었다.

호이겐스가 가장 눈부신 발견을 한 것은 1864년, 늦여름이었다. 그

## 꿈의 광학

리고 이 발견은 성운의 성질과 관련된 것이었다. 많은 천문학자들은 1840년대에 로스 경이 했던 관측을 근거로 (11장을 보시오) 모든 솜털 모양의 천체는 너무 멀리 있어서 개개의 별빛으로 분해되지 않을 뿐이지, 별들의 집단이 맞다고 생각했다. 실제로 몇몇은 그랬고, 오늘날 이것들 가운데 가장 큰 것을 은하라고 부른다.

그러나 1785년, 윌리엄 허셜이 외견상 행성과 비슷하게 보이는 것 때문에 '행성상 성운'이라고 이름 지은, 대칭을 보이는 물체는 어떤가? 1790년, 허셜은 그런 성운의 정중앙에서 밝은 별을 발견하고는 모든 성운이 별로 이루어진 것은 아니라고 확신하게 되었지만, 그 이상은 알 수 없었다. 그런데 1864년, 호이겐스가 분광기를 가지고 나타난 것이다.[297]

> 8월 29일 저녁, 행성상 성운을 향해 처음으로 망원경을 돌린 후, 분광기를 들여다보았다(1897년에 그가 썼다). 그런데 내가 기대하던 스펙트럼은 없고 오직 밝은 선만 보였다! 한쪽 면으로부터 반사된 빛을 보는 줄 알았다. 프리즘이 돌아갔나 하고 의심했지만, 이내 알 것 같았다. 성운의 빛은 단색광이었다. …성운의 수수께끼가 풀렸다. 우리에게 빛으로 다가온 답은 다음과 같다. 성운은 별들의 무리가 아니라 빛나는 기체이다.

호이겐스는 오리온자리의 대성운과 달리 널리 퍼져 보이는 성운들을 더 한층 철저하게 관측했으며, 비슷한 연구도 빠르게 진행했다. 그런 후 여러 성운에 대해 같은 결론을 내렸다. 즉, 빛나는 기체 덩어리들에서 밝은 발광선을 발견한 것이다. 이 기체의 성분을 더 세세히 밝히는 데에는 60년이 넘게 걸리게 되지만,[298] 아무튼 이제 수수께끼는 해결되었다. 기체의 성분은 대부분 수소와 산소였고, 성운은 별로 이루어진 것과 기체로 이루어진 것, 두 종류였다.

  엄청난 기술을 증명한 호이겐스는 이미 경험한 주요한 발견들을 바탕으로 혜성에서 신성에 이르는 모든 것을 관측하는 데에 힘을 쏟았다. 이 과정에서 천문학적 분광학에 사진을 이용하는 방법을 개척했다. 호이겐스는 성공한 아마추어 천문학자인 부인 마가레트Margaret로부터 평생 동안 도움을 받았다. 1897년에 호이겐스가 기사 작위를 받아 자신이 호이겐스 부인에서 호이겐스 여사가 되었을 때 얼마나 기뻤을지 상상이 간다. 윌리엄은 1900년부터 1905년까지 회장을 지내는 등 왕립 학회의 거물이 되었다. 1910년, 그가 세상을 떠날 때, 천문학계는 분광학이 별의 물리 분야를 여는 데에 크게 기여했음을 인정했다. 1866년에 호이겐스가 이미 썼던 것처럼.

> 천체의 스펙트럼 분석을 적용한 결과가 너무나 뜻밖이고 중요해서 이 관측 방법이 새롭고 독특한 천문학의 새 분야를 탄생시켰다는 말을 들을 만도 하다.

그는 정말 옳았다.

### 기록 갱신

영감을 얻은 새로운 기술과 굴절 망원경의 높은 빛 효율은 윌리엄 호이겐스로 하여금 성운 연구에서 위대한 발전을 이루게 해주었다. 그리고 이러한 발견이 큰 망원경의 운명에 직접적으로 영향을 주지는 않았다 하더라도, 적어도 해를 끼치지는 않았다.

세기가 진행됨에 따라 망원경은 하나의 큰 굴절 망원경에서 또 다른 망원경으로 계속 발전했다. 1870년 25인치(63.5센티미터)짜리 망원경이 완성되었을 때, 토머스 쿡은 사후에 세계에서 가장 큰 굴절 망원경을 만든 사람으로 기록되었다.[299] 이 망원경은 1862년 이후, 토머스 쿡이 게이츠헤드에 사는 아마추어 천문학자 로버트 스털링 뉴웰Robert Stirling Newall(1812-1889)을 위해 만든 것이기 때문이다. 그러나 잉글랜드의 동북 지역에서는 이 정도 이력으로는 눈에 띄지도 못한 채 1890년에 케임브리지 대학교로 넘겨졌고, 또 다시 그리스로 넘겨져 오늘날 아테네 국립 천문대에서 유용하게 쓰이고 있다.

뉴웰 망원경의 기록은 얼마 가지 못했다.[300] 1872년, 앨번 클라크가 워싱턴 디시의 미국 해군 천문대에 설치할 22인치(66센티미터)짜리 굴절 망원경을 완성했기 때문이다. 클라크이 망원경 제작에서 주역이 될 뻔했지만, 미국에 남북 전쟁이 일어나는 바람에 거기에서 멈추고 말았다. 하지만 클라크는 호이겐스의 8인치짜리 렌즈와 견줄 수 있는 최고급 품질의 대물렌즈를, 그것도 크기가 세계 최고인 대물렌즈를 만들었다. 1877년, 미국의 천문학자 아이샵 홀Asaph Hall(1829-1907)이 화성의 두 위성인 포보스와 데이모스를 발견한 것도 바로 그가 만든 망원경으로였다.

6년이 지나자 기록이 또 깨졌다. 이번에 승리한 제작자는 다른 사람이 아니라 거대한 멜버른 망원경으로 정신을 차린, 더블린의 망원경 제작자 하워드 그럽이었다.[301] 그럽이 새로 만든 망원경은 1875년 6월에 주문받은 비엔나 천문대에 설치할 27인치(68.5센티미터)짜리 반사 망원경이었다. 렌즈는 피에르 루이 구이난드의 손자인 파리의 샤를 페일Charles Feil로부터 받은 유리로 만들었다(10장을 보시오). 불행히도 크라운 유리 원반을 몇 번이나 제작하려고 했던 데다 1883년 중반이 될 때까지도 완성된 망원경을 받지 못했지만, 그럽의 명성은 높아만 갔다. 1887년 8월, 그럽은 정식으로 기사 작위를 받았다. 아버지 토머스 그럽은 1878년에 세상을 떠났기 때문에 슬프게도 성공한 아들을 축하해줄 수가 없었다.

1870년대 후반, 하워드 그럽은 후에 릭 천문대가 된 신탁 위원회의 위원장인 리처드 S. 플로이드Richard S. Floyd(1844-1891)와 긴 서신을 교환했다.302 제임스 릭James Lick은 캘리포니아의 백만장자로, 아주 기이한 사람이었다.303 자신의 이름이 영원하기를 바랐던 이 사람은 어느 날, 가장 좋은 방법은 큰 망원경을 기증하는 거라는 이야기를 듣고는 즉시 실행에 옮겼다.

1876년 10월 1일, 제임스 릭이 80세의 나이로 세상을 떠나자 우울한 사건이 발생해 망원경 제작 사업에 즉각적인 위기를 촉발했다. 1817년, 릭의 연인이었던 바바라 스네이블리Barbara Snavely와의 사이에 태어난 존John이 유언에 이의를 제기한 것이다. 존은 단지 애완용 앵무새를 무시했다는 이유로 선친으로부터 쫓겨났다면서 선친의 광기를 핑계 삼아 재산의 상당량을 요구해도 될 거라고 생각했다. 하지만 존이 낸 소송은 별로 성공하지 못했다.

신탁 위원회가 소송을 진행하는 중이던 1880년 12월, 36인치(91센티미터)짜리 대물렌즈의 계약이 이뤄졌기 때문이다. 하지만 이 계약은 그럽이 아니라 앨번 클라크와 이루어졌다. 페일 회사가 이 렌즈에 필요한 거대한 유리원반을 만드느라 엄청나게 고생하는 바람에 일이 더 더뎌졌기 때문이다. 크라운 유리 성분을 주조하는 데에 20회 이상 시도했으니 그럴 만도 했다.

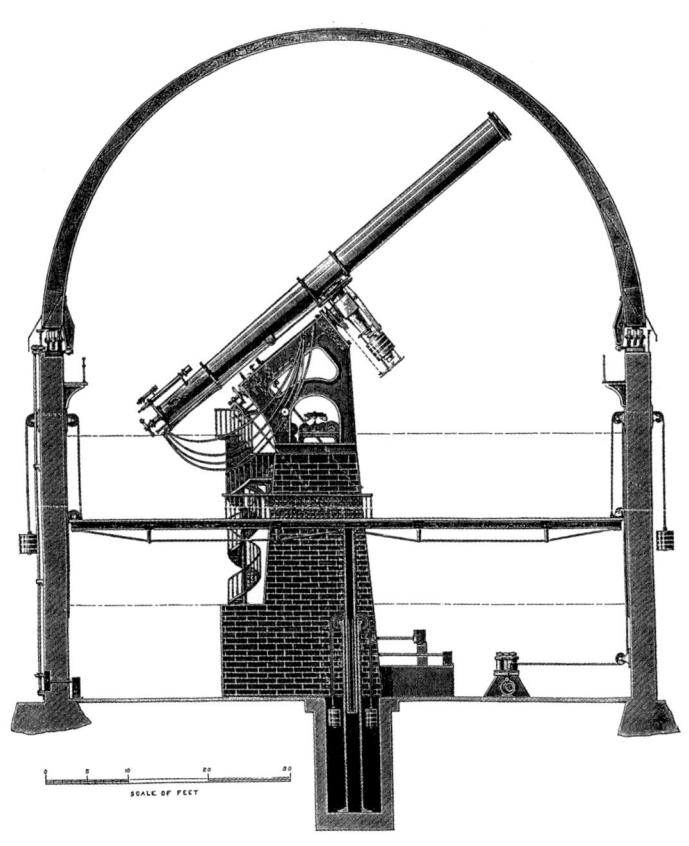

■ 릭 천문대를 위한 그럽의 설계

반면 하워드 그럽은 계속해서 망원경과 돔을 계획해 위아래로 움직이는 마루를 발명했다. 이로써 망원경이 어디를 향하고 있든간에 이 마루 위 어디이든 편리한 위치에서 접안경을 들여다볼 수 있게 되었다. 1886년, 고작 1880년에 오하이오 클리블랜드에 세워진 회사인 '워너와 스웨이지Wanner and Swasey'가 계약을 따냈을 때, 그럽이 얼마나 실망했을지는 상상이 갈 것이다. 게다가 오르내릴 수 있는 마루를 발명하는 데에 들인 노력에 비해 너무 초라할 정도로 적은 보상금을 받았다.

1888년, 마침내 릭 망원경은 미국 캘리포니아 산호세에서 동쪽으로 32킬로미터 떨어진 해밀턴 산의 고도 1,280미터(42,000피트)에 있는 관측소에 세워졌다. 이 릭 망원경은 아직도 세계에서 두 번째로 큰 굴절 망원경으로, 처음부터 캘리포니아 대학교가 관리하고 있다. 관측자들은 이 망원경을 천문대의 이상한 후원자인 말 없는 동반자와 함께 사용하고 있다. 그 동반자는 자신이 죽기 전에 매장지로 선택한 망원경 주 받침대 밑에 잠들어 있는 제임스 릭이다.

릭 천문대의 36인치짜리 망원경보다 더 큰 망원경은 굴절 망원경 두 개뿐인데,[304] 그 가운데 하나가 현재 세계에서 제일 큰 여키스 천문대에 세워진 40인치(102센티미터)짜리 망원경이다.[305] 이 굴절 망원경은 1897년 완성되었는데, 순전히 기업가이자 태양 천문학자인 조지 엘러리 헤일George Ellery Hale(1868-1930) 덕분이었다. 엘러리는 시카고 대학교 천문대에 재정을 후원하기 위해 시가지 전차의 거물인 찰스 타이슨 여키스Charles Tyson Yerkes(1837-1905)를 감언이설로 꼬드겼다. 이 망원경도 36인치짜리 망원경처럼 앨번 클라크와 '워너와 스웨이지'가 협력해 만든 것이었다. 하지만 이번에는 파리에 있는 망투아Mantois(또 다른 구이난드의 후계자)로부터 유리 렌즈 덩어리를 받았는데, 지지통에 설치된 이 렌즈의 무게는 0.5톤이었다. 62피트(18.9미터)짜리 경통은 엄청 강해야 했다.

그럽이 릭을 위해 설계한 위아래로 움직이는 마루를 갖춘 여키스 굴절 망원경의 무게는 거의 37톤이나 나갔다. 망원경 준공식 며칠 전, 망원경은 자유로운 몸이 되기 위해 자신을 지지하는 철근에서 미끄러져 나와 45피트(13.7미터) 아래 땅으로 떨어졌다. 다행히 아무도 다치지 않았고, 수리하느라 며칠이 걸렸을 뿐이다. 분광학 관측, 사진 관측 그리고 최종적으로 전자 관측을 통해 천문학의 거의 모든 분야에 기여한 매우 생산적인 경력에 유일한 오점이 된 것은 이 사건뿐이었다.

완전히 대조적이게도 역사상 가장 큰 굴절 망원경은 단 하나도 발견하지 못했다. 이것은 뛰어난 광학 기술의 작품인 거대한 파리 만국 박람회 망원경으로 알려져 있는, 잘못 운명지어진 망원경이었다.[306] 공공 회사의 예비비로 재정을 지원받아 만들어진 이 망원경은 잘못된 시간에 잘못된 장소에 있었다. '롭티크, 소시에 아너님 데 그랑 텔레코프L'Optique, Société Anonyme des grands télescopes' 회사가 1900년 4월 14일, 파리 만국 박람회 개막식에 맞추어 대중에게 보여주려고 만든 망원경이었다.

망원경은 지름이 1.2미터(4피트)이고, 초점거리가 57미터(187피트)인 렌즈를 사용했는데, 이 렌즈의 초점거리는 여키스 굴절 망원경의 초점거리의 세 배에 달한다. 일반 사람들이 이런 대형 망원경에 접근할 수 있게 하기 위해 영구적으로 지평선과 수평하게 놓여진 경통에 장착되었다. 별빛은 시데로스탯sidererostat이라는 반사경을 통해 경통으로 들어갔다. 이 반사경은 지름이 2미터(6피트 6인치)인 평면 거울이고, 하늘 어느 부분이든 경통으로 반사시키기 위해 복잡한 적도의식 가대

■ 36인치짜리 릭 굴절 망원경. 그럽은 성공하지 못했지만 마지막 1886년 설계는 그의 위 아래로 움직이는 마루 같은 것이 포함되었다.

위에 설치했다. 오늘날 파리 천문대에 보관되어 있는, 무게가 2.2톤인 유리거울은 그 자체만으로도 위대한 승리였다.

더 흥미로운 것은 여키스 망원경과 마찬가지로 망투아가 주조한 원반을 광내어 만든 대물렌즈이다. 원래 계획은 각각이 무색 이중 조합 렌즈인 렌즈 두 쌍을 만드는 것이었다. 하나는 시각적 사용을 위한 렌즈이고, 또 하나는 사진을 위한 렌즈로, 눈이 황록색에 민감한 반면 사진 건판은 파란색에 민감하기 때문에 서로 다른 렌즈였다. 이 두 대물렌즈를 거대한 안경처럼 나란히 장착하고, 미끄럼식 장치로 교환할 수 있게 만들 예정이었다. 그러나 결과적으로, 오직 사진 관측을 위한 렌즈만 완성되었다. 전시회 후, 아주 오랫동안 이 망원경 렌즈가 없어진 줄 알았는데, 최근에 프랑스 천문학자들이 파리 천문대 지하실에서 먼지를 뒤집어쓰고 있는 이 렌즈를 발견했다. 천문학자들이 얼마나 기뻤을지는 상상이 갈 것이다.

이 망원경의 삶을 대략적으로 설명했지만, 전시회 동안 사진 관측용 대물렌즈를 성공적으로 사용했던 것 같다. 물론 파리 중심의 하늘이 관측을 허락한 만큼만이었겠지만. 망원경을 관리하던 롭티크는 대중 전시가 끝나면서 정리되었고, 망원경은 전문적으로 사용할 수 있게 재정을 지원해줄 곳을 찾지 못한 채 폐기되고 말았다. 야심적이고 잠재적으로 위대한 망원경의 종말 치고는 비참했다. 현재 유럽에 남아 있는 망원경 가운데 가장 큰 굴절 망원경은 같은 제작자인 폴 고티에 Paul Gautier(1842-1909)가 파리 박람회 전 몇 년 전에 만든 83센티미터(33인치)짜리 망원경 그랑 루네트로, 메동 근처에 있다.

20세기가 동터오고 에드워드 시대가 번성함에 따라, 큰 굴절 망원경이 유리에 은을 입힌 반사 망원경에 추월당할 게 확실해졌다. 이는 전문화된 렌즈 생산에서 새롭게 발견된 전문 기술과 더불어 갑자기 나타난 독일 광학 산업계가 좌절한 원인이 되었지만, 수요가 부족하지는 않았다.

유럽 전역에 걸친 외교적 긴장이 커지면서 새로운 광학 기구들이 생산되었다.[307] 거리계, 입체 망원경, 야전 잠망경, 참호 쌍안경, 사격 조준기, 전시 망원경과 일반적인 쌍안경. 독일은 이러한 장비를 설계하고 생산하는 일에 최고였다.

정치적으로 극한 정책이 세계대전으로 이어지자 광학 군수품은 전략적으로 매우 중요해졌다. 1915년, 영국 정부가 쌍안경과 망원 사격 조준기를 얻으려고 적과 조용히 교역하려 했던 것을 보면, 독일을 제외한 세계가 아무런 준비도 되어 있지 않았다는 것을 알 수 있다.[308] 그러나 이런 기회주의가 일방적인 것은 아니었다. 복잡한 광학 기구는 진창의 폐허를 거치며 상처받았고, 아베와 차이스의 꿈의 광학은 의도하지 않은 독일의 민족주의의 초상이 되기 위해 브람스의 장엄한 장송곡의 가락과 합쳐졌다.

별의 과학은 추억으로만 남았다.

# 14 은과 유리

Silver and Glass

## 20세기 망원경

푸코는 노발대발했다.

로스 경이 만든 망원경은 장난이다. 영국 사람들에게는 내 망원경은 존재하지도 않는다. 지금까지 그래왔고, 앞으로도 오랫동안 그럴 것이다. 그런데도 사람들은 나를 명예박사로 만들었다.

1857년, 푸코가 아일랜드를 방문하고 난 후에 신랄하게 쓴 글인데, 이해할 만하다. 자신을 더블린 대학교에 초청해준 사람의 국적이 어느 나라인지 잘못 알긴 했지만.

레온 푸코Léon Foucault(1819-1868)는 물리학자로, 1857년에 세련된,

구경이 33센티미터(13인치)인 반사 망원경을 완성해 튼튼한 포크 형태의 적도의식 가대에 세웠다. 로스 경이 만든 6피트짜리 레비아탄에 비해 세련된 게 틀림없었다. 하지만 오히려 푸코의 망원경이 장난 아닐까? 적어도 푸코의 작은 망원경이 새로운 면을 자랑하긴 했지만 말이다. 푸코의 망원경에 쓰인 거울은 뉴턴 시대 이후에 사용되던 무거운 금속거울 덩어리와는 차원이 달랐다. 망원경의 미래는 이 망원경의 밝은 반사도에 달려 있었다.

은을 입힌 유리거울을 처음 사용한 사람은 푸코가 아니었다. 그 전해, 뮌헨에 사는 망원경 제작자 카를 아우구스트 폰 슈타인하일Carl August von Steinheil(1801-1870)은 10센티미터(4인치)짜리 망원경을 만들었다.[309] 이 망원경으로써 유리에 화학적으로 침적된 얇은 은의 효율성이 충분히 증명되었다. 그러나 공상가는 푸코였다. 그는 1862년까지 마침내 금속거울의 실용적인 대안으로서 이 새로운 기술을 확립하는 80센티미터(31인치)짜리 망원경을 완성했다.

유리거울에 은을 코팅하는 이 새로운 기술은 금속거울을 간단히 이겼다.[310] 유리거울은 무게가 금속거울의 3분의 1밖에 되지 않았고, 은으로 표면을 덮으면 훨씬 더 반사도가 높아서 뉴턴식이나 카세그레인식 망원경이 같은 크기의 금속거울보다 빛을 두 배나 많이 모을 수 있었다. 게다가 은이 변색되더라도 화학적으로 다시 코팅하기가 매우 쉬워서 위험한 광학 광택 연마 작업을 할 필요도 없었다.

이 모든 장점에도 불구하고 늙은 호위병 하워드 그럽은 거대한 멜버른 망원경에 새로운 기술을 도입하지 않았다. 그러다 1872년이 되어서야 처음으로 은 코팅 유리거울을 완성했다.[311] 좀 이상한 구석이 있는 데다 피라미드에 사로잡힌 스코틀랜드의 왕립 천문학자 찰스 피아치 스미스Charles Piazzi Smyth(1819-1900)가 주문한 24인치(61센티미터)짜리 거울이었다.

푸코는 망원경 제작에서 또 다른 중요한 큰 발전을 이루었다. 1859년, 광학 작업자가 거울 표면을 검사할 때 오류를 아주 정밀하게 표시할 수 있는 간단한 시험 방법을 고안했는데, 이 '칼날' 검사는 극히 정밀한 거울을 생산할 수 있게 해주었다.[312] 칼날 검사라고 부르는 이유는 문자 그대로 칼날을 사용해 빛 다발을 자르기 때문이다. 오류를 정확하게 정리한 후, 광택 연마로 거울 표면을 교정함으로써 가장 좋은 대물렌즈와 경쟁할 수 있게 되었다.

거울이 굴절 망원경의 렌즈와 경쟁할 수 있는 방법이 한 가지 더 있었다. 유리는 탄성이 있는 물질로서 자체의 무게에 의해 늘어나는 성질을 갖고 있다. 이러한 성질은 일반적인 창문에서는 문제가 되지 않지만, 표면 정확도가 1밀리미터보다도 작아야 하는 렌즈에서는 문제가 된다. 지지되지 않은 유리의 지름이 1미터 정도에 이를 때 특히 그렇다. 그에 반해 토머스 그럽이나 윌리엄 라셀이 개발한 것과 같이, 거울은 부양 장치를 사용해서 모서리뿐 아니라 뒤에서도 지지할 수 있다(11장을 보시오). 결과적으로 거울 크기에는 실제적인 한계가 없는 반면, 모서리만 지지해야 하는 렌즈의 최대 지름은 여키스 천문대와 파리 천문대에 있는 대물렌즈 크기 정도이다. 이 단순한 사실로 인해 반사 망원경은 다른 어떤 것들보다 20세기 동안 눈부시게 성장해 정점에 이르렀다.

다른 문제들이 점점 더 중요해지기 시작했다. 1880년 중반까지 사진이 중요한 관측 도구가 된 것은 와랭 드 라 루Warren De la Rue(1815-1889)

와 영국의 앤드루 커먼Andrew Common(1841-1903) 그리고 미국인 헨리 드래퍼Henry Draper(1837-1882)와 루이스 러더퍼드Lewis Rutherfurd(1816-1892)의 선구자적 연구 덕분이었다.[313] 아직은 꿈도 꾸지 못하지만 백 년 뒤에 그들과 대체할 전자 감지기와 마찬가지로 사진 건판은 눈으로 하는 관측에 대해 두가지 주요한 장점이 있다.

첫 번째는 단순히 사진 건판이 하늘에 무엇이 있는지에 대해 정확하고 영구적인 기록을 제공한다는 점이다. 이 점에 깊은 인상을 받은, 희망봉에 있는 데이비드 길David Gill(1843-1914)과 프랑스에 있는 앙리 Henry 형제(폴Paul(1848-1905)과 프로스페르Prosper(1849-1903))는 1887년, 사진 관측으로 전체 하늘 지도를 만들기 위한 대규모 국제 협력을 추진하는 데에 일조했다. 이 야심 찬 연구 계획 카르트 두 시엘Carte du Ciel에는 열여덟 개 이상의 천문대가 참여해[314] 1962년에 이와 관련된 별 목록*을 발표했지만, 이 연구는 완전하게 끝을 보지 못했다.

눈으로 관측하는 사진 관측이 갖고 있는 훨씬 더 중요한 장점은 인간의 눈은 한 번 보인 것만 인지하지만, 사진 건판이나 사진 필름은 오랜 기간 동안 상을 천천히 만든다는 사실이다. 따라서 접안경으로 오랫동안 관찰하면, 맨눈으로는 절대 볼 수 없는 아주 세세한 것까지 기록할 수 있다. 빛이 사진 건판의 같은 지점에 정확히 계속 떨어지는 한, 상에 정보가 계속해서 더해진다.

이로써 지구가 자전함에 따라 적도의식 망원경이 하늘의 같은 장소를 계속 지향해야 할 필요성이 새로이 제기되었다. 사진은 장시간의 노출로 최고의 정확도를 요구하고, 희미한 천체를 보여주기 때문에 망원경 설계에 엄청난 영향을 줄 수 있었다. 19세기가 혼란스러운 20세기로 변해감에 따라 반사 망원경은 가느다란 경통에서 오늘날 대형 망

**별 목록** 별의 밝기와 위치 등의 정보가 자세히 적혀 있는 표.

원경에서 볼 수 있는 것처럼 짧고 폭이 넓은 경통 형태로 변해갔다.

## 성운 모양

이 과정을 설계한 사람은 미국의 재능 있는 망원경 제작자이자 천문학자인 조지 윌리스 리치George Willis Ritchey(1864-1945)였다. 1901년은 시카고 대학교 여키스 천문대의 망원경 제작 책임자로 있던 리치가[315] 23.5인치(60센티미터)짜리 반사 망원경을 만든 직후였다. 이 현대적 망원경은 곧 세계에서 가장 큰 렌즈 망원경인 이 천문대의 거대한 40인치(102센티미터)짜리 굴절 망원경과 실질적으로 경쟁하게 되었다.[316]

리치는 천문학 사진, 특히 성운의 화상을 기록하는 데에 관심이 있었다. 그 시대의 주요 관심사는 여전히 나선 성운의 진짜 성질에 관한 것이었다. 그러나 리치는 최근에 사진 화상 검출에서 발견된 특징을 벌써 인식하고 있었다.[317] 즉, 성운이나 혜성과 같이 펼쳐져 있는 천체가 기록되는 속도는 망원경의 구경에 달려 있는 것이 아니라 이것의 초점비* f/수數에 달려 있다고 하는 사실이었다. 사진작가들은 잘 알겠지만, 이는 거울 또는 렌즈의 지름으로 초점거리를 나눈 수이다.

믿기 어려운 일이지만, 민감도가 구경에 달려 있지 않은 것은 사실이다. 초점비가 낮을수록(망원경이 땅딸막할수록) 성운의 화상을 감지하는 데에 걸리는 속도가 빠르다. 낮은 초점비 렌즈나 거울이 '빠르다'라고 불리는 이유도 이 때문이다. 렌즈나 거울들을 되도록 크게 만드는 이유는 구경이 기록할 수 있는 세세한 것의 양과, 별과 같은, 점광원의 민감도를 결정하기 때문이다.

**초점비** 천문학에서 종종 f/수數라고도 불린다. 초점비는 초점거리 나누기 망원경의 주경 지름이다. 따라서 구경이 같을 경우 초점비가 크면 대물렌즈의 초점거리가 길어지므로 대물렌즈 자체의 배율이 증가된다. 배율이 증가되면 그만큼 시야는 좁아지고 어두워진다.

리치가 새로 만든 23.5인치짜리 망원경의 거울은 초점비가 f/3.9인데, 이는 오늘날 기준으로 보아도 놀라우리만큼 빠르다. 이에 비해 40인치짜리 굴절 망원경의 거울은 초점비가 f/18.6으로, 19세기에 만든 다른 굴절 망원경들과 비교해도 상당히 느리다. 그러므로 성운 사진 관측에서 새 반사 망원경이 굴절 망원경을 쉽게 이기는 것은 자연스러운 일이다.

리치의 대형 반사 망원경 연구는 20세기 초 수십 년 동안 전성기를 누렸다. 몽상적인 천문학자 조지 엘러리 헤일과 협동해 연구한 덕이었다. 헤일이 아버지로부터 재정을 지원받아 파리의 생 고뱅 유리 공장으로부터 60인치(1.52미터)짜리 유리거울을 구입하자 리치는 이 거울을 수용할 망원경을 설계하기 시작했다.[318] 이로써 1908년 세워진 것 가운데 가장 정교한 망원경이 출현했다. 여러 가지 목적으로 쓰기 위해 부경 네 개를 다르게 선택해 배열할 수 있게 되어 있고, 극축은 마찰력을 최소화하기 위해 수은에 떠 있는 포크식으로 설치되었다. 현대의 해설자가 표현한 대로 하면, 이 망원경은 '대형 굴절 망원경의 확실한 종말의 조짐'이었다.

이 60인치짜리 망원경은 여키스 천문대에 세워지지 않았다. 재원 부족과 워싱턴 카네기 연구소의 노력으로 남부 캘리포니아의 파사데나 근처 1,740미터(5,700피트) 산꼭대기에 세워짐으로써 1904년, 헤일 자신이 태양 천문대로 세우고, 오늘날 카네기 연구소가 운영하는 윌슨 산 천문대가 세계 천문학자들의 관심을 끌게 되었다. 리치의 대작 1백 인치(2.54미터)짜리 후커 망원경이 60인치짜리 망원경의 뒤를 잇게 된 1917년까지, 망원경들의 섬세함은 탄성이 나오게 만들었다.[319] 30년 동안 세계에서 가장 큰 망원경으로 군림했던 이 거대한 반사 망원경은 천문학자들의 특별한 사랑을 받았다. 이 망원경 때문에 나선 성운의 수수께끼가 드디어 명확하게 풀렸고, 거대한 은하가 살아 숨쉬는 광대한 우주를 현대적으로 이해하기 시작했기 때문이다.

존 D. 후커John D. Hooker(1837-1910)는 로스앤젤레스에 사는 부유한 사업가로, 헤일에게 설득당해 망원경 자금을 댄 사람이다. 1908년, 첫 번째 분할 지급금으로 생 고뱅으로부터 4.5톤 거울 덩어리를 사서 천문대의 파사데나 기지로 배송했다. 하지만 리치는 1910년이 되어서야 거대한 유리원반을 연삭하고 광택 연마를 시작해 완성하는 데에 5년 이상이 걸렸다. 완성된 망원경은 영국식 적도의식 배열의 수정본 위에 설치되었는데, 극축은 직각 강철로 된 요람 모습이었다(10장을 보시오). 소위 멍에식 가대 설치법이라고 부르는 이 설치법은 망원경이 경도 방향으로 움직이기 위해 요람의 긴 방향으로 왔다 갔다 하게 되어 있다. 단점은 천구의 극과 그 주위를 볼 수 없다는 것이었는데, 이는 처음 만들어진 1백 톤짜리 망원경이 필요로 했던 공학적 실용주의를 암시한다.

후커 망원경은 60인치짜리 망원경처럼 주경의 초점비가 f/5로, 리치의 23.5인치짜리 망원경보다 조금 느리다. 더 큰 크기의

■ 1백 인치짜리 거울, 1백 톤짜리 망원경. 윌슨 산에 있는 후커 망원경은 1917년 완성 이후 천문학자들이 가장 좋아하는 망원경 가운데 하나가 되었다.

빠른 거울 표면을 만드는 데에 어려움이 있다는 것을 안식했기 때문인 듯하다. 그럼에도 불구하고 나선 성운 사진에서 자세한 부분까지 나타내는 데에는 충분할 정도로 빠르다. 윌슨 산 천문대의 젊은 천문학자 에드윈 포웰 허블Edwin Powell Hubble(1889-1953)은 이런 화상을 가지고 성운 천문학에서 위대한 발전을 이룩한다.

허블은 1919년부터 1924년까지 후커 망원경으로 찍은 사진들을 사용해 북반구 별자리인 안드로메다와 삼각형자리에 있는 두 개의 밝은 나선 성운에서 특정한 형태인 주기적 변광성(밝기가 시간에 따라 규칙적인 형태로 변하는 별)을 발견했다.[320] 세페이드 변광성*이라고 알려진 이 별의 특징은 밝기 변화의 주기에 따라 밝기가 결정되기 때문에 광도의 지침 즉, '표준 촛대'* 역할을 한다.

그가 발견한 나선 성운은 수백만 광년 떨어진 곳에 있는, 우리 은하계 밖에 있는 '섬 우주'라는 개념, 다시 말해 그들 자체만으로도 엄청난 별들의 체계라는 사실을 확인시켜주었다. 오늘날 우리는 이것을 은하라고 부른다. 또한, 우리는 안드로메다은하와 삼각형은하가 매우 가까이 있다는 것을 알고 있다.

그러나 문제가 있었다.[321] 허블의 발견은 윌슨 산 천문대의 다른 선임 연구자 아드리안 반 마넨Adriaan van Maanen(1884-1946)이 최근에 얻은 결과와 정면으로 대치되었기 때문이다. 이 네덜란드 출신 미국 천문학자는 조지 리치가 찍은 나선 성운 사진들을 관찰했다. 1908년에 60인치짜리 망원경을 완성하자마자 찍은 사진 그리고 1915년 이후에 자신이 찍은 사진들이었다. 반 마넨은 나중에 찍은 사진과 먼저 찍은 사진을 비교하면서 성운의 회전을 볼 수 있을 거라고 생각했다. 하지만 가까이 있는 작은 천체여야만 가능한 일이었다. 만약 아주 먼 거리에 있

**세페이드 변광성** 세페이드 변광성은 세페이드 자리에서 발견된 변광성과 같은 종류의 변광성을 일컫는 말이다. 별의 밝기가 변하는 이유는 별이 팽창과 수축을 반복하기 때문이다. 세페이드 변광성은 특이한 성질을 가지고 있는데, 그것은 변광성의 밝기가 변하는 주기가 길면 길수록 변광성이 밝다는 것이며, 이를 세페이드 변광성의 주기-광도 관계라고 한다. 따라서 밝기의 변화를 관찰하면 이 변광성의 거리를 정확하게 구할 수 있다.

**표준 촛대** 세페이드 변광성과 같이 절대 광도를 알 수 있는 천체를 말한다. 이런 경우 절대 광도를 알고 있으므로 겉보기 광도를 측정해서 거리를 계산해낼 수 있다.

는 큰 천체라면 바깥 부분이 빛의 속도보다 빠른 속도로 주위를 돌아야만 했다. 그런데 빛의 속도보다 빠른 속도에 도달할 수 없다는 것은 다 아는 사실이었다.

이는 과학계에 단결된 모습을 보이고 싶어 했던 윌슨 산 천문대를 난처하게 만드는 것이었다. 발등에 불이 떨어진 천문대 대장 월터 시드니 애덤스 주니어Walter Sydney Adams Jr.(1876-1956)는 언젠가 일어날 결과를 조절했다. 《천체물리학 저널Astrophysical Journal》 81권에 나란히 게재된 두 논문의 주장은 천문대의 완전성을 손상시키지 않는, 서로 받아들여질 수 있는 것들이었다.

알려진 바에 의하면, 애덤스는 1990년대 초에 공개된 윌슨 산 천문대 문서 보관 창고에서 그 결과를 얻기 위해 고군분투했다. 허블이 나선 은하의 진짜 거리를 알아내자 그와 다른 천문학자들은 반 마넨의 관측과 불일치하는 것을 해결하려고 60인치짜리 망원경 사진을 다시 측정했던 것 같다. 하지만 그들은 마넨이 얻은 결과를 얻을 수 없었다. 실제로 앞선 사진 건판은 망원경의 조정이 불완전할 때 찍은 견본 사진이었던 것 같고, 화상의 질이 조악해서 잘못된 결과가 나온 것처럼 보인다. 그러나 반 마넨은 회전이 진짜라고 확신하며 자신의 주장을 고수했다.

1935년, 애덤스가 비밀 문서에 적은 대로 하면, 허블은 '난폭한' 용어가 들어가 있는 문서를 작성해 발표하는 등 '적의'를 보임으로써 반 마넨을 상대로 비방 운동을 전개했다. 허블은 반 마넨의 근거 없는 주장에 화가 났고, 잘못된 주장을 고수하는 반 마넨에게도 화가 났다. 애덤스가 말한 것처럼 허블은 조금도 화해하려 들지 않았다.

상황이 매우 어려워졌다. 허블의 태도보다 반 마넨의 태도가 훨씬 강경했다. 반 마넨은 측정이 의미하는 운동의 존재를 완전히 믿는, 체계적 오류의 존재를 인정하는 만큼 강경했다. 반면 더 옳은 것 같은 허블은 원한을 품은 듯 옹졸해 보였다. 허블이 난폭하고 편협한 방법으로 마넨에게 심각한 상처를 준 건 이번이 처음이 아니다.

월터 애덤스는 마넨을 설득해 허블로 하여금 '과격한' 문서를 취소하게 만들고, 이 문서를 《천체물리학 저널》에 반 마넨의 논문 옆에 있는 짧은 주석으로 다시 쓰게 했다. 오늘날 수십 년이 지난 후 우리가 기억하는 것은 허블의 뛰어난 재기일 뿐, 원한이 아니다. 천문학에서 가장 유명한 궤도 망원경이 허블의 이름을 땄다는 것은 영원성을 얻기 위해서는 꼭 착해야만 할 필요가 없다는 사실을 보여준다.

### 더 넓은 전망

여러 가지 이유로 대형 굴절 망원경 시대가 종말을 맞이한 것처럼, 리치의 새로운 반사 망원경에도 약점이 있었다. 약점은 거대한 접시 모양의 거울 옆모습에 있었다. 우리가 6장과 7장에서 본 것처럼, 평행광이 표면에 닿을 때 완벽한 점으로 초점을 만들려면 망원경 거울이 포물면 형태여야 한다. 들어오는 빛이 거울의 축과 정확히 일치할 때만 완벽성이 이루어지는데, 만약 이탈하면 '코마coma'\*라고 알려진 광학적 수차\*가 상의 선명도를 잃게 만든다. 코마라는 이름은 별이 시야의 중심에서 멀어지는 방향으로 꼬리가 있는 작은 혜성 모양이 생기기

**코마** 멀리 있는 별의 상이 시야의 중심에서 멀어지는 방향으로 혜성의 작은 꼬리 모양처럼 만들어지는 현상.

**광학적 수차** 렌즈나 거울에 의해 만들어진 상의 결함. 구면 수차나 색수차, 코마 등이 있다.

때문에 붙여진 이름이다.

코마는 시야의 중심에서 1도보다 조금 짧은 거리에 있는 포물면 거울에서 나타나는데, 더 나쁜 것은 초점비가 빨라질수록 이 문제가 더 민감해진다는 사실이다. 따라서 성운천문학에서 리치의 빠른 반사 망원경이 갖고 있는 좋은 성능들에도 불구하고 매우 넓은 시야각이 필요한 사진 관측에서는 쓸모가 없어진다. 광시야* 사진 관측은 크고 희미한 성운을 기록하는 데에 꼭 필요한 것이었다.

광시야(광각) 시야가 넓은 것.

초점비가 빠른 망원경이 갖고 있는 광각 사진 관측 문제를 푼 사람은 어딘가 좀 이상하고 적응을 잘 못하는 천재 베른하르트 볼데마르 슈미트Bernhard Voldemar Schmidt라는 사람이었다.[322] 이 유별난 사람의 생애는 망원경의 역사에서 가장 통절한 사건으로 기록된다. 그는 1879년 3월 30일, 핀란드 만의 나르겐이라는 에스토니아 섬에서 태어났다. 잘 알려져 있지 않은 이곳의 사람들은 낚시와 농사를 짓는 루터교 신자들이었다. 1935년 12월 1일, 함부르크에서 세상을 떠날 때까지 뛰어난 광학 기계상이자 혁신가로서 유명했던 이 사람은 귀화한 나라에서 일어난 사건들 때문에 혹독한 고통을 받았다. 평화주의자였던 슈미트는 인류의 이익을 위한 발명품이 나치주의와 전쟁에 악용될 것이라고 예견했다. 그가 옳았다. 제2차 세계대전에서 슈미트식 광학 기구들이 전략적 목적에 이용되었기 때문이다.[323]

나르겐에서 보낸 젊은 시절을 보면, 슈미트가 얼마나 상상력이 풍부하고 모험심이 강한 젊은이였는지 알 수 있다. 슈미트는 선의로 한 실험 때문에 집에 두어 번 불을 낼 뻔했다. 더 심각한 일은 집에서 만든 화약을 넣은 금속관이 손에서 터진 사건이었다. 오른쪽 엄지손가락과 집게손가락을 다친 것도 끔찍한데, 지역 자유 병원 외과의사 때문에 상황이 악화되었다. 팔뚝 전체를 절단해버린 것이다. 슈미트는 이 일을 늘 후회하긴 했지만, 이러한 장애 때문에 자신이 추구하던 기술을 직업으로 삼았고, 실용적인 광학 기술사로서 능력을 발휘하는 데에 장애 같은 건 문제도 되지 않았다. 제1차 세계대전 중에 있었던 대학살로 절단 수술을 받은 사람들을 많이 보게 되면서 덜 자책하게 되었던 것이다.

스웨덴 예테보리에 있는 찰머스Chalmers 기술 연구소에서 광학을 공부하던 슈미트는 세기가 바뀌자 학구적인 환경의 조직화된 형식에 구애받기 싫어 작은 독일 마을인 미트바이다로 옮겨 공부를 계속했다. 그런 후 아마추어 천문학자와 전문적인 천문학자 모두에게 필요한 질 높은 포물면 거울을 만들어 크게 성공했다.

1926년, 실용적인 광학 기술을 가진 슈미트는 함부르크 천문대에서 '자원 봉사자'로 일했다. 하고 싶은 시간에 출퇴근하게 한 이 신기한 제도 덕분에 유별나고 고독한 광학 기술사는 자신의 재능을 발견했다. 슈미트는 천문대에 도착하자마자 20세기 중엽 가장 위대한 천문학자 가운데 한 명인 발터 바데Walter Baade(1893-1960)를 만났다. 바데는 슈미트에게 진정한 광시야를 가진 빠른 반사 망원경을 설계해보라고 했다. 1930년, 슈미트가 망원경을 만드는 데에 성공하자 바데도 매우 기뻐했다. 인정받아 마땅한 이 망원경 설계에는 바데의 숨은 공로가 있었던 것이다. 바데는 슈미트의 이름이 이 새로운 망원경과 영원히 연결되도록 했고, 슈미트가 나중에 미국으로 옮겼을 때 미국 천문학자들에게 이 설계를 추천해 채택되도록 기꺼이 도와주었다.

이 훌륭한 발명품은 하늘에서 여러 각도에 걸쳐 퍼져 있는 흐린 성운을 기록하는 문제를 어떻게 그리도 깔끔하게 해결할 수 있을까?[324] 사실 단순함 그 자체로, 슈미트가 문제가 된 광학적 논점을 아주 명료하게 이해했기 때문에 가능한 것이었다. 코마 때문에 포물면 거울의 유용성이 제한받는다는 것을 인식한 슈미트는 꼭 포물면이어야 한다는 조건 사항을 무시하고 구면 거울을 조사했다. 일반적으로 단면이 단순히 원의 한 부분인 이런 거울은 구면 수차 때문에 반사 망원경에는 사용될 수 없다. 멀리 있는 물체의 뚜렷한 상을 만들지 못하게 하는 이 진부한 문제가 구면 수차이다.

슈미트는 들어오는 빛이 구면 거울의 곡률 중심에 위치한 조리개(쉽게 이야기 하면 구멍이다)에 의해 제한되면 우선권이 있는 축이 없어지므로 구면 수차가 존재하지 않고, 결정적으로 사진 건판에 어디에 있든지 모든 상에서 다소 같은 크기의 구면 수차만 남게 된다는 것을 깨달았다. 그러므로 이 구면 수차만 보정할 수 있다면 완벽한 광각 망원경을 만들 수 있을 것이었다.

슈미트는 구멍 대신 유리로 만든 얇은 보정판을 대치해 이 구면 수차를 보정했다. 이 보정판은 입사되는 빛에 거울의 구면 수차를 보정하는 데에 충분한 구면 수차를 만드는, 얕은 광학적 윤곽을 가지고 있었다. 아주 기막힌 이 해결책은 매우 성공적이었다.

슈미트는 구경(보정판의 직경)이 14인치(36센티미터)인 견본 망원경을 만들었다. 초점비가 엄청나게 빠른 f/1.7이고, 경이적이게도 시야가 15도인 이 망원경은 매우 뛰어나게 작동했다. 베른하르트 슈미트는 약한 빛의 수준에서 하늘을 탐사하는 데에 필요한 기구를 한 번에 만들어냈다. 하지만 슬프게도 자신이 만든 기구가 궁극적으로 가져온 발전을 보지 못했다. 뿐만 아니라 그가 만든 원형 망원경도 남아 있지 않

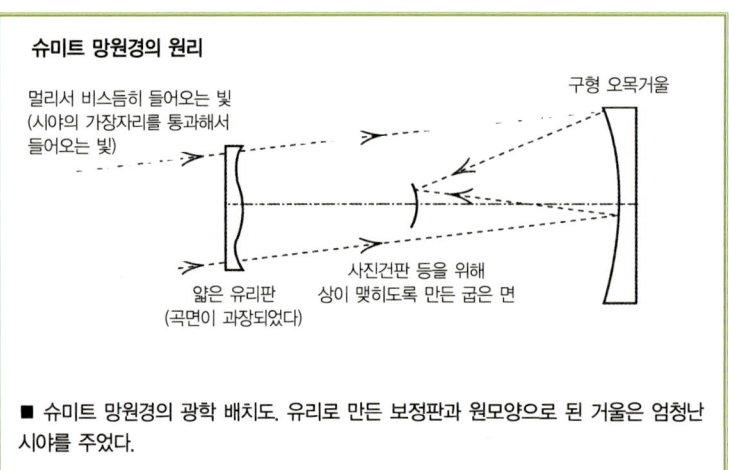

■ 슈미트 망원경의 광학 배치도. 유리로 만든 보정판과 원모양으로 된 거울은 엄청난 시야를 주었다.

다. 온화한 발명가의 평화로운 열망처럼 제2차 세계대전 동안 파괴되었기 때문이다.

1930년대 슈미트 망원경은 바데의 열정 덕에 미국에서 급격히 늘어났다.[325] 이 설계는 1948년에 완성된 48인치(1.2미터)짜리 팔로마 슈미트(오늘날 오스킨 슈미트로 알려져 있는) 망원경에서 최고 형태에 다다른다. 이 망원경은 캘리포니아의 팔로만 산 천문대에 있는 헤일의 대작 옆에 나란히 세워져 있다. 25년 동안 세계에서 가장 큰 망원경인 2백인치(5.1미터)짜리 망원경과 이 망원경의 공생은 가히 전설적이라 할 수 있다. 슈미트 망원경의 '척후 활동' 능력은 천문학자들로 하여금 들뜬 마음으로 새로운 물체를 찾아다니게 했고, 2백 인치짜리 반사 망원경은 자세한 후속 관측을 가능하게 했기 때문이다.

전체 북반구 하늘 사진 탐사 관측에 사용된 팔로마 슈미트 망원경은 천문학자들로 하여금 자세하고 깊은 성도에 선례 없이 자유롭게 접근할 수 있게 해주었다. 이 성공으로 다른 큰 망원경들이 뒤따라 제작되었다. 1948년과 1978년 사이의 기간은 실제로 사진 관측 슈미트 망원경의 황금기였다. 직경 1미터(39인치)보다 큰 보정판을 가진 망원경이 적어도 여덟 개는 만들어졌다. 이 보정판은 렌즈가 아니기 때문에 (초점을 만드는 것은 거울이다) 유리의 굴곡은 굴절 망원경의 렌즈에 비해 만들기가 쉬웠다.

남반구에서 가장 큰 슈미트 망원경은 호주에 있는 1.2미터짜리 영국 슈미트 망원경UKST으로, 1973년에 팔로마 망원경과 매우 닮은 복제품이었다. 두 망원경 모두 초점비 f/2.5에서 작동하고, 면적이 14제곱인치(36센티미터)인 유리건판 또는 필름의 한 면에 6.6도의 사진을 찍을 수 있도록 설계되었다. UKST는 한 번 노출로 남십자성 전체를 잡을 수 있을 정도로 크다. 1미터짜리 망원경을 생각하면 진짜 대단하다고 할 수 있다. 대체로 각각의 사진 하나는 50만 개의 흐린 별들과 은하들을 담고 있다.

UKST는 팔로마 오스킨 슈미트 망원경처럼, 전통적인 대형 반사 망원경 옆에 세워졌다. 이번에는 뉴사우스웨일스 북서쪽에 있는 사이딩 스프링 천문대의 3.9미터(153인치)짜리 앵글로-오스트레일리언 망원경이었다. UKST는 남반구 전체 하늘을 사진 탐사했다. 오늘날 이 두 슈미트 카메라는 사진을 찍지 않는다. 오스킨 슈미트는 전하결합소자CCD*의 거대한 충전지가 붙어 있다. 깊고 넓은 사진 영상을 만드는 일을 계속할 수 있게 하는 전하결합소자는 사진 건판보다 훨씬 더 민감한 전자 눈이다. 현재 UKST는 전혀 다른 방식으로 작동되고 있다.

1982년, UKST의 두 명의 천문학자는 광섬유를 사용해 각각의 목표물로부터 오는 많은 빛을 모아 분광기로 전송할 수 있을 것이라고

**전하결합소자** 외부로부터 들어오는 빛을 전하로 바꿔 그 전하를 축적해 전송하는 역할을 담당하는 부품이다. 이 전하결합소자가 천문학에 도입된 후, 광학천문학뿐만 아니라 적외선천문학, 엑스선천문학에까지 많은 영향을 주었다.

생각했다.³²⁶ 광섬유는 가는 유리섬유로 이루어진 유연한 '빛관'이다. 이 두 과학자 중 한 명은 당시 UKST를 책임지고 있던 천문학자 존 도우John Dawe와 나 프레드 왓슨Fred Watson이었다. 기본적인 개념은 새로운 것이 아니었다. 3년 전, 미국의 한 모임이 스튜어드 천문대의 2.3미터(90인치)짜리 망원경을 가지고 애리조나에 있는 킷픽 국립 천문대에서 다목표 기술*을 선보였다. 이 기술은 앵글로–오스트레일리언 망원경에서 더욱 발전했다. 이 기술을 사용하려면 시야가 중요하다는 것과 슈미트 망원경이 무한한 가능성을 갖고 있다는 사실을 처음으로 지적한 사람도 도우와 나였다.

약 20여 년 후, UKST는 전적으로 이 방식으로만 작동되는 망원경이 되었고, 조잡한 실험으로서 시작된 게 이제는 세련된 자동 처리 과정을 갖게 되었다. 망원경 150개가 천체를 동시에 관측하게 해주고 있으며, 현재 우리 은하와 가까운 은하 15만 개의 3차원 지도를 만드는 데에 사용되고 있다. 이 임무는 2005년 완수될 예정이다. 그 후에 혁명적인 새로운 2,250개 물체 체계가 망원경으로 하여금 우리 은하에 있는 3천만 개나 되는 별들의 스펙트럼을 모아줄 수 있게 되기를 바란다. 이런 야심 찬 탐사를 보면서 베른하르트 슈미트의 뛰어난 발명품이 갖고 있는 효율성에 감동받게 된다.

**다목표 기술** 여러 개의 관측 대상을 한꺼번에 관측하는 기술.

### 팔로마와 그 후

조지 엘러리 헤일은 남을 설득하는 데에 남다른 재능을 가진 사람이었다. 그가 1928년에 쓴 기사를 보면 그의 재능을 엿볼 수 있다.³²⁷

2백 인치(5.1미터)짜리 망원경을 건설하자고 주창하는 기사이다.

> 별빛은 지구 표면의 모든 제곱마일에 떨어진다. 그리고 현재 우리가 할 수 있는 가장 현명한 일은 지름이 1백 인치인 면적에 떨어지는 빛을 모으는 일이다.

그런 후, 천체물리학자가 마주치게 되는 일들이 얼마나 엄청난지 언급했다.

> 선견지명이 있는 산업계 지도자들은 지구 용광로의 미약한 범위에 구애받지 않는다. 물질의 성질과 변환에 대해 완벽하게 알고 있는 데에 성공 여부가 달려 있으므로, 현재 존재하는 천문대가 필요한 정보를 주지 못하면, 그들은 자신들의 산업 연구 실험실에 거대한 망원경을 들여놓을 것이다.

경제적으로 합리적인 21세기를 사는 우리들에게는 요원하게 들릴지 모르지만, 이 계획은 아주 성공적이었다. 록펠러 재단이 2백 인치짜리 망원경을 건설하고 운영하기 위해 캘리포니아 공과대학에 6백만 달러의 연구비를 제공했기 때문이다.

자금을 받자마자 망원경 거울 제작에 들어갔지만, 여러 번 시도한 끝에 1934년 12월에야 주조되었다.[328] 그리고 제2차 세계대전 동안 지체되었다가 1948년 6월 3일에 이르러서야 마침내 헌정되었다. 이름은 이 위대한 투사를 기념해 헤일 망원경이라고 지었는데, 슬프게도 조지 엘러리 헤일은 이 광경을 보지 못했다. 결국 이 멋진 망원경은 우리가 본 것처럼, 남부 캘리포니아의 샌디에고 북쪽 80킬로미터에 있는 산하신토 산맥의 팔로마 산 정상에 아름다운 자태로 서 있다. 직경이 42미터인, 숨이 막힐 만한 우아한 돔은 현재 가장 큰 망원경 덮개 가운데 하나로 남아 있다. 이 망원경은 곧 전후 미국 과학의 표상이 되었다.

헤일 망원경은 1백 인치짜리 망원경에 비해 여러 가지 면에서 구체적으로 향상되었다. 예를 들면, 거울은 후커 망원경의 거울과 달리 판유리가 아니었다.[329] 오븐 그릇을 만드는 미국 회사인 코닝Corning이 개발한 내열유리 파이렉스Pyrex였다. 오븐 그릇이 망원경 거울과 무슨 상관이 있냐고 묻고 싶을 것이다. 모양의 변형을 최소화하기 위해 둘 다 온도에 대해 낮은 팽창률을 요구하는데, 오븐 그릇일 경우에는 열을 받았을 때 깨지는 것을 막아준다는 의미이고, 망원경일 경우에는 일상적인 온도 변화에서 광학면의 완전성을 유지한다는 의미이다.

1백 인치짜리 후커 망원경이 이 점에서 값진 교훈을 주었다. 요즘 매우 불만족스럽다고 알려져 있는 판유리는 온도가 갑자기 변화하면 망원경을 오랜 시간 동안 사용할 수 없게 한다. 완벽하려면 멀었지만, 그래도 내열유리(실제로 붕규산염 형태이다)가 판유리보다 훨씬 좋다. 2백 인치짜리 거울은 뒤에 갈비뼈 모양으로 주조된 육각형 공간에 의해 상당히 가벼워졌는데도 불구하고 여전히 15톤 정도이다.

거울의 반사 코팅 성질은 또 한 번 개선되었다. 1930년 초기 동안 은 증발에 의한 거울 표면의 알루미늄 침전을 실험해왔다. 밀폐된 대형 공간 안에 거울을 놓고 공기를 모두 뺀 다음, 진공 상태에서 소량의 알루미늄을 끓이는 과정이었다. 마지막 과정은 밀폐된 공간 안에 있는, 거울을 포함한 모든 것 위에 얇고 균일한 알루미늄을 코팅하는 일이었다. 알루미늄 코팅은 은보다 색이 덜 변하고, 자외선* 빛을 더 효

**자외선** 파장이 10에서 350나노미터인 전자기파.

율적으로 반사한다. 후커 망원경의 1백 인치 거울이 1935년 3월에 이러한 방식으로 코팅된 이후, 진공 침전은 오늘날까지 모든 천문학적 망원경에 대한 표준 절차가 되었다.

최첨단 헤일 망원경은 1950년, 초점비가 f/3.53인 거울과 열려 있는 경통 구조와 적도의식 멍에 설치법으로 하루 종일 작동하기 시작했다. 움직일 때 일어나는 마찰을 최소화하기 위해 무게가 5백 톤인 구조물을 고압의 얇은 기름 막 위에 띄웠다. 북쪽 끝에 말발굽처럼 생긴, 거대하게 펼쳐진 베어링은 천구의 북극까지 볼 수 있게 해주었다. 카세그레인식과 다른 초점에서 분광기를 완벽하게 장착하고, 거울 초점 근처에 놓인 렌즈로 포물면 거울의 코마를 보정할 수 있는 이 망원경은 지름 0.5도의 사진을 찍을 수 있게 해주었다. 이 망원경이 30여 년 동안 광학과 천문학을 지배한 것은 당연한 일이었다. 관측자들이 이 망원경 덕에 관측할 수 있는 시간을 충분히 얻을 수 있었던 것은 엄청난 행운이었다.

이와는 대조적으로, 이 망원경을 대신할 만큼 세계에서 가장 큰 망원경 하나는 명성을 얻지 못할 수밖에 없었다.[330] 지름이 6.05미터인 대형 경위 망원경BTA은 냉전시대에 소련이 만든 헤일식 망원경이었다. 카프카스 북쪽 젤렌추크스카야 근처에 있는 특수 천체물리 천문대가 소유한 이 망원경은 공기의 요동 때문에 시상이 나빴다. 1976년에 완성했음에도 불구하고 f/4인 거울을 서방에서 오랫동안 쓰이지 않던 내열유리와 비슷한 재질로 만들었다. 거의 43톤이나 나가는 거울의 거대한 질량은 완벽한 표면을 만드는 데에 필요한 온도를 고르게 유지하기 어렵게 함으로써 시상 문제를 더욱 악화시켰다.

그러나 BTA는 한 가지 점에서만큼은 가히 혁명적이었다. 이 거대하고 현대적인 망원경이 극축이 기운, 유서 깊은 적도의식 설계를 처음으로 포기했기 때문이다. 경위식 가대에서 위아래, 좌우로 하늘에서 움직이도록 조정되면서 조정 체계의 구조적 공학을 단순화하느라 비용이 들었지만, 거대한 말발굽 베어링보다 컴퓨터가 훨씬 싸기 때문에 매우 만족스러운 거래였다. 이 망원경은 1980년 이후, 오늘날 8미터짜리와 10미터짜리 망원경 세대를 포함해 거의 모든 대형 망원경의 양식이 되었다.[331] 1991년, 그 첫 번째로 태어난 세계 최대의 거대 망원경은 러시아의 망원경이 차지하고 있던 자리를 빼앗았다. 조각난 구경이 10미터인 거울을 가진 W. M. 켁Keck 망원경으로, 1996년, 하와이 빅 아일랜드의 마우나케아 정상에서 쌍둥이 형제(켁Keck II)와 합류했다.

### 공장 마루에서

20세기 후반의 전형적인 망원경을 정의할 때 BTA보다 더 중요한 것은 1970년대와 1980년대에 세워진 소위 4미터짜리 망원경들이다.[332] 이 망원경들이 등장하면서 오래도록 망원경 건설에 쓰이던 단위가 사라지기 시작했다.

구경이 3.5미터에서 4.2미터가 되는 망원경 여덟 개 가운데 다섯 개는 북반구에, 세 개는 남반구에 골고루 퍼져 실제로 전세계의 광학과 천문학에 전례 없는 추진력을 실어주었다. 이 망원경들은 사진 건판보다 20배 민감한 전자 감지기라고 하는 새로운 세대와 합쳐져 인간의 지평선을 수백만 광년에서 수십억 광년으로 확장시켰다.

하나(카나리아 제도에 있는 라팔마 섬에 있는 4.2미터짜리 윌리엄 허셜 망원경)를 제외하고 모든 것이 아직도 구식 적도의식을 사용한다. 헤일 망원경 시대로부터 내려온 보수주의의 유물이라고 비난하는 사람들도 있지만,[333] 4미터짜리 망원경은 모두 진보된 재질로 만든 거울을 사용했으며,[334] 그 가운데 대부분은 온도가 변해도 형태가 바뀌지 않는 유리와 세라믹 혼합물을 사용했다.[335] 망원경 광학계를 완벽하게 만드는 이 재질은 미국의 오웬-일리노이가 만든 '세르비트'* 라는 물질로, 일리노이 오염 통제 위원회와 소송이 걸려 제조가 중단되고 말았다. 오늘날 가장 좋다고 알려진 것은 독일의 쇼트 회사가 만드는 '제로두어'* 이다.

**세르비트** 낮은 열팽창계수를 갖는 세라믹 유리 재질.

**제로두어** 열처리가 된 세라믹 유리의 재질로서 독일 쇼트사가 제작하는 망원경 거울용 상표 이름.

4미터짜리 망원경은 세계의 여러 회사에서 만들어지는데, 세 개의 망원경에서만큼은 가장 오랜 전통을 가진 한 회사가 중요한 역할을 하고 있다. 더블린에 있는 하워드 그럽 회사는 백 년 전에 거대한 멜버른 망원경을 만들어 유명해진 회사로, 앞 장에서 본 것처럼 19세기의 대형 굴절 망원경 몇 개를 더 만들었다. 그러나 1920년대 초에 어려움에 빠지고 말았다.[336] 제1차 세계대전 동안 잠수함의 잠망경을 만들기로 영국 정부와 계약을 맺었다가 전쟁이 끝나면서 광학 업계 전반이 심각한 타격을 입게 되자 1925년 1월, 자발적으로 회사를 청산하기 시작한 것이다.

그러나 희망은 아주 가까운 데에 있었다. 백마 탄 기사가 구해주러 온 것이다. 그 기사는 하워드 그럽 경의 아버지 토머스로, 토머스 그럽은 레비아탄으로 명성을 떨친 로스 경의 친한 동료이기도 했다. 1884

년, 로스 경의 막내아들 찰스 파슨스Charles Parson(1854-1931) 경은 완벽한 증기 터빈을 만들어 기술자로 이름을 떨치게 되었다.**337** 광학에 관심이 있는 찰스와 이 두 아들이 합치는 것보다 더 좋은 일도 없었다. 1925년 4월, 과학 잡지 《네이처*Nature*》는 다음과 같이 보고했다.**338**

하워드 그럽 경과 파슨스 앤 코Sir Howard Grubb, Parsons & Co.라는 이름의 이 새로운 회사는 청산인으로부터 주식과 그림들, 잡다한 작업장과 회사의 기계류를 인수했다. 특히 대형 망원경과 천문대 장비를 생산하는 데에 적합한 뉴캐슬-어펀-타인의 히튼에 설립 중인 신식 공장도 인수했다. 하워드 그럽 경의 충고와 경험은 새로운 회사를 위해 쓰일 것이다.

그럽 파슨스라고 널리 알려지게 되는 새로운 회사는 1935년에서 1956년 사이에 74인치(1.9미터) 반사 망원경을 다섯 개나 제작했다.**339** 하지만 하워드 경은 1931년, 87세의 나이로 세상을 떴다.

1950년 7월, 회사는 데이비드 스캐처드 브라운David Scatcherd Brown이라는 젊고 똑똑한 케임브리지 졸업생을 채용했다. 대형 망원경 거울의 설계와 검사에 재능이 있었던 DSB(직장에서 이렇게 알려졌다)는 얼마 안 가 광학 책임자가 되었다. 그리고 1962년부터 유리 작업장을 책임진 데이비드 신든David Sinden이라는 실제적인 광학 기계상과 일하게 되었는데, 이 두 사람은 환상적인 짝을 이루었다.**340**

이보다 더 좋은 짝도 없을 것이다. 한 명은 모호한 시험 문제를 해석하는 능력과 깊은 수학적 통찰력이 있고, 다른 한 명은 유리 작업, 광택 연마용 송진의 경도 그리고 광택제 제작과 작업하는 방식에 직감적인 감각을 갖고 있기 때문이다.

5년쯤 지나, 세인트앤드루스 대학교를 막 졸업한 젊은 물리학자가 이 숙달된 짝에 합류해 2년 동안 일했다. 그 사람이 바로 이 책을 쓰고 있는 나이고, DSB는 나의 첫 번째 직장 상사였다.

시간이 지나자 내가 이 20/20 미래상으로 황금 기회를 포착하는 데에 완전히 실패한 게 분명해졌다. 데이비드 브라운이 친절하게 조언을 해주었는데도 불구하고 말이다. 그러나 그럽 파슨스에서는 자주 있는 일이었다. 게다가 최첨단 물품을 만드는 데에 깊이 개입한 회사였지만, 뿌리는 19세기에 두고 있는 듯했다. 데이비드 브라운은 대형 거울의 광학 작업을 돕기 위해 컴퓨터 사용법을 개발한 반면, 빅 짐 맥키Big Jim Mackay라는 사람은 지옥 한구석 같은 방에서 광택제를 만드는 광택 연마용 송진을 끓이는 가마솥을 돌보느라 일생을 보냈으니까.[341] 하지만 이러한 부조화는 회사를 20세기로 필사적으로 끌어들이려는 노력이기도 했다.

결과적으로 변신에 실패한 그럽 파슨스는 토머스 그럽이 첫 번째 대형 반사 망원경을 만든 지 150년이 지난 1985년에 문을 닫았다. 그러나 4미터짜리 시대에 만들어진 망원경 중에서 가장 좋은 망원경인 3.9미터 앵글로-오스트레일리언 망원경과 3.8미터 영국적외선 망원경 그리고 라팔마 섬에 있는 4.2미터짜리 윌리엄 허셜 망원경, 이렇게 세 개를 만들었을 뿐만 아니라 1.2미터짜리 영국 슈미트 망원경도 만들었다. 나는 이 정교한 망원경으로 관측하는 엄청난 특권을 누렸으며, 지금은 이 망원경들 가운데 둘을 책임진 천문학자가 되는 행운을 누리고 있다.

그럽 파슨스가 문을 닫을 무렵, 데이비드 신든은 매우 성공적인 광학 회사를 설립하기 위해 뉴캐슬-어펀-타인으로 떠났고, 데이비드 브라운은 그럽 파슨스의 기술 이사로 끝까지 남아 있었다. 그 후 근처에 있는 더럼 대학교 연구원으로 자리를 옮겼는데, 그가 광학 분야에서 떨친 명성에 잘 어울리는 자리였다. 그러나 1987년 7월, 이 성격 좋고 겸손한 사람은 59세라는 젊은 나이로 세상을 떠나고 말았다. 호주의 천문학자 벤 개스코인은 데이비드 브라운의 업적에 경의를 표했다.[342]

> 데이비드 브라운은 망원경에 쓰이는 거대한 광학 구성 성분의 비구면화 기술의 거장이었다. 같은 세대에 그에 필적할 사람이 없을 정도로 데이비드 브라운은 리치를 포함한 과거의 다른 위대한 광학 기계상과 격이 같은 사람이며, 영국의 기기 천문학자 중에서 가장 권위 있는 사람이다.

데이비드 브라운의 지혜를 잃고 말았다는 점에서 보면, 현세대의 망원경 제작자들은 훨씬 불쌍한 사람들이다. 그가 30미터에서 1백 미터짜리 광학 망원경을 설계할 다음 세대 사람들에게 현명한 충고를 해 주었을 게 분명하기 때문이다. 또한, 그 후에 만들어졌을 놀라운 망원경들이 그를 오싹하게 만들었을 것이다.

# 15 은하와 함께 걷기

Walking with Galaxies

### 5백 년을 향해

20세기 후반, 인류는 마침내 우주를 상세히 볼 수 있게 되었다. 1929년, 은하의 진정한 성질을 발견한 후, 에드윈 허블은 은하들이 무서운 속도로 서로 멀어지고 있다는 것을 알게 되었다.[343] 게다가 멀리 있을수록 더 빨리 멀어지고 있었다. 이로써 물리학자들은 우리가 팽창하고 있는 우주에 살고 있다는 사실을 깨닫게 되었다. 실제로 공간이 늘어나면서 은하도 물러난다. 우주가 대폭발로 생겼다는 주장이 제기되자 1948년, 영국의 위대한 물리학자로서 정상 우주론을 열렬히 지지한 프레드 호일Fred Hoyle(1915-2001)은 BBC 라디오 방송에 나와 이 주장을 비난하듯 대폭발을 빅뱅Big Bang이라는 이름으로 불렀다. 지금은 호일의 이론을 더 이상 옹호할 수 없지만 말이다.

우주론은 우주의 기원과 진화를 설명해주는데, 최신 연구에 따르면, 137억 년 전에 대폭발이 일어났다고 한다. 오차는 약 2억 년이다. 우주론에 따르면 우주에는 은하가 1천억 개 있으며, 각각의 은하들은 1천억 개의 별을 갖고 있다. 우연의 일치이겠지만, 이는 인간의 뇌세포 수와 비슷하다.

20세기가 진행되면서 지적인 인물들은 우주론에서 새로운 문제를 파악했다. 쌓여가는 증거로 보면,[344] 우주에는 우리가 눈이나 망원경으로 보는 것보다 더 많은 물질, 다시 말해, 보이는 물질보다 보이지 않는 물질이 더 많다는 것을 알 수 있다. 1970년대 이후, 별과 기체가 서로를 잡아당길 때는 은하가 더 빨리 회전한다는 사실을 알아냈다. 이 신비스러운 암흑 물질이 존재하지 않는다면, 은하들은 서로 멀리 날아가버릴 것이다.

1990년대에는 상황은 더 복잡해졌다. 중력의 점진적인 감속 효과 때문에 우주의 팽창이 느려질 거라는 예상과 달리, 폭발하는 별들을 관측한 결과, 실제로 우주가 더 빨리 팽창하고 있다는 것을 알았다. 이로써 스프링과 같은 암흑 에너지가 존재한다는 주장이 제기되었다. 암흑 에너지의 성질은 암흑 물질의 성질만큼이나 이해할 수 없는 것이어서 신비감만 쌓여갔다.

헤일이나 AAT, 켁과 같은 광학 망원경으로만 이러한 결과가 나온 것이 아니다. 20세기 후반 동안 우주론을 발전시킨 큰 진전이 한 가지 더 있었는데, 이는 천문학자들로 하여금 전자기파*의 다른 파장 영역을 볼 수 있게 해주었다. 제2차 세계대전이 끝난 후, '망원경'이라는 단어는 점차 가시광선*을 모으는 기계 이상의 의미를 갖게 되었다. 20

**전자기 복사** 전기장과 자기장이 만들어내는 파로서, 빛의 속도로 에너지를 전달한다.

**가시광선** 파장이 350에서 1,000나노미터인 전자기파. 실제로 우리가 눈으로 볼 수 있는 영역보다 다소 넓다.

세기가 끝날 무렵, 망원경은 옛 모습을 찾아볼 수 없을 정도로 변형되었다.

18세기 말, 적외선을 발견하고, '눈으로 볼 수 없는' 천문학의 개념을 개척한 윌리엄 허셜은 이렇게 말했다.[345] '주로, 적어도 부분적으로는—이렇게 표현해도 된다—태양으로부터 오는 열은 보이지 않는 빛으로 이루어져 있다.'

윌리엄 허셜 정도 되는 사람이라면 마음대로 표현해도 될 것이다. 그러나 직접 눈으로 볼 수 없었던 천문학 개척자들은 그럴 수가 없었다. 뉴저지 홀름델의 벨 전화 연구소에서 일하는 칼 구데 잰스키Karl Guthe Jansky(1905-1950)는 1932년, 은하수로부터 나오는 14.5미터파의

■ 포드사의 T 모델 자동차 바퀴 위에 만들어진 1932년 잔스키의 안테나가 첫 번째 전파망원경이다.

전파*를 발견했지만,³⁴⁶ 과학계는 이를 무시했다. 포드사가 만든 T모델 자동차 바퀴 위에서 돌아가도록 만들어진 나무와 동으로 된 조잡한 구조물인 잰스키의 이 안테나가 바로 첫 번째 전파 망원경이었다.

1937년, 지름이 10미터(31피트)인 반사식 전파 망원경으로서, 조절 가능한 접시 모양의 망원경이 그 뒤를 이었다. 또 다른 모험적인 미국인 그로트 레버Grote Reber(1911-2002)가 만든 망원경이었다. 레버는 10년 가까이 세계에서 단 한 명뿐인 전파천문학자였다. 우리 은하뿐 아니라 모든 종류의 전파원을 관측한 레버는 나중에 타스마니아에서 일생을 보냈다. 제2차 세계대전 후, 사람들은 새로운 분야에 뛰어들기 시작했다. 1942년, 4.2미터 파장에서 작동하는 영국 육군 레이더가 태양에서 나오는 전파를 우연히 감지했다. 처음에는 적이 전파 방해를 하는 것으로 오해했지만, 이미 전쟁이 끝난 후였다. 이 무렵, 대공 레이더 안테나가 초보적인 전파 망원경으로 탈바꿈하고 있었던 것이다.

사실 천문학이 빨리 발전할 수 있었던 것은 전파천문학이 엄청난 양의 전쟁 잉여물을 입수할 수 있었기 때문이다. 이 새로운 학문을 처음 시작한 사람은 기술자들이었다. 광학천문학자들은 이 사람들을 몹시 오해한 것 같다. 예를 들어 1947년, 영연방 천문대(오늘날 스트로믈로산 천문대로 알려진) 대장은 10년 후, 전파천문학의 위상이 어떠할 것 같은가라는 질문을 받자³⁴⁷ 표독스럽게 대답했다. '잊혀지겠지요.'

두 파장대가 상호 보충적인 것임에도 불구하고, 같은 우주의 모습을 각각 다르게 보여주었다. 전파 천문대는 호주와 네덜란드, 영국에 설립되었다. 조드렐 뱅크에 있는 76미터(250피트)짜리 전파 망원경(1957년 완성됨), 파키스에(1961년) 있는 64미터(210피트)짜리 전파 망원경 같은 것들이 순식간에 전파천문학의 표상이 되었다. 이 거대한 전

**전파** 파장이 10밀리미터보다 큰 전자기파.

파 망원경도 광학 망원경처럼 작동 수명이 매우 길다.

오늘날 전파 망원경은 친숙한 단일 접시 형태나 여러 개의 독립 망원경 배열 형태를 갖고 있는데, 이러한 배열 형태는 훨씬 더 큰 망원경과 같이 작동하도록 도와준다. 세계에서 가장 큰 단일 접시는 푸에르토리코(1963년) 아레치보에 있는 2백 미터(1천 피트)짜리 망원경으로, 자연적으로 움푹 팬 땅에 고정된 접시를 세웠다. 이런 종류의 망원경은 다 이 정도 크기에서 머물 것이다. 그러나 이 배열로는 하늘 자체가 한계였다. 문자 그대로 어떤 전파 망원경 배열은 우주에서 작동한다. 아마 훨씬 더 야심 찬 것은 제곱킬로미터 배열*로 최초의 은하가 생성되기 전 소위 암흑시대에서 나오는 흐린 빛을 모을 수 있게 설계한 지상 망원경이다. 2010년대 호주의 중앙 지역에 만들어질 이 망원경의 1백만 제곱미터 집광 면적*은 지름이 1천 킬로미터인 전파 망원경으로 합성될 것이다.

전파천문학자들은 망원경의 배열을 이용해 대기의 요동에 구애받지 않고 천체의 세밀한 작은 부분까지 지도로 만들 수 있는 새로운 방법을 개척하고 있다. 이제 밀리초*의 분해능은 흔해빠진 일이 되었고, 지상의 광학천문학자들은 그저 부러운 눈길로 이를 바라볼 뿐이다.

**제곱킬로미터 배열** 망원경의 집광 면적이 1백만 제곱미터인 전파 망원경 제작 프로젝트. 2020년 완공을 목표로 하는 국제 공동 프로젝트이다.

**집광 면적** 빛을 받아들이는 주경의 넓이.

**밀리초** 1도의 60분의 1일 1분이고, 1분의 60분의 1이 1초이다. 이것의 첫분의 1이 1밀리초이다.

### 우주 망원경

1956년 1월 1일, 11대 왕립 천문학자 리처드 반 데어 리엇 울리 Richard van der Riet Wooley는 왕립 그리니치 천문대의 대장이 되었다.**348** 천문대는 빛의 오염이 심각한 그리니치에서 서섹스 외곽 허스먼스 성으로 옮겼다. 울리는 땅에 발을 딛고 관측하는 전형적인 광학천문학자 가운데 한 사람이었다.

그는 캔버라에 있는 영연방 천문대의 대장으로 있으면서 최신식 전파천문학에 대해 매우 분명하게 말한 적이 있다. 영국에 도착하자마자 한 언론인으로부터 우주 연구의 전망에 대해 질문을 받은 것이다.[349] 거의 20년 후, 내가 거기에 갔을 때도 그가 했던 대답이 여전히 허스먼스 성 복도를 메아리치고 있었다. '다 헛소리요!' 영국 천문학의 거장이 단호하게 선언한 지 2년도 채 안 되어 세계는 러시아의 무인 우주선 스푸트니크 1호의 발사와 더불어 우주 시대로 진입했다.

공정하게 말하면, 울리가 깔보듯 말한 것은 심사숙고한 뒤에 한 말이 아니라 순간적으로 나온 말이었다. 왜냐하면 울리는 우주 망원경의 유익함을 누구보다 잘 알고 있었기 때문이다. 단지 그가 알 수 없었던 것은 지구의 대기에 흡수되는 빛으로 우주에 대한 관점을 어디까지 구체화할 것인가 하는 점이었다.

첫 번째로 탐사해야 할 새로운 파장대는 가시광선의 극단에 있는 파장대인 자외선과 적외선이었다. 1960년대 초, 천문학자들은 지상 망원경을 이용해 짧은 적외선(적외선 스펙트럼의 '가까운' 쪽)으로 하늘을 탐사하기 시작했다. 오늘날 근적외선천문학*은 거대한 광학 망원경의 능력을 포함하지만, 우주의 구름을 관통해 차가운 별을 보여주는 적외선천문학*은 지구 대기 위로 쏘아 올려진 망원경이 있어야만 완전해질 수 있었다.

1970년대와 1980년대에 우주 적외선 망원경과 우주 자외선 망원경이 성공함으로써 우리가 갖고 있던 우주에 대한 이해는 혁명적으로

**근적외선천문학** 가시광선과 가까운 쪽 파장대의 적외선을 이용한 천문학.

**적외선천문학** 적외선을 이용한 천문학.

바뀌기 시작했다. IRAS Infrared Astronomy Satellite와 IUE International Ultraviolet Explorer와 같은 약자는 현대의 천문학자들에게 널리 알려진 이름이 되었다. 같은 시기에, 엑스선*과 감마선*으로 알려져 있는 매우 짧은 파장의 복사를 이용해 우주를 연구함으로써 우주가 가장 높은 에너지에서 어떻게 작용하는지 알게 되었다.

종종 뜻밖의 수확을 얻기도 했다.[350] 1967년, 미국 공군이 불법 핵무기 실험에서 나오는 감마선 섬광을 감지할 목적으로 발사한 일련의 인공위성이 하늘에서 종종 일어나는 빛의 폭발을 보기 시작한 것이다. 1973년에 발표된 분석 결과, 이 섬광이 우주 깊은 데에서 오는 것이라고 결론을 내렸다. 더 많은 관측이 뒤따랐지만, 거의 25년이 지나서야 이 신비스러운 감마선 폭발이 우주 속 얼마나 먼 곳에서 일어나는지 알게 되었다. 1997년, 광학 망원경으로 후속 관측을 한 결과, 섬광이 글자 그대로 수십억 광년 떨어진 곳에 있는 물체로부터 나온 것이라는 사실을 밝혀낸 것이다. 어떤 감마선 폭발체들은 짧은 순간 동안 우주 전체에서 가장 밝게 빛나는데, 이는 별들이 엄청난 양의 에너지를 뿜어내고 있다는 사실을 말해주는 게 분명했다. 오늘날 우리는 이 섬광이 매우 무거워진 별들이 짧은 인생을 마칠 때 일어나는 폭발에서 나오는 것이며, 지금은 더 이상 일어나지 않는 현상이고, 그 빛이 먼 우주를 건너오는 데에 오랜 시간이 걸렸기 때문에 지금에야 보이는 것뿐이라는 사실을 알고 있다.

오늘날 우주선에는 다양한 망원경들이 많이 장착된다. 가장 눈에 잘 띄는 것은 나사NASA의 네 개의 '대천문대'인 허블 우주 망원경(자외선과 가시광선 관측을 위해 1990년에 발사됨), 콤프튼 감마선 천문대(1991년 발사되어 2000년에 임무를 마침), 찬드라 엑스선 천문대(1999년에 발사

**엑스선** 파장이 0.04에서 100나노미터인 전자기파.

**감마선** 파장이 0.04나노미터보다 짧은 전자기파.

됨), 스피처 우주 망원경(2003년에 적외선 관측을 위해 발사됨)일 것이다. 여러 나라의 우주국이 다양한 임무를 수행하기 위해 운영하는 우주 망원경들도 많다. 이 망원경들의 임무에는 엑스선으로 태양을 감시하는 것에서부터 대폭발 자체의 잔해를 지도로 만드는 일까지 포함된다. 놀라운 사실은, 우주가 탄생하던 순간에 일어난 약한 초단파 되울림*을 우리가 절대로 꿰뚫어볼 수 없는 '우주 벽지'*로 아직도 감지할 수 있다는 것이다. 그리고 이 보이지 않는 빛들로는 충분하지 않은 듯, 지상 망원경과 우주 망원경으로 우주에서 오는 원자보다 작은 입자들(우주선*, 양성자*, 중성미자*)을 발견하려 하고 있다.351

실제로 현대의 천문학자들은 우주가 해독해야 하는 자료로 홍수를 이루고 있다는 사실을 직면했다. 이제 어느 한 개인이 모든 걸 따라가는 것은 불가능해진 것이다. 따라서 3000년대에 실행할 첫 번째 협력 기획안에서는 국제적 가상 천문대를 설치해 정보의 대혼란을 정리하려 하고 있다. 이 가상 천문대는 마우스만 클릭하면 모든 자료 보관소에서 어느 천체에 관한 다파장* 관측 자료도 다 찾아볼 수 있는 전세계적 컴퓨터 망으로서, 지상에 있든 우주에 있든 모든 위대한 망원경의 영원한 세계 유산이 될 것이다.

20세기 말, 가장 심오하고 들뜨게 만드는 천문학적 인식이 과학계에 밝아오고 있었다. 그리고 어느새 특히 우주론 학자에게 유용한 것으로 변해갔다. 이 망원경은 인간의 천재성의 소산이 아니라 자연 자체의 발명품이었다.

눈이 망원경과 비슷하다는 것은 잘 알려진 사실이다. 이들 모두 상을 만드는 체계이다. 그리고 수정질렌즈*가 충분히 긴 초점거리만 갖

**초단파 되울림** 먼 우주에서 오는 빛은 그 파장이 늘어져 길어지는데 우리가 관측하는 그 빛은 초단파에 해당한다.

**우주 벽지** 구름 속을 볼 수 없고 그 표면만 볼 수 있듯이 우리가 우주의 과거를 볼 때 더 이상 볼 수 없는 한계가 있다. 불투명도가 낮아져서 우리가 볼 수 있는 곳까지의 시간을 적색 편이로 환산하면 그 값이 약 1089이다.

**우주선** 우주를 날아다니는 입자들을 일컫는다.

**양성자** 수소의 핵에 해당하는 입자.

**중성미자** 중성미자는 약한 상호작용만 하는, 질량이 매우 작은 기본 입자이다. 1990년대 말까지 질량이 없다고 생각했으나, 1999년 슈퍼 카미오칸데 실험 이후 여러 실험을 통해 질량이 있다는 것이 확인되었다.

**다파장** 관측하는 파장에 따라 천체가 다르게 보이므로 여러 파장으로 관측하면 정확한 성질을 이해하는 데 도움이 된다.

**수정질렌즈** 눈의 수정체.

## 은하와 함께 걷기

는다면 우리에게 확대된 세계 전망을 가져다줄 것이다. 더 오래 살아남기 쉬운 것은 정상적인 눈이 보여주는 넓은 시야이다.[352]—그리고 수정질렌즈가 충분히 긴 초점거리를 갖는다면 우리는 더 멀리까지 볼 수 있게 된다. 생존하는데 더 유용한 것은 넓은 시야를 갖는 것이다. 하지만 자연은 훨씬 방대한 망원경을 만들었다.

광학천문학과 전파천문학이 매우 성공적으로 협력함으로써 1960년대에 새로운 천체 부류가 발견되었다.[353] 준성전파원quasi-stellar radio source(별처럼 보이지만 강한 전파를 내는 물체)*의 약자로 퀘이사Quasar*라는 이름을 얻은 이것은, 젊은 은하의 강력한 핵으로서, 초대질량* 블랙홀*로부터 힘을 공급받는다. 블랙홀은 빛조차도 도망갈 수 없는, 우주의 매혹적인 중력적 흡입구이다. 퀘이사는 감마선 폭발체처럼 멸종되었지만, 시간으로 수십억 년 지난 과거에 해당하는 거리에 있기 때문에 보이는 것이다.

1979년, 천문학자들은 애리조나에 있는 킷픽 국립 천문대에 있는 2.1미터(84인치)짜리 망원경으로 이중퀘이사를 발견했다.[354] 이것은 하늘에서 약 6초만큼 떨어져 있는 동일한 스펙트럼 성질을 갖는 물체 두 개로 이루어져 있었다. 어떻게 똑같은 퀘이사가 우연히 나란하게 놓일 수 있단 말인가? 확률의 법칙에 대한 도전이 아닐 수 없었다. 어떤 사람들은 같은 물체의 이중상일 것이라고 했다. 일종의 우주의 신기루처럼 말이다. 다른 사례들이 뒤따랐다. 1980년대에는 거대한 은하단 근처에서 희미한 빛의 원호가 발견되었다. 이것들은 또 무엇인가? 방황하는 수십억 개의 별들로 이루어진 은하의 조각인가? 아니면 더 신기한 무언가가 진행되고 있는 것인가?

천문학자들은 곧 깨닫기 시작했다. 그렇다. 그들은 알베르트 아인

---

**준성전파원** 이 천체는 처음에 우리 은하에 평범한 별로 간주되었다. 결론적으로 우주 초기에 만들어진 은하이지만 멀리 있기 때문에 별처럼 보인 것이다. 게다가 대부분 이런 천체는 강한 전파를 내기 때문에 준성전파원이라고 부르게 되었다.

**퀘이사** 거대한 블랙홀이 엄청난 에너지를 만들고 있는 은하핵.

**초초대질량 블랙홀** 보통 태양 질량의 1백만 배에서 수십억 배가 되는 블랙홀이다. 활동성 은하의 핵에만 존재한다고 믿어 왔으나 근래 들어서는 모든 은하가 이런 초대질량 블랙홀을 중심부에 품고 있다고 생각된다.

**블랙홀** 빛도 탈출할 수 없을 정도의 강력한 중력장을 가진 천체.

슈타인Albert Einstein(1879-1955)이 50년 전에 제기한 신비한 현상을 보고 있었던 것이다. 이 전설적인 물리학자는 다음과 같이 주장했다. '만약 관측자와 멀리 있는 물체 사이에 은하나 은하단과 같은, 질량이 큰 물체가 놓이면, 그 큰 물체는 마치 거대한 렌즈처럼 작용해 멀리 있는 물체의 상을 빛의 고리 모양으로 만들 것이다.' 중력 자체가 빛을 구부리기 때문이다.[355] 이것은 1915년에 발표된 아인슈타인의 일반 상대성 이론*의 결과였다. 이 이론은 발표된 지 4년 후에 일어난 태양의 개기일식 때 증명되었다. 이런 현상을 중력렌즈*라고 하고, 중력렌즈가 만드는 상을 아인슈타인 고리*라고 한다. 만약 관측자—렌즈—대상이 만드는 정렬이 완벽하게 일직선을 이루지 않으면 이중상이나 불완전한 호가 만들어진다. 천문학자들이 관측한 것과 정확히 일치한다. 그리고 종종 일어나는 것처럼, 이중상이나 호*는 중간에 있는 은하나 은하단이 너무 어두워서 보이지 않을 경우, 중력렌즈의 확실한 출처를 알 수 없게 된다.

오늘날 우리는 다양한 종류의 상을 만드는 중력렌즈를 많이 알고 있다. 완벽한 아인슈타인 고리는 드물지만, 희미한 빛의 호는 멀리 있는 은하단 사진에서 아주 많이 볼 수 있다. 이것들은 우주론 학자들과 천문학자들에게 무한한 가치가 있는 것으로, 렌즈 역할을 하는 은하단에 있는 보이는 물질과 보이지 않는 물질의 분포를 말해준다. 밝은 물질과 암흑 물질이 공간에 분포되어 있는 방식이 물체의 상의 위치와 모양에 영향을 주기 때문이다. 따라서 중력렌즈가 암흑 물질의 성질을 연구하는 도구가 되는 것이다.

그러나 더 중요한 것은 멀리 있는 천체로부터 오는 빛을 증대하는 중력렌즈의 효과이다. 우리로부터 너무 멀리 떨어져 있어서 종종 보이

**일반 상대성 이론** 일반 상대성 이론은 알베르트 아인슈타인이 제안한 기하학적 중력 이론이다. 이것은 특수 상대성 이론과 중력 이론을 하나로 통합한 이론으로서, 중력을 힘이 아니고 굽은 시공간에서 나타나는 현상이라고 해석한다. 전통적으로 힘의 세기라고 해석된 시공간의 곡률은 중심체의 질량에 의해 결정된다.

**중력렌즈** 광학렌즈에 의해 빛의 경로가 굴절되듯이 강한 중력을 가진 천체에 의해 빛의 경로가 굴절되는데, 이런 역할을 하는 것을 중력렌즈라고 한다.

**아인슈타인 고리** 빛을 내는 천체와 빛을 굴절시키는 천체 및 관측자가 일직선을 이룰 때 생기는 고리 모양의 상(아인슈타인 고리)이 있는가 하면, 네 개의 영상이 십자가 모양으로 배열(아인슈타인 십자가)되기도 하고, 거대한 호 모양으로 늘어서기도 한다. 가장 유명한 중력렌즈는 페가수스자리에서 관측된 '아인슈타인 십자가' 혹은 '후크라렌즈'이다.

**이중상이나 호** 빛을 내는 천체와 중력렌즈가 일직선을 이루지 않을 때 상이 분리되거나 원호의 모습을 만든다.

지 않는 은하들과 퀘이사들도 훨씬 가까운 은하들의 중력렌즈 효과 때문에 보일 수 있다. 이것은 엄청나게 멀리 떨어져 있는 은하들의 스펙트럼을 측정할 수 있게 해주고, 빛이 은하들을 떠났을 때, 다시 말해 유년기의 우주 상태를 알게 해준다. 중력렌즈는 망원경과 완전히 동일하게 작용한다. 중력렌즈가 만든 상은 전혀 완벽하지 않아 정제되지 않은 것이지만 말이다. 그러나 중력렌즈는 빛을 증대시키는 일에서만은 지름이 수백만 또는 수억 광년인 망원경으로서 기능한다.

역사적으로 유명한 망원경 제작자와 천문학자가 우주를 탐사할 망원경을 만든 것은 자연이 스스로 사용할 수 있는 가장 큰 구조물로 해낸 일을 단순히 흉내 낸 데에 불과하다. 이 책에 나오는 위대한 사람들의 대부분은 자신들이 실제로 은하와 함께 길을 걸었다는 사실을 몰랐을 것이다.

# 16 강력한 망원경

Power Telescopes

## 새천년으로 과감하게 나아가다

망원경 제작 기술의 수준과 앞으로의 전망을 알고 싶으면 국제 심포지엄에 참석해보라. 이런 심포지엄이 우리의 《망원경으로 떠나는 4백 년의 여행》을 시작하는 곳이다. 이러한 국제 심포지엄은 흔히 있는 일이 아니다. 2000년, 《천문학 연보》를 통해 오랫동안 활발히 논의할 매우 중요한 심포지엄이 있었다. 적어도 열세 개가 넘는 별도의 학회 모임이 동시에 진행될 정도로 아주 큰 학술 회의로 1,300명의 과학자와 기술자, 여러 기관의 책임자와 저명한 교수, 천문학자들이 사용할 기기에 관심을 갖고 있는 사람들이 참석했다. 폭넓은 공개 토론회에서 우주의 수수께끼와 공학의 기본적 요소들이 서로 만났으며, 자발적으로 참여한 참석자들에게 망원경의 미래가 달려 있었다.

## 강력한 망원경

심포지엄의 제목은 '새천년을 향한 강력한 망원경과 기기'로, 심포지엄의 기백을 대담하게 공표한 것이었다.[356] 심포지엄은 3월 마지막 주에 독일 뮌헨에서 열렸는데, 3월 말인데도 뮌헨에는 봄소식이 오지 않은 듯했다. 심포지엄 기간 내내 날씨가 좋지 않았다. 참석자들은 얼음같이 차가운 비바람과 진눈깨비와 눈을 번갈아가며 참아야 했다. 마지막 날에야 겨우 태양이 얼굴을 내밀었다.

신랄한 비아냥거림과 날카로운 비평은 차분한 학문적 분위기에 가려졌지만, 뮌헨 국제 대회장에서 열린 심포지엄은 여러 면에서 바깥 날씨만큼이나 격앙된 상태였다. 참석자들과 합류해서 열띤 논의를 엿들어보기로 하자. 그러기 전에 먼저 그들의 열정을 조금 더 조사해보아야 한다.

먼저 극단적 배타주의가 있었다. 보기 드문 우월주의의 일종이기는 하지만, 우월주의임에는 틀림없었던 이것은 현대 천문학자들이 사용하는 다른 종류의 망원경에 대한 것이다.

1932년, 벨 전화 연구소의 칼 잰스키가 우주에서 오는 전파를 발견하기 전까지는 오직 한 종류의 망원경만 있었다. 일상적인 가시광선을 모아 초점을 맞추는 이 망원경은 정보를 복구하기 위해 빛의 과학을 이용한다. 처음에는 인간의 눈으로, 1880년 이후에는 사진 건판으로.

다양한 종류의 자연 복사파가 우주를 가로지르고 있는데, 오늘날에는 다양한 자연 복사파의 종류만큼 다양한 형태의 망원경이 있다. 다양한 이름들은 빛의 종류—감마선, 엑스선, 자외선, 가시광선, 적외선, 밀리미터파(초단파)\*, 전파—와 관련이 있다. 파장의 순서에 따라 배치하면 전자기파의 스펙트럼(빛띠)을 형성하는데, 이 스펙트럼의 중간쯤 되는 영

**밀리미터파(마이크로파)**
파장이 1에서 30밀리미터인 전자기파.

역이 우리 눈이 민감하게 반응하는 복사파이다. 복사파의 파장은 나노미터*(1밀리미터의 1백만분의 일) 단위로 측정된다. 이 복사파는 보라색에 해당하는 파장인 약 4백 나노미터에서 진한 붉은색에 해당하는 7백 나노미터까지 포함된다. 이 사이에는 눈으로 볼 수 있는 가시광선 스펙트럼의 무지개가 있다.

천문학자들이 최근 몇 년간 우리에게 알려준 사실 가운데 하나는, 전체 스펙트럼에 해당하는 복사에 지구가 늘 젖어 있다고 하는 사실이다. 우주의 어느 곳에서든 이것을 확인해볼 수 있다. 복사의 많은 부분이 대기에 흡수되어 지구 표면에 도착하지 못하기 때문에 엑스선이나 감마선을 관측하려면 우주선에 특수 망원경을 탑재해야 한다. 하지만 가시광선은 물론이고 전파와 적외선의 일부분은 지상에서도 관측할 수 있다.

다른 파장대의 빛을 이용한 망원경과 구별하기 쉽게, 가시광선을 이용하는 망원경을 광학 망원경이라고 부른다. 광학 망원경은 어두운 곳에서만 능력을 발휘하기 때문에 밤에 관측해야 하며, 하늘도 맑아야 한다. 새롭고 매력적인 전파천문학이 있지만, 광학 망원경은 우주를 연구하는 일에서 아직도 중요한 역할을 하고 있다. 가시광선은 전자기파 스펙트럼의 중간에 있고, 대부분의 일반 별들이 가시광선 영역에서 에너지를 방출하기 때문에 광학 망원경의 수요가 느는 것이다.

물론 광학 망원경의 역사는 다른 형태의 망원경보다 3백 년 이상 앞선다. 토론장에 참석한 사람들이 '눈으로 볼 수 없는' 새로운 천문학에 말로만 호의를 베푸는 것도 놀랄 일이 아닌 것이다. 그 밑바닥에는 분명하고도 근원적인 공감대가 있었다. 이 모임에서는 광학천문학이 지배했다. 좋다. 뮌헨에서 파장 우월주의는 건재했다.

**나노미터(nm)** 1백만분의 1밀리미터.

## 강력한 망원경

그 다음은 크기에 대한 집착이었다. 왜 광학 망원경은 그렇게 커야만 하는가?

게리 라슨의 만화에 나오는 망원경과 달리, 오늘날 진짜 망원경은 중심에 오목한 거울이 있다. 이 얇고 오목한 거울이 빛을 모으고 입사되는 빛의 초점을 모은다. 크면 클수록 빛도 더 많이 모으고 집중한다. 빛에 대해 도무지 만족할 줄 모르는 천문학자들에게는 이것이 가장 큰 불만이다. 빛을 더 많이 모을수록 더 희미한 물체를 연구할 수 있다.

천문학자들로 하여금 훨씬 더 큰 망원경 거울을 갖고 싶어 하도록 유혹하는 게 한 가지 더 있다. 이것은 분해능이라고 알려진 것으로, 확대된 하늘의 영상에서 볼 수 있는 세밀한 부분의 섬세함을 나타낸다. 분해능을 추구한 세월은 망원경 자체의 역사만큼이나 오래되었다. 망원경이 놀라운 발명품이 된 이유도 눈에 보이지 않는 세밀한 것을 볼 수 있기 때문이라는 것을 생각하면 아주 당연한 일이다. 오늘날에도 광학 기구의 완성도가 높을 때 망원경 거울이 크면 클수록 더 정밀하고 세밀한 것을 볼 수 있다.

분해능도 하늘의 모든 치수처럼 각으로 측정되며[357], 초arcsecond*로 표시된다. 나노미터가 길이에 관련된 것처럼, 초는 각에 관련된 미시적인 단위이다. 기하학 지식에 의하면, 1초는 1도의 3,600분의 1이다. 1초가 얼마나 작은지 실감하려면, 5킬로미터 떨어진 곳에서 동전을 들고 있는 사람을 상상해보면 된다. 호주의 1달러짜리 동전, 영국의 1파운드짜리 동전, 미국의 25센트짜리 동전 모두 크기가 비슷하다. 여러분 눈에 보이는, 5킬로미터 떨어져 있는 그 동전의 지름이 바로 1초이다. 동전을 보려면 아주 큰 망원경이 필요한 것이다.

분해능에 숫자를 입히면, 지름 1미터인 망원경 거울은 이론적으로

**초(각초)** 1도의 3,600분의 1에 해당하는 각. 비구면 구의 한 부분이 아닌 광학면. 예를 들면 포물면이나 타원면.

0.1초—50킬로미터 떨어져 있는 동전—보다 조금 더 큰 크기의 세세한 모습을 볼 수 있다.[358] 지름이 4미터인 거울은 이 크기의 4분의 1만큼 더 자세히 분해해서 볼 수 있다. 즉, 0.03초이다. 이 정도이면 적색 거성인 베텔기우스의 원반 면이나 명왕성의 표면을 검출하기에 충분하다. 거울이 크면 클수록 분해능도 확실히 좋아진다.

그런데 불행하게도 분해능을 엉망으로 만드는 자연 현상이 있다. 바로 대기의 요동이다. 우리는 제트 비행기가 고도 10킬로미터쯤에서 난류 상태의 공기*를 가르며 비행할 때 무슨 일이 일어나는지 잘 알고 있다. 구름 한 점 없는 하늘에서조차 신경을 건드리는 진동과 흔들림이 발생할 것이다. 난류는 이 상태의 대기를 통과해 내려오는 빛의 광선에 놀랍게도 동일한 효과를 낸다. 이 때문에 맨눈으로 별을 보면, 별이 매력적으로 반짝이는 것이다. 망원경에서는 별이 극미하게 작은 점으로 보여야 하는데, 이 난류 때문에 보풀 같고, 떨리는 공처럼 확대되어 보인다.

천문학자들은 3백 년 이상 대기의 요동 정도를 '시상'으로 표시해 왔다. 이 용어는 난류 때문에 퍼져 보이는 별의 크기를 말한다. 완벽하게 안정적인 공기에서 가장 좋은 시상은 지름이 0.3초쯤 되는 별의 상을 만든다. 시상이 나쁠 때는 별의 영상을 3초 또는 그 이상 퍼지게 한다. 어쨌든 망원경이 나타낼 수 있는 정교한 세부 사항은 확대된 빛의 얼룩 때문에 완전히 사라지게 된다.

**대기 난류** 공기 흐름의 무질서한 움직임.

## 강력한 망원경

### 보이지 않는 것을 보다

어떻게 하면 시상 문제를 해결할 수 있을까? 직접적인 해결책은 망원경을 대기권 밖으로 올리는 것이다. 하지만 그러려면 비용이 상당히 많이 든다. 1990년에 발사된 허블 우주 망원경은 사실 이를 염두에 두고 설계한 망원경이었다(대기권 밖에서 관측하기 때문에 전례 없이 자외선 영역에서도 관측이 가능했다).[359] 지름이 2.4미터인 주경에 결함이 발견되어 1993년에 수리를 할 때 구조 임무를 맡은 자격 있는 기술자가 설계 당시 의도한 분해능을 대부분 복구했다. 허블 우주 망원경 이야기는 잘 알려져 있지만, 비용에 대해서는 잘 알려지지 않았다. 제작과 발사, 수리에 들어간 최종 비용은 미국 돈으로 20억 달러(1990년 기준)가 훨씬 넘는다. 2010년 후, 언젠가 연구 과제가 종료될 때까지 들어갈 최종 비용을 따져보면 60억 달러가 훌쩍 넘을 것이다.

몇 가지 비싼 항목을 제외한 총 합계는 과학계에 거의 알려져 있지 않다. 궁극적으로 더 큰 망원경인 제임스 웹 우주 망원경이 허블 우주 망원경을 계승할 것이다. 2011년에 발사할 예정인 이 망원경은 허블 우주 망원경과는 매우 다를 것이다.[360] 지름이 6.5미터인 주경을 탑재할 것이고, 적외선에서 작동할 것이다. 게다가 저 지구 궤도를 돌지 않고, 지구에서 150만 킬로미터쯤 떨어진 곳에서 열심히 임무를 수행할 것이다. 이 망원경을 지지하는 사람들은 허블 망원경보다 비용이 훨씬 적게 들 거라고 기대하고 있다.

허블 망원경과 제임스 웹 우주 망원경 모두 특수한 망원경이다. 천문학자들은 다양한 필요를 충족시키려면 덜 비싼 지상 망원경을 만들어야 한다고 입을 모은다. 허블 망원경에 들어가는 20억 달러는 현재 지상에서 가장 큰 종류의 망원경 스무 개를 만들 수 있는 금액이기 때문이다. 따라서 현재 천문학자들에게는 대기의 난류를 정면으로 돌파하는 것 외에 다른 선택의 여지가 없다.

지구의 어떤 지역은 다른 지역에 비해 시상이 나쁠 수 있기 때문에 과학자들은 1960년대에 가장 좋은 관측 조건을 가진 곳이 어디인지 확인하기 위해 부지 평가 연구에 착수했다. 전세계에 퍼져 있는 과학자들은 외진 연구 시설로 쉽게 출입할 수 있게 해주는 몸체가 넓은 차세대 제트기 덕분에 어디든 갈 수 있게 되었다. 이전까지는 거기가 어디든 천문학자들이 있는 곳에다 망원경을 세웠는데, 물론 그곳이 항상 관측하기 좋은 장소였던 것은 아니다.

천문대의 위치로 완벽한 곳은 하늘이 맑고, 도시의 인공적인 빛에 덜 노출되고, 시상이 좋은 곳이다. 이 조건을 모두 충족하는 곳이 곧 천문학의 성배였다.[361] 지형 조건은 아주 중요한 역할을 하기 때문에 이런 곳들은 전형적으로 중위도(남반구이든 북반구이든 위도 20도에서 40도 사이)에 있는, 고도가 3,500미터(11,500피트)이상 되는 산 정상이고, 대양의 동쪽 경계에 가까운 곳이다. 산 정상이 해안에서 떨어진 섬에 있고, 지역적으로나 계절적으로 가장 거센 바람이 불 경우에 대비해 산세가 유선형인 곳이 좋다.

북반구에는 미국의 남서부, 하와이의 빅 아일랜드, 카나리아 제도의 라팔마 섬이 그런 곳이다. 유럽 대륙은 대부분 그저 그런 날씨에다 밝은 불빛 때문에 제외되었고, 남반구에서는 북부 칠레의 산악 지역과 남부 아프리카의 높은 건조 고원 지대가 유망했다. 뉴사우스웨일스 중심부에 있는 사이딩 스프링 천문대는 세계에서 인공 빛에 가장 덜 오염된 곳 가운데 하나이다. 하지만 호주에는 서부 해안 지대에 높은 산

## 강력한 망원경

이 없어 자랑할 만한 관측 부지가 없다. 요즘 들어 가능성이 있는 몇 군데를 더 발견했는데, 예를 들면, 남극 대륙 남극 주위에 있는 고원은 적외선 관측을 하기에 아주 좋은 조건을 갖고 있다. 남극에서는 6개월 동안 밤이 계속되기 때문이다.

큰 망원경들을 높은 산 부지에 세웠을 때 일반적으로 얻을 수 있는 시상은 0.5에서 1초였다. 훌륭하기는 하지만, 망원경 거울 크기로 결정되는 본래 분해능에는 여전히 못 미쳤다. 그때 유망한 새 기술이 나타남으로써 심오한 천문 기기 분야에 혁명을 일으켰다.

천문학자들이 말하는 천문 기기는 망원경에 장착되는 보조 장치를 의미한다.[362] 하지만 여러 의미에서 보조 장치들이야말로 천문학자들에게 정말 필요한 도구들이다. 망원경은 단순히 보조 장치들에 빛을 전달하기 위해 있는 것에 불과하다. 보조 장치에는 고감도 전자 사진기에서부터 분광기까지 포함된다. 분광기는 깊은 심연의 우주를 건너온 중요한 정보가 파장별로 드러나도록 천체의 무지개 스펙트럼을 채를 치는 마술 같은 장치이다.

1980년대 후반에 이르자 기기 설계자들은 불가능을 약속하기 시작했다. 그리고 나서 지구 대기의 요동이 별빛을 번지게 하는 효과를 상쇄할 장치를 제시했다. 이 장치는 천체를 유례없이 자세하게 조사할 수 있게 해주었다. 이 마술 같은 재주는 비밀이 해제된 별들의 전쟁 기술을 이용해 실행된 것이다. 적응광학*이라고 알려져 있는 이 기술의 원리는 작고 변형 가능한 거울로 단순히 상의 번짐을 중화시키는 것이다. 이 거울은 입사된 뒤틀린 빛과 정확히 반대로 일치해 휘어진다. 초기 실험이 완벽하게 성공하자 천문학자들은 지상 망원경이 타고난 분

**적응광학** 대기의 난류 때문에 시상이 나빠져 상이 번져 보이는데, 번져 보이는 상을 보정하기 위해 레이저를 이용해 관측하는 기술.

해능에만 제한받게 될 가까운 미래를 그려보기 시작했다. 드디어 대기 시상의 저주는 풀렸고, 참석자들은 이 적응광학의 최신 발전 사항에 대해, '새천년을 향한 강력한 망원경과 기기'에 대해 간절히 듣고 싶어 했다.

## 강력한 망원경

뮌헨의 국제 대회장의 따뜻한 강당을 들끓게 한 기본 구성 요소는 지상 광학 망원경에 대한 애착과 크기에 대한 강박관념 그리고 적응광학의 가능성에 대한 열광적인 흥분, 이 세 가지였다.

지난 수백 년에 걸친 망원경의 발전을 배경으로 생각해보면, 그들이 왜 그렇게 독한 술을 만들었는지 이해하기가 쉬워진다. 20세기가 되면서 지름이 1.5미터(60인치)인 거울을 가진 망원경은 상당히 큰 것으로 생각되었다. 1918년에는 지름이 2.5미터(1백 인치)인 망원경이 만들어졌고, 1948년에는 지름이 5미터(2백 인치)인 망원경이 작동할 준비를 마쳤다. 그러나 1970년대와 1980년대 동안 4미터짜리 망원경을 늘리는 일이 망원경 하나하나의 성공보다 더 중요했다. 전세계에 퍼져 있던 4미터짜리 망원경 가운데 여덟 개가 차세대 천문학자들에게 중요한 도구를 제공함으로써 우주에 대한 이해를 혁신했다. 이 망원경들을 통해 우주의 지평선이 수십억 광년이나 확장되었을 뿐만 아니라 중성자별\*, 블랙홀\*, 준항성체와 같은 이국적인 천체들을 발견했다.

그러나 뮌헨에서는 새로운 기준이 정해지고 있었다. 1970년대 이후, 기술이 발전하자 기술자들은 더 큰 망원경을 만들게 되었다.[363] 당

---

**중성자별** 중성자별은 항성 진화의 종점 가운데 하나이다. 중성자별은 무거운 항성이 항성 진화의 마지막 단계에서 II형, Ib형 혹은 Ic형 초신성을 겪은 다음에 남게 되는 핵이 중력 붕괴를 거치면서 만들어진다. 중성자별의 밀도는 중성자의 밀도와 맞먹는다.

**블랙홀** 이것은 질량이 매우 큰 별의 진화 마지막 단계에서 만들어진다. 이러한 별들은 내부 열핵 반응에 필요한 연료가 모두 소모된 마지막 순간에 불안정해서 자체 중력에 의해 스스로 붕괴되기 때문에 생성된다. 사멸해가는 별은 구성 물질이 사방에서 붕괴되기 때문에 특이점(singularity)이라고 하는, 부피가 0이고 밀도가 무한대인 한 점으로 압축된다. 블랙홀의 자세한 구조는 아인슈타인의 일반 상대성 이론으로 계산된다.

## 강력한 망원경

시 4미터짜리 망원경에 사용된 최첨단 유리-세라믹 거울은 두껍고 움직이지 않는 조각으로, 거대한 몸통이 빛을 반사시키는 앞면의 윤곽을 받치고 있었다. 그러나 이제는 망원경이 어디를 바라보든지간에 컴퓨터가 조종하는 기계적인 손가락으로 훨씬 더 얇은 거울 형태를 유지하고 있다. 거울은 단일 조각의 유리\*로 만들 필요도 없어졌다. 거울은 육각형 모양의 더 작은 조각으로 분리되어 각각 같은 종류의 지능적 조정으로 정밀하게 정돈되어 한 장의 거울처럼 움직일 수 있다.

거울이 가벼워지자 구조물도 가벼워졌고, 외관은 거미줄 같아졌다. 특히 거미줄 같은 생김새는 보이는 것과는 달리 강점이 뛰어났다. 망원경 덮개 설계는 단순한 둥근 지붕 모양보다 훨씬 더 복잡해져 공기가 국부적 난류를 만들지 않고 자유롭고 부드럽게 빠져나가게 해주었다. 개선된 조종 체제로 망원경이 1초보다 작은 오차 안에서 목표물을 지향할 수 있게 해주었다. 망원경은 이 모든 성장에 힘입어 1970년대의 성과를 다시 한 번 이룰 준비를 마쳤다. 이번에는 8미터짜리 망원경이었다.

8미터짜리 거울은 엄청나게 커서 교외에 있는 웬만한 주택의 마당 크기이다. 거울의 반사면은 거울을 지구의 크기로 확대했을 때 최대 불규칙도가 문턱보다 높지 않을 정도로 최고로 완벽해야 한다. 8미터급 망원경의 가격이 1억 달러에 가깝고, 망원경을 만드는 데에 다국적 조합이 조직되는 이유도 바로 이 때문이다.

1994년부터 2004년까지 8미터에서 10미터짜리 거울을 가진 지상 망원경이 적어도 열 개는 완성될 것이다. 이 망원경들 중에 하나는 8미터짜리 거울이 두 개나 되고, 또 다른 망원경 하나는 거울 네 개를 통합했다.[364] 그리고 6.5미터짜리 거울을 가진 망원경 세 개를 더 만

**단일 거울** 단일 유리로 만든 망원경 거울.

는 중이다. 망원경 제작이 폭발적으로 증가한 것이 아닐 수 없다. 뮌헨 심포지엄 참석자들은 막 싹트기 시작한 8미터짜리 망원경 한 쌍과, 빛을 모으는 면적과 초점 능력의 비약적 발전에 관심을 집중했다. 8미터짜리 망원경은 천문학자들로 하여금 더 흐린 천체와 더 멀리 있는 천체를 관측할 수 있게 해줄 것이다. 타블로이드판 신문의 표현대로 하자면, '우주의 끝에 더 가까운' 천체가 될 것이다.

그러나 논란거리가 한 가지 있었다. 새 망원경들이 하늘의 비밀을 푸는 데에 그렇게 효과적이라면 오래된 망원경들을 뭐 하러 굳이 유지하는가? 새로운 망원경이 나왔으니 4미터짜리 망원경은 박물관으로 가야 하지 않겠는가? 아니면 유지비가 적게 드는 2류 기기로 강등해야 하지 않겠는가? 특히 좋지 않은 관측 부지에 있는 것일수록 말이다.

이런 생각이 들게 한 사람은 새 설비의 기관장들과 연구 과제의 책임자들이 아니라는 것을 확실히 해야겠다. 물론 이 심포지엄을 조직한 사람들도 아니다. 먹이를 찾아 헤매는 사자처럼 구경병이 국제 대회장 복도와 회의장을 활보했던 것이다. 최근까지 세계에서 가장 큰 망원경 가운데 하나였던 망원경을 관리하는 데에 들어가는 기금을 대폭 삭감하라고 촉구하는 목소리가 여기저기서 들렸다.

심포지엄 주관자들은 회의 일정을 조절하는 방식으로 이 문제를 다독였다. 심포지엄 주관자들은 가까운 우주이든 먼 우주이든 알아내야 할 것이 아직 많으며, 하늘을 향하고 있는 모든 망원경은 저마다 타당하고 유용한 역할이 있고, 재정이 허락하는 한 모두 사용되어야 한다고 역설했다. 이 점을 명백히 한 보조 기기에 대한 발표는 이번 심포지엄의 특별한 매력이었다.

✸ *강력한 망원경*

새로운 망원경을 세우는 데에 엄청난 비용을 들이지 않는다 해도, 천문 기기 분야는 영리하고 혁신적인 생각에 보답하는 분야이다. 일반적으로 적응광학의 기술에 눈부신 발전을 가져오며, 이는 특정 분야를 넘어 여러 분야의 발전으로 확장된다. 하나가 아니라 수백 개의 천체를 한 번에 관측해서 나쁜 대기 조건을 보상하는 분광기를 상상해보자. 그저 그런 관측 부지에 있는 4미터짜리 망원경이 새롭고 독특한 특정 분야를 탐구한다. 이것이 바로 1990년대에 사이딩 스프링 천문대에 있는 3.9미터짜리 앵글로-오스트레일리언 망원경이 한 일이다. 이 망원경은 1974년부터 존재해온, 가장 오래된 4미터짜리 망원경 가운데 하나이다.

혁신적인 천문 기기는 구식 망원경을 소생시켜 천문학 연구를 활발히 할 수 있게 해줌으로써 망원경의 우월성에 균형을 잡아주는 진정한 균형추 노릇을 하며, 구경병의 진정한 해독제 역할을 하기도 한다. '새천년을 향한 강력한 망원경과 기기'에서 사람들은 160개 이상의 지상 망원경 보조 기구에 대한 발표와 1백 개 정도의 적응광학에 관해 발표했다. 이런 탁월한 종류의 기구들이 구경병이 유행하는 것을 막았다고 생각할 것이다.[365]

사실 거의 그랬다.

### 병을 약화시키다

지구 반대편 칠레의 체로 빠라날Cerro Paranal 산 정상에서는 세계에서 가장 큰 광학 망원경이 마지막 조립 단계에 있다. 유럽 남반구 천문대가 건설 중인 이 거대한 망원경은 8미터짜리 망원경 네 개를 통합해 독자적으로 사용할 수도 있고, 함께 연결해 16미터짜리 단일 망원경처럼 사용할 수도 있다. 이들 가운데 세 개는 벌써 작동하고 있다. 이 망원경에 생명을 불어넣은 유럽 회원 국가들의 언어가 매우 우아한데도, 이상하게 이 망원경에는 '매우 큰 망원경Very Large Telescope(VLT)'이라는 아주 평범한 이름을 붙여주었다.

현재 VLT가 건설 중인데도 불구하고 벌써 훨씬 더 큰 망원경에 대한 이야기가 오가고 있다. 뮌헨 심포지엄보다 4년 일찍 열린 유럽 학술 대회에서는 훨씬 더 큰 거울을 가진 놀라운 망원경에 대한 제안서 몇 개가 발표되었다. 하나는 ELT—극대형 망원경Extremely Large Telescope—라고 불렸는데,[366] 어느새 이 이름은 새로운 망원경 부류를 총칭하는 용어가 되었다. 지름이 25미터나 되는 이 거대한 망원경에 사용될 거울은 한 장짜리 유리거울이 아니라 컴퓨터가 조정하는 작은 조각 거울들로 구성되어 있었다. 현재 사용 가능하다는 것이 증명된 분할 거울* 기술이었다.

1996년에 사람들을 놀라게 했던 생각이 2000년에 들어서면서 평범해진 것이다. 어떤 참석자가 표현한 대로, '엉뚱한'에서 '당연한' 것이 되었다. 이것은 망원경 이름들을 위한 전혀 새로운 단어들을 만들어냈다. 예들 들면, 칼텍은 CELT(캘리포니아 극대형 망원경California Extremely Large Telescope)를, 스웨덴 대학 연합체는 SELT(스웨덴 극대형 망원경Swedish Extremely Large Telescope)를 주장했다. 두 번째 망원경은 나중에 이름을 유로50으로 바꾸었다. 반면 다소 과장된 MAXAT(최대 구경 망원경Maximum Aperature Telescope)는 열광적으로 자신을 만들자고 주장한 사람이 새로 제안한 GSMT(거대한 분할 거울 망원경Giant Segmented-Mirror Telescope)에 의해 폐

**분할 거울** 육각형 모양의 조각을 모아 망원경의 주경을 만든 망원경. 각각의 거울 조각은 컴퓨터로 조종해 단일 거울처럼 사용된다.

## 강력한 망원경

기될 예정이다.[367] 열의와 달리, 이 제안들은 건설 단계 근처에도 못 가고 있다. 가까운 미래에 자금을 지원받을 가망이 있는 망원경은 오직 CELT뿐이다.

뮌헨 심포지엄 마지막 날, '극대형 망원경'이라는 이름으로 회의가 열렸다. 회의장을 가득 메운 청중은 이런 식의 논리가 얼마나 멀리까지 전개될 수 있는가를 알고는 어리둥절해졌다. 논리는 다음과 같았다.[368] 분할 거울 기술로 25미터짜리 망원경을 만들 수 있다면, 50미터짜리 망원경이라고 왜 안 되겠는가? 1백 미터짜리는? 물론 나머지 기술적인 도전은……. 기술적이라고? 단순히 거울에 몇 조각을 더 붙인 후, 그것을 지탱할 더 큰 구조물을 만들어 원하는 방향으로 망원경을 향하게 하면 다 되는 것이었나? 다음해, BMW의 고급 승용차 출시를 예비한 OWL이라는 대규모 사업 계획이 천문학계로 엄숙하게 진입했다.

OWL은 2.3미터짜리 육각형 거울 조각 1,600개로 이루어진 아주 놀라운 망원경이다. 구경이 적어도 1백 미터인 이 망원경은 무게가 1만 4천 톤인 구조물로 받쳐질 것이다. 전체 조립품은 옥외에 세워지는데, 사용하지 않을 때에는 미끄럼식 격납고에 들어가 있게 할 예정이다. 당연하지만, OWL의 예리한 눈은 대기의 요동에 의해 생기는 번짐 효과를 배제해야만 제대로 작동할 수 있기 때문에 다중쌍 적응광학이라고 하는 다소 생소한 새로운 기술이 쓰인다. 이 기술에는 감지기가 고정할 인공 별자리를 만들기 위해 상층 대기에 여러 개의 레이저를 쏘는 장치도 포함된다. 이러한 방식으로 거울의 정교한 분해능이 완벽하게 회복되면, 망원경은 0.001초—밀리초—의 분해능으로 하늘의 세세한 사항을 보여줄 것이다. 이런 선례 없는 분해능으로 OWL은 놀라운 능력을 갖게 될 것이다. 눈에 보이는 우주의 대부분이 문자 그대로 손에 닿을 듯 가까이 놓이게 되는 것이다.

OWL의 주창자들은 OWL을 12년 안에 세울 수 있으며, 5년 후면 첨단 과학을 수행할 결과를 내놓을 것이라고 주장한다. 이 모든 것에 드는 비용이 미국 돈으로 10억 달러이다. 이쯤 되면 OWL이라는 약자가 무엇을 의미하는지 짐작이 가지 않는가? 압도적이게 큰Overwhelmingly Large이 아니면 무엇이겠는가?

정말 압도적이었던 것은 그 발표가 청중에게 안겨준 효과였다. 8미터짜리 망원경에 비해 빛을 모으는 면적이 1백 배나 더 큰 망원경을 만드는 데에 드는 비용이 고작 열 배라니! 이 망원경의 전망은 마치 새 천년의 할인 행사처럼 들렸고, 청중들은 환호했다. 그리고 참석자들은 분해능 1밀리초에 압도당했다. 아직 재정 지원이 전혀 없는 상태이지만, 구경병은 도깨비불처럼 심포지엄을 삽시간에 휩쓸었다. 30분 안에 흑사병처럼 번지고 만 것이다.

신기한 일은, OWL을 주창하는 주요 당사자들이 사업 계획에 매력과 반감을 동시에 느끼는 것 같았다는 사실이다. 실제로 그들 가운데 한 명은 이 망원경을 EGO(가외로 큰 광학 망원경Extra-Giant Optical Telescope)라고 불러야 한다며 논점을 비틀기도 했다. 어쩌면 이 망원경은 ULT(불필요하게 큰 망원경Unnecessarily Large Telescope)로 판명 날지도 모른다. 이 사람들이 VLT를 책임지고 있다는 사실은 무엇을 의미할까?[369] 어느 날, 이들의 그 큰 망원경도 구경병의 희생자가 될지 모른다.

OWL이 심포지엄에 화려하게 입장했을 때 구경병도 슬그머니 따라 들어왔다. 따라 들어온 전염병은 온건 반대파와 과대망상증 환자의 입장 차이를 넓히기만 했다. 열병에 감염되지 않은 채 남아 있던 사람

## 강력한 망원경

들 사이에 OWL의 실용성에 대한 회의론이 매우 뚜렷해져갔다. 그 사업 계획이 갖고 있는 과학적 실행 가능성의 핵심은 높은 분해능에 있었기 때문에 다중쌍 적응광학 체계는 잠재적인 명연기자로서 필사적으로 연기해야 했다. 적응광학이 작동하지 않으면 망원경이 시상에 제한받을 것이므로 그렇게 큰 망원경을 건설할 가치가 없다는 데에 모두 동의했다.

어떤 참석자는 끝까지 감동받지 않았고, 어떤 사람들은 그게 무엇이든 NBT(다음에 올 큰 것Next Big Thing)이어야만 한다고 고집했다. 어떤 한 사람들은 훨씬 더 솔직했다. OWL에 대한 현란한 발표에 늦게 도착한 이 저명한 과학자는 발표장 뒤에 서서 얼마 동안 듣고 있더니 발표 중간에 찬바람을 일으키며 나가버렸다.

심포지엄 마지막 날, 참석자들은 전체적인 평가를 했다. 그들은 새 천년이 시작되는 시점에서 망원경 제작의 최첨단 기술을 목격했고, 미래에 대한 환상을 보았다. 우주의 비밀을 수확할 축구 경기장만한 망원경과 함께 말이다. 이 망원경은 알려지도록 운명지어진 그 모든 것들을 발견할 수도 있다. 하지만 지금까지 어떻게 망원경이 발전해왔는가에 대한 인식은 찾아볼 수 없었다. 4백회 생일을 맞이할 망원경이 전 세대 천문학자들의 열망과 포부에 의해 어떤 모양을 갖추게 되었는지 그리고 선조 천문학자들이 직면한 기술적 현실에 의해 어떻게 침식되었는지 하는 이야기 말이다. 이 학회 회보는 망원경의 역사에 대해 아무 말도 하지 않았다. 물론 미래 지향적이고 우주 시대적인 모임에 서 있을 수 있는 일이라고 이해해줄 수도 있지만, 솔직히 맥이 빠진 건 사실이었다.

마침내 역사가 심포지엄의 균형 감각을 회복시키고, 인류애를 의제에 다시 포함시키긴 했지만, 이 역사는 다른 종류의 역사, 다시 말해, 최근의 정치적 혼란으로 뒤얽힌 현대 역사였다.

전체 심포지엄의 마지막 발표이자 적응광학 모임의 마지막 발표는 이전의 공산권 국가에서 온 두 교수의 발표였다. 한 사람은 준비한 자료를 더듬거리는 영어로 천천히 읽어나갔고, 나머지 한 사람은 구식 투사기를 이용해 설명하기 시작했다. 대부분의 발표자들이 마술처럼 휴대용 컴퓨터로 자료를 불러내어 매끄럽게 발표한 것과 극적인 대비를 이루었지만, 발표 주제의 질은 가장 높았다. 두 사람은 ELT급 25미터짜리 망원경에 사용될 적응광학에 대한 계획을 설명했다. 힘들게 발표를 마치고 나서 이 망원경을 언제쯤 세울 것이냐는 질문을 받자 그들은 웃으며 어깨를 으쓱거리고는 이렇게 말했다. '모릅니다. 재정 지원을 받을 가망이 전혀 없거든요.'

지난해, 아마 청중 가운데 절반은 같은 동구권 국가의 학계 동료로부터 음식이나 옷, 책과 같은 생필품을 보내달라는 이메일을 받았을 것이다. 그리고 이 두 과학자가 얼마나 가난한지 알게 되었을 것이다. 그들은 어쩌면 몇 주, 아니 몇 달 동안 월급을 못 받았을지도 모른다.

그들의 말은 극적인 효과를 가져왔다. 그들이 더듬거리며 발표하는 동안 회의장 안에 널리 퍼지던 당혹스러운 관용의 분위기는 한순간 진정한 동정의 물결로 변했다. 고급 망원경들의 경쟁에서 자신이 계획하는 망원경이 상대방의 망원경보다 한 수 위라고 자신하던 생각은 갑자기 거북스러워졌고, 더 이상 중요하지 않아졌다. 혁신적이고 경제적인 방식으로 망원경을 운영할 새로운 아이디어가 떠올랐다. 망원경을 폐쇄해야 한다는 생각은 사라졌고, 구경에 대한 선입관도 자취를 감추었다. 그렇다고 OWL에 대한 흥분이 수그러든 것은 아니었다. 국경 너머로 솟아오른 OWL의 가능성은 이제 새로운 중요성을 드러내기 시작했다. 사물을 균형 있게 볼 수 있게 되자 비로소 구경병이 누그러졌다. '새천년을 향한 강력한 망원경과 기기'가 마침내 영혼을 찾기 시작한 것이다.

이로써 망원경의 현재와 미래는 신기원을 연 뮌헨 학회 모임이 끝나가는 시간에 정리되었다. 잠시 후, 작별 인사를 나누고, 계속 연락하자는 약속과 정보를 교환한 후, 국제 대회장에는 몇몇의 참석자들만 남았다. 늦은 오후의 햇살이 실제 세상으로 돌아온 사람들을 환영해주었다. 그들은 분명히 영감을 얻었을 것이다. 어쩌면 조금 더 현명해졌을지도 모른다. 집으로 돌아오는데 편안하고 따스한 감정이 밀려왔다.

 에필로그

2108년 9월 21일

    망원경 탄생 5백주년 전야제를 맞아 현재를 뒤돌아보면 망원경의 큰 발전이 어디서 왔는지 쉽게 알 수 있다. 2041년 3월 지구를 스쳐지나간 소행성 2041FU의 발견과[370] 여러 달에 걸친 후속 관측으로 1킬로미터인 이 천체가 2060년 4월에 지구와 충돌할 확률이 99.9퍼센트라는 인식은 그 동안 있었던 그 어느 때보다 우주공학을 가장 급박하게 만들었다. 중요성으로 비교하자면, 2009년에서 2021년 사이에 있었던 중국의 달 탐사와 2030년 중반에 화성의 이시디스 평원Isidis Planitia에 만델라 국제 화성 기지를 설립했던 때가 무색할 정도였다.

    이온빔* 추진 장치를 이용해 성공적으로 2041FU를 안전한 궤도로 이탈시킨 것은, 인간이 우주여행을 할 수 있는 존재가 되었다는 것을 나타낸 획기적인 사건이었다. 이 칠흑과 같은 존재를 발견할 수 있었던 것은 21세기 전반 동안, 천문학자의 망원경이 결정적으로 혼합되는 행운 때문이었다.

    망원경이 비교적 잘 작동했기 때문에 기술에는 문제가 없었다.[371] 예를 들어, 2010년대 초에 발사된 제임스 웹 우주 망원경은 20밀리초의 분해능으로 근적외선에서 우주를 훌륭히 이해할 수 있게 해주었고, 수은통을 회전시켜 만든 액체 거울을 이용한 광학 망원경 기술도 성공

---

**이온빔** 이온빔은 이온으로 이루어진 입자 빔의 한 종류이다. 1960년대 미국 나사에서 수은증기를 이용한 추진체가 개발되었는데, 오늘날 대부분의 이온빔은 이것에 뿌리를 두고 있다.

했다. 이 망원경은 캐나다가 1990년대 시작한 연구에서 얻은 최종 성과물로, 그 가운데 가장 큰 것은 2015년에 최초로 작동한 30미터짜리 망원경이었다. 이 망원경은 다분할 조정 거울을 가진 1백 미터짜리 OWL을 약 4년 정도 앞선 것이었다.

빛 오염을 통제하는 엄격한 입법 활동과 빛 오염이 가져올 불행에 대한 인식이 보편화되었음에도 불구하고, 더 큰 지상 망원경을 가진 지상 광학 천문대의 생존 능력은 점점 더 약해져갔다. 특히 OWL은 배경 하늘이 너무나 밝았는데, 이 문제는 다중쌍 적응광학 체계의 이어지는 불신감과 더불어 2033년, 유럽 남반구 천문대로 하여금 OWL을 해체하고 조직을 해산하는 놀라운 결정을 내리게 만들었다.

원거리 전자 통신망에 의해 전파 하늘도 오염되었다. 2014년 이후, 호주 중앙부에 있던 수십억 달러짜리 제곱킬로미터 배열은 2029년, 중국인에 의해 달 반대쪽에 있는, 전파가 조용한 기지로 옮겨져야 했다. 거의 80년이 지난 후, 이 유서 깊은 망원경은 몇몇 정해진 대상만 관측하는 연구에서 유용한 자료를 내놓고 있다.

그러나 오염은 21세기 초, 천문학을 쇠퇴하게 만든 이유 가운데 하나일 뿐이다. 더 중요한 것은 천문학이 자신이 이룬 성공의 희생자가 되었다고 하는 사실이다. 오랫동안 천문학의 대들보 역할을 한 우주론은 2020년대에 이르러 정밀과학이 되었고, 우주론에서 남은 문제라고는 i에 점을 찍을 것인지 t에 짧은 선을 그을 것인지 하는 문제가 되어 버렸다. 2012년, 암흑 물질과 암흑 에너지에 대한 궁금증이 모두 풀리면서 망원경 연구의 인기도 사라졌다. 이제 40세가 다 되어가는 3.9미터짜리 앵글로-오스트레일리언 망원경은 큰 미지Big Unknowns에 관한 확실한 실마리를 찾으려고 우주의 아주 먼 곳을 바라보고 있다. 이 망원경에 최근 TIPKISS(전에 극비로 숨겨져 있던 기구The Instrument Previously Kept In Strictly Secrecy)라는 별난 이름이 붙은 새로운 다체 분광기*를 장착함으로써 훌륭한 과학적 전통을 따랐다. 즉, 비싼 실험을 개시하기 전, 중요한 결과를 미리 뽑아볼 수 있도록, 비용이 적게 들어가고 신속한 실험을 해보는 전통 말이다.

**다체 분광기** 여러 천체를 한꺼번에 관측할 수 있는 분광기.

우주론 문제가 대부분 풀리자 천문학자들의 관심은 다른 큰 질문으로 옮겨갔다. 즉, 우리는 혼자인가 하는 질문이었다. 이 논쟁은 전혀 달랐다. 천문학자들은 대폭발 후에 남은 원시 기체 구름으로부터 은하가 진화를 시작한 때를 뒤돌아보는 대신, 우리 은하에 있는 가까운 별들을 더 자세히 쳐다보아야 했다. 이로써 수십억 광년의 거리가 갑자기 수십 광년으로 녹아들었다. 예전에 비하면 돌을 던져도 될 만큼 가까운 거리이다.

1990년대에는 지구 밖에 존재하는 생물을 연구하는 천체생물학이라는 새로운 분야가 꽃피기 시작했다. 천체생물학은 천문학과 지구물리학, 화학, 생물학 등 다양한 학문 분야를 모으는 영역으로서, 21세기의 처음 몇 십 년 동안 화성과, 가능성 있어 보이는 외행성의 위성으로 무인 우주 탐사선을 보내 우리 태양계 안에 존재하는 외계 생명체에 관한 의문을 해결했다. 화성에서 발견한 살아 있는 박테리아와, 목성의 위성인 유로파에 있는 얼음으로 덮인 바다에서 발견한 점액 같은 유기체는 태양계 안에 있는 다른 곳에도 생명체가 있다는 것을 증명했다. 그러나 인류와 같은 고등 생명체는 전혀 없었.

훨씬 더 흥미롭고 훨씬 더 큰 도전은 다른 별의 행성에 존재할지도 모르는 생명체에 관한 것이었다. 이미 20세기 말에 소위 외계 행성계가 상대적으로 흔하다는 것을 알고 있었다. 태양으로부터 몇 광년 안에 있는 별들 가운데 적어도 10퍼센트의 별이 주변에 목성 크기의 행성을 갖고 있는 것 같았다. 우리 태양계의 행성들과는 매우 다른, 아주 특이한 궤도를 돌고 있는 이런 외계 행성계에 지구와 같은 행성이 있을 공간이 있을까?

이는 아주 어려운 질문이다. 모성의 작은 움직임으로부터 행성의 존재를 확인하는 기술은 오직 목성 크기의 행성에 대해서만 적용되는데, 이 경우에도 대형 망원경을 사용해야만 간신히 그 움직임을 발견할 수 있다. 따라서 이 기술을 적용해서 질량이 작은 외계 지구를 발견하려는 것은 실제로 매우 어려운 일이다. 그럼에도 불구하고 2020년대에는 지구 같은 행성을 탐색하려는 도전은 우주론을 대체해 뜨거운 관심사가 되었다. 아무리 가까이 있는 별이라고 해도 우주선을 타고 갈 수가 없기 때문에 더욱 그러했다.

종종 가장 가까운 별인 프록시마 센타우리Proxima Centauri와 태양은 두 개의 구슬로 비유된다. 이것들이 서로 4.2광년 떨어져 있지만, 이 거리가 3백 킬로미터로 줄어든다고 가정하자. 이를테면 시드니에서 캔버라, 런던에서 리버풀 또는 뉴욕에서 보스턴까지의 거리라고 가정하자. 그렇게 멀게 느껴지지 않는 거리이다. 하지만 같은 비율로 따지면, 이 두 별을 여행하는 우주선의 속도는 풀이 자라는 속도와 같다. 따라서 대중이 우주 연구와 천문학에 대해 더 이상 관심을 갖지 않게 된 것도 놀랄 일은 아니다.

천문학에 대한 열정이 이렇게 식어가자 2030년대는 지적 암흑기로 불렸다. 사람들 대부분은 여가 시간에 몰래 볼 가상현실 TV 프로그램 목록을 작성한다. 맨눈으로 볼 수 있는 행성 다섯 개가 저녁 하늘 10도

안에 모두 모인 2040년 9월에 벌어진 집단 광란은 과학을 저질화한 대표적인 사건이었다.[372] 그러나 다음해에 발견된 소행성 2041FU가 이 모든 것을 바꿔놓았다.

세기 중반, 충돌 위협이 사라지고, 활용 가능한 새로운 우주 기술이 개발되자 사람들은 다시 천문학자들로 하여금 질문에 대답하게 만들었다. 태양 근처에서 외계 지구를 어떻게 발견할 수 있을까? 천문학자들은 거기에 지적 생명체가 있는지 없는지 어떻게 결정할 수 있을까?

2043년, 저명한 프랑스 천문학자 앙투안 라베이리Antoine Labeyrie의 탄생 1백주년을 기념하는 학회 모임이 열렸다. 파리의 프랑스 대학교 교수인 이 사람은 대형 망원경 설계의 틀을 벗어날 궁리만 계속했다. 21세기의 바로 전날,[373] 그는 궤도를 도는 150개의 우주선으로 이루어진 '하이퍼텔레스코프hypertelescope(과도한 망원경)'을 개발하자고 제안했다. 하이퍼텔레스코프는 각각 지름이 3미터인 거울을 갖고 있으며, 우주에 퍼져 직경 150킬로미터의 면적을 만들 수 있게 되어 있었다. 이런 망원경의 분해능은 마이크로초이다. 이는 10광년 떨어진 모성의 빛을 없애는 장비만 있으면, 그보다 1억 배는 더 어두운 지구 크기의 행성을 직접 볼 수 있을 정도로 아주 민감한 분해능이다.

2010년대 말, 유럽 우주국이 슈퍼-다윈Super-Darwin이라는 라베이리 형태의 하이퍼텔레스코프를 날려 보내 망원경이 갖고 있는 민감도 안에서 외계 지구를 찾는 데에 실패했다. 그러면서 연구 과제도 대부분 잊혀졌다. 그러나 2040년대 말, 1백주년 학회 모임과, 우주과학과 천문학에 대한 관심이 회복됨으로써 또 다시 이 문제가 의제로 떠올랐다.

이번에는 라베이리의 영감을 구체화한 훨씬 더 큰 망원경 거울을 사용하는 새로운 하이퍼텔레스코프를 제안했다. 하이퍼텔레스코프는 거울을 유리-세라믹으로 만드는 게 아니었다.[374] 섬세한 반사막으로 만든 거울로서, 적외선 레이저에서 나오는 빛의 압력으로 무중력 상태에서 완벽한 모양을 유지한다. 이 망원경은 광학천문학에 매우 새로운 어떤 것, 다시 말해, 흐린 빛의 매우 짧은 파동을 찾아내 분석하는 능력을 갖출 예정이었다. 이는 거의 1백 년 동안 외계의 고등 생명체를 찾는 연구search for extraterrestrial intelligence(SETI)에 사용된 전파천문학자의 영역이었지만, 결정적인 신호를 전혀 찾지 못했다. 만약 ET가 과학기술 발전의 요구 수준에 닿았다고 광고하기 위해 가시광선 레이저를 사용하면 어떻게 되는가?

우주 연구에 대한 최고의 열정으로, 2055년, 이 새로운 하이퍼텔레스코프가 발사될 예정이었다. 다음해 초, 거미집 같은 30미터짜리 거울 1백 개가 일단 배치되고 나면 달 주변 궤도를 활주하기 시작할 참이었다. 하지만 이 모험이 모든 사람을 기쁘게 한 것은 아니었다. 영국의 왕립 천문학자 프래트니 윌버트Pratney Wilbert(2011-2096) 경은 이 문제에 대해 질문을 받고는 자신의 감정을 분명하게 드러냈다. 21세기 중반의 기준으로 보더라도 지나친 표현이었다. '얇은—막—거울 하이퍼텔레스코프는 쓸데없는 소리이다. 하이퍼텔레스코프에서 내려서 잘 작동하는지 한 번 살펴보라.'

하지만 잘 작동했다. 2058년, 태양계로부터 42광년 떨어진 별 HD172051에서 지구 같은 행성이 처음으로 발견되었다.[375] 스펙트럼에서 산소 같은, 생명체가 존재할 수 있는 징조를 발견했다. 이 행성의 표면은 지구의 아마존 분지와 매우 유사했다. 그러나 반세기 동안 관측했음에도 불구하고, 어느 파장대에서도 그 행성에서 오는 인공적 신호가 잡히지 않았다. 하이퍼텔레스코프가 발견한 30여 개의 나머지 외계 지구에서도 마찬가지였다.

그러나 하이퍼텔레스코프가 밝힌 것은 가시광선 영역에서 일시적인 현상이 가득한, 완전히 새로운 우주였다. 예를 들어, 우리 은하는 원인과 중요성이 아직 전혀 분명하지 않은 깜박이는 빛으로 가득하다고 알려져 있다. 우리는 망원경의 5백 번째 생일을 축하하면서 새로운 큰 질문Big Question에 대답해줄 최신 망원경을 열렬히 기대한다. 갈릴레오와 허셜, 헤일, 라베이리가 발명한 발명품의 훌륭한 후계자로서, GLT라고 불리는 이 망원경은 인공 블랙홀을 이용해 우주에 만든 일광일one-light-day* 중력렌즈 망원경이다.

**일광일** 빛이 하루 동안 진행할 수 있는 거리를 말한다. 즉, 25,902,068,371,200미터이다.

## 그림 출처

Crawford Collection, Royal Observatory Edinburgh(pp. 16, 18, 20, 24, 90, 92, 152)

States General Manuscripts via Albert van Helden 'The invention of the telescope'(p. 55)

Petworth Manuscripts via *Journal for the History of Astronomy*(p. 67)

Thomas Seminary, Strasbourg(p. 72)

US Naval Observatory Library(pp. 97, 100)

Dibner Collection(p. 122)

Royal Society(pp. 130, 133)

Royal Astronomical Society via Ray Wilson *Reflecting Telescope Optics I*(p. 161)

Padua Observatory(p. 165)

Royal Astronomical Society via *Journal for the History of Astronomy*(p. 170)

Anglo-Australian Observatory Library(pp. 175, 197, 212, 218, 220, 241, 249)

Physical Sciences Library, University of New South Wales(p. 187)

Tartu Observatory(p. 193)

Kensington and Chelsea Public Libraries via *Journal for the History of Astronomy*(p. 201)

Master and Fellows of Trinity College Cambridge, courtesy Ian Glass(p. 204)

David Sinden(p. 207)

*Strand Magazine*, 1896, courtesy Ian Glass(p. 228)

Australian National University(p. 234)

*The Engineer*, 1886, courtesy Ian Glass(p. 252)

Carnegie Institute of Washington(p. 261)

Australia Telescope National Faculty Library(p. 281)

## 주석과 출처

### 프롤로그

1 가시광선천문학에서 널리 사용되는 검출기는 전하결합소자로, 비디오카메라에서도 볼 수 있다(예를 들어, 레버링턴, 1995, pp.308-9를 보시오).

### 1. 덴마크의 눈

2 티코 브라헤와 맨드럽 파스버그가 벌인 결투에 대한 설명은 토렌Thoren(1990)의 1장에 나온 내용에 근거한 것이다. 2장에 나오는 티고 브라헤의 유년 시절에 관한 내용도 마찬가지이다.(빅터 토렌Victor E. Thoren은 20세기 말, 티코 브라헤 연구의 권위자이다. 티코의 연구 경력처럼 그의 경력도 일찍 끝나고 만다. 웨스트폴Westfall(1991)은 평론을 썼다.)

3 티코의 장례식 추도사가 발간되자 맨드럽은 티코와 평생 친구로 지냈다고 대응했다(토렌, 1990, p.343).

4 크누스트루프에 있는 브라헤 생가는 아직도 주거용으로 사용되고 있다. 이 부지에 있는 건물 중 가장 오래된 것은 14세기 중반에 지어진 것이다. 그러나 현재 남아 있는 건물들은 1551년 재건 후에 지어진 것이다. 크누스트루프는 1771년 이후 바크트마이스터 가의 소유이다(바크트마이스터, 1996).

5 스투크Stooke(1996)가 달 표면에 있는 검은 그림자는 지구의 지형이 반사된 것이라고 믿은 고대 생각을 논의했다.

6 수성, 금성, 화성, 목성 그리고 토성.

7 이것은 서기 1세기에 그가 쓴 위대한 천문학 저서 《알마게스트》를 통해 제안되었다. 훨씬 앞선 시대의 이론들을 발전시킨 것이다. 실제로 기원전 4세기의 플라톤 시대로 거슬러 올라간다. 코페르니쿠스의 지동설은 1543년, 그의 논문집 《천체의 회전에 관하여De revolutionibus》에 발표되었다. 코페르니쿠스는 세상을 떠나던 날, 이 논문집의 인쇄본을 받았다.

8 르네상스 시대 동안 과학적 사고의 변화에 대한 적절한 설명은 화이트White(2000) 2장에 나온다. 또한, 파넥Panek(2000) 1장과 2장을 보시오.

9 모든 사람들이 이를 높게 평가한 것은 아니었다. 르네상스 시대 이전에 레오나르도 다 빈치는 점성술을 '인생은 어리석은 것이라는 믿음에 의한 거짓된 판단'이라고 표현했다(화이트, 2000, p.47에서 인용).

10 이 시나리오는 토렌(1990, pp.22-3)에서 얻어왔다.

11 토렌(1990, p.25n)은 초기의 얼굴 성형을 위한 피부 이식에 대해 언급했다. 그러면서 티코가 만약 이것을 알았다면, 1570년대 후반에 피부 이식을 했을 것이라고 말했다.

벤

12 벤은 1660년 코펜하겐 조약 이후 스웨덴 영토가 되었다.

13 섬의 크기에 관련된 숫자와 인구 통계자료는 하이드봄Hydbom(1995)을 인용했다.

14 크리스찬슨Christianson(2000)은 동료와 조력자의 '가족'과 함께 한 연구 센터로서의 우라니보르그에 대해 이야기했다.

15 토렌(1990, p.183)은 덴마크어 '스테르네보르그'를 '별 마을'로 번역했다. 아마 라틴어 스텔리부르크를 번역한 것 같다.

16 토렌(1990, p.114)과 크리스찬슨(2000, p.53)은 정초식에 대해 설명했다.

17 토렌(1990, 2장)은 티코가 새 별을 발견한 사실의 철학적 의미와 《신성De Stella nova》의 준비 과정을 설명했다. 크리스찬슨(2000, pp.17-18)도 보시오.

18 프레데릭의 1576년 2월 11일자 탄원서에 대한 티코의 설명 전체가 크리스찬슨(2000, pp.22-23)에 나와 있다.

19 1598년, 티코는 《아스트로노미에 인스타우라티 메카니카Astronomiæ Instauratæ Mechanica》에 자신의 가장 중요한 기구들을 설명했다(크리스찬슨, 2000, p.223-4)을 보시오). www.kb.dk/elib/dan/brahe/ 에서 볼 수 있다. 벤베르크Wennberg(1996)는 이 기구들의 작동법에 대해 쉽게 잘 설명하고 있다(영어와 스웨덴어로). 로스룬트Roslund(1989)도 보시오.

20 어떤 특정한 조건에서 우리 눈은 일반적인 분해 한계보다 더 자세한 것도 잘 인식할 수 있다(예를 들어, 무늬 인식에서). 토성 고리의 자세한 부분까지 인지했다는 주장에 대한 시대별 조사 결과는 마틴Martin(1948, pp.159-67), 도빈스와 쉬한Dobbins and Sheehan(2000)을 보시오.

21 대기의 굴절에 대한 알기 쉬운 설명은 린치Lynch와 리빙스턴(1995, 2장)에 나와 있다.

22 위치 정확도의 꾸준한 개선 등 티코의 천문학 업적은 웨스트West(1997)에 요약되어 있다. 웨슬리Wesley(1978)도 보시오.

23 대적도의식 혼천의는 토렌(1990, pp.174-5)과 벤버그(1996, p.61)에 그림과 함께 설명되어 있다. 이것은 티코가 만든 가장 큰 기구는 아니다. 제일 큰 것은 1570년 아우스부르크에 세운 반지름이 5.4미터인 나무와 철로 만든 사분의였다. 이것의 정확도는 티코가 나중에 만든 기구보다 좋지 못했다(토렌, 1990, pp.33-4, 로스룬트, 1989).

유산

24 레오나르도의 그림은 2절판 책 〈코덱스 레스터〉에 나온다(데스몬드Desmond와 페드레티Pedretti, 2000, p75에 재생되어 있다). 구멍은 코덱스 레스터가 2000년 9월 6일부터 11월 5일까지 시드니에 전시되는 동안 주목되었다.

25 티코 브라헤와 관련 있는 케플러의 업적은 크리스찬슨(2000, pp.299-306)에 요약되어

있다.

**26** 태양계를 설명하기 위한 티코의 복합 모형은 1587년 말에 출판된 《데 문디 애더레이 레센티오리부스 페노메니스 리베르 세쿤두스*De mundi aetherei recentioribus phaenomenis liber secundus*》에 설명되어 있다(크리스찬슨, 2000, pp.122-4를 보시오).

**27** 1673년에 출판된 《마시니 코엘레스테스》에서 헤벨리우스는 위치를 측정할 때 망원경을 사용하는 것보다 맨눈을 사용하는 것이 정당하다고 주장했다. 이 문제에 관한 영국 물리학자 로버트 후크와의 논쟁은 킹(1955, pp.100-2)에 설명되어 있다.

**28** 우라니보르그 출판소(1584)와 제재소(1592)의 설립은 크리스찬슨(2000, 5장과 6장)에 설명되어 있다.

**29** 토렌(1990, 11장)과 크리스찬슨(2000, 9장)은 우라니보르그를 떠나게 된 사건에 대해 자세히 설명한다. 이 저자들은 망명 당시와 우라니보르그를 또 다시 건설하려고 했던 시도에 대해 설명하고 있다(토렌, 1990, 12-13장과 크리스찬슨, 2000, 10장).

**30** 티코의 죽음과 장례식에 대한 케플러의 생생한 증언은 토렌(1990, pp.468-70)에서 인용했다. 현대 부검 결과는 웨스트(1997)와 크리스찬슨(2000, p.413)에 요약되어 있다. 토렌과 크리스찬슨 모두 티코의 가족에 대해 자세히 다루고 있다.

**31** 드레이어*J. L. E. Dreyer*의 1890년 작품 티코 브라헤를 인용하면서 킹(1955, p.23)은 우라니보르그와 스테르네보르그의 빠른 붕괴에 대해 설명하고 있다.

## 2. 수수께끼

**32** 《판토메트리아》는 1571년 런던에서 출판되었다. 《판토메트리아》는 세 가지 책 《롱지메트리아*Longimetria*》, 《플라니메트리아*Planimetria*》, 《스테레오메트리*Stereometri*》로 구분되며, 기하학적 실습, 모든 선, 면적, 입방체의 측정법에 대한 다양한 규칙을 포함함: 기구와 조망 유리에 의한 다양한 이상한 결론들과 함께 전체의 진정한 묘사와 정확한 구상을 설명하기 위함: 레오나드 디게스가 준비하고, 그의 아들 토머스 디게스가 최근에 마침(표지는 로난 1991에 의해 재현되었다). 인용된 이 문구는 반 헬덴(1977b, p.30)이 수집하고 번역한 망원경 초기 역사와 관련된 문서의 개론에 나온다. 그리고 이것은 코르넬리스 데 바르트*Cornelis de Waard*의 선행 연구에 근거한다(De uitvinding der verrekijkers, The Hague, 1906). 반 헬덴의 분석은 망원경의 기원에 대한 설명 가운데 가장 그럴 듯한 설명이다.

**33** 본*Bourne*이 쓴 《광학용 유리 제작, 광택 그리고 연마에 따른 성질과 품질에 관한 논문*A treatise on the properties and qualities of glasses for optical purposes, according to the making, polishing and gridning of them*》 (c.1585)은 대영박물관 도서관(MS Landsdowne 121, item 13)에 보관되어 있다. 이것은 반 헬덴

(1977b, pp.30-4)에 전부 재생되어 있다. 이 문서의 9장 본문(제안된 망원경과 관련 있는)은 로난(1991)의 모사본에서 볼 수 있다.

**34** 로난(1991)과 R. T. 건서Gunther(《옥스퍼드의 초기 과학Early Science in Oxford》, 옥스퍼드, 1921-1945, 반 헬덴 1977b, p.14에 인용됨)는 디게스의 설명을 반사 망원경의 설명으로 해석한다. 밀스Mills(1992)와 이 주제에 관해 과학 기구 협회 토론 회의에서 발표된 자료를 보시오. 이 논의에서 로난, G. 사터스웨이트Satterthwaite, J. 리니츠Rienitz는 볼록 대물렌즈와 접안경으로 오목거울을 사용했다고 말했다(3장을 보시오). 거울을 접안경으로 사용하면 대물거울로 사용될 때보다 표면 정확도가 덜 중요하다(7장을 보시오). 그러나 디게스가 이런 기구를 완성했을 것 같지는 않다.

**35** 본의 주장은 그의 논문 9장에 나온다. 거기에서 '뒷면에 포일이 있는 오목한' 거울을 언급하는데, 이것은 집에서 미용 또는 면도용으로 사용하는 거울과 비슷한 거울이다. 즉, 빛이 유리를 통과해 뒷면에 반사되어 다시 유리를 통과해 공기로 나와야 한다. 킹은 (1955, p.30) 디게스의 거울 뒷면에 있는 포일이 납이었을 것이라고 주장한다. 그 물질이 무엇이든 간에 이것은 매우 정교하게 광을 내야 한다는 것을 의미한다. 뉴턴 시대 이후, 망원경 거울은 전통적으로 유리 앞면이 반사면이다.

**36** 이 원시적 망원경에 대한 본의 설명은 1578년 런던에서 출판된 《바다와 땅에서 장관과 지휘관 그리고 인솔자들에게 매우 필요한 발명품 또는 기구Inventions or devices. Very necessary for all generalles and captaines, or leaders of men, as well by sea as by land》에서 인용한 것이다. 이것과 관련된 본문, 110번째 기구는 반 헬덴(1977b, p.30)에 전부 인용되어 있다.

**37** 창문 망원경은 왓슨(c.1925, pp.30-1)이 설명하고 있다. 이것의 작은 형태인 '막대 망원경' (창문에 달린 대신 지팡이 끝에 달린)은 20세기 초에 역시 인기가 많았다.

**38** 킹(1955, p.29)은 본이 원시였을 것이라고 가정한다. 나이에 따른 눈의 광학적 특성의 변화에 대해 마틴(1948, pp.287-8)을 보시오.

## 맨눈에 옷 입히기

**39** 본은 이런 유리에 대해 설명하고 있다. 그의 논문 가운데 극단적으로 짧은 7장은 오직 다음과 같은 문장으로 이루어져 있다. '만약 태양빛이 이것을 통과할 때, 이 유리의 위치는 약간 멀리 있어야 한다. 모든 것을 불태울 것이기 때문이다. 이 불태우는 광선은 사물을 보는 빛보다 다소 멀 것이다.' (즉, 초점이 먼 물체를 보는 볼 때 눈의 위치보다 더 멀다.) 에렌프리드 발터 폰 취른하우스Ehrenfried Walther von Tschimhaus(1651-1708)가 약 1세기 가량 늦게 만든 두 개의 거대한 실험실용 태양열

수렴 렌즈는 마이르Mayr 등(1990, pp.68, 81)이 설명했다. 스파르고Spargo(1984)와 템플Temple(2000, 5장)에 나오는 신기한 설명을 보시오.

**40** 안경에 볼록렌즈와 오목렌즈가 사용되는 단계는 반 헬덴(1977b, pp.10-11)과 킹(1955, pp.27-8)에 나온다. 중국에 소개된 것을 포함해서 안경 역사의 대중적인 설명은 데이비슨Davidson(1989)에 나온다.

**41** 《마기아 나투랄리스》의 구절은 반 헬덴(1977b, pp.34-5)이 인용했다. 1658년 런던에서 작자 미상으로 번역되었다. 킹(1955, p.30)은 다른 번역본을 사용했는데 의미는 동일하다.

**42** 포르타의 볼록렌즈와 오목렌즈 조합은 반 헬덴(1977b, pp.15-19)이 논의했다. 쾨니히König와 퀼러Köhler(1959, p.184)는 약한 갈릴레오식 망원경을 극도로 시력이 나쁜 사람들을 돕기 위한 보기 흉한 안경으로 사용한 것에 주목했다.

**43** 예를 들면, 기스카르드 데스탱Giscard d'Estaing 1985, p.221을 보시오

**44** 슬루이터Sluiter(1997a, b)는 1608년 망원경이 등장 후 곧바로 널리 퍼져나간 것과 놀라울 정도로 빨리 개발된 것을 도표로 만들었다. 3장을 보시오.

**45** 과학에 대한 레오나르도의 기여에 대해서 화이트(2000)가 연구했다.

**46** 레오나르도가 파란 하늘을 설명한 것이 보이는 것보다 더 진실에 가깝다고 화이트(2000, p.187)는 주장한다. 관련된 구절은 2절판 책 〈코덱스 레스터〉에 있다(데스몬드와 페드레티, 2000, pp.50-1을 보시오). 레오나르도는 태양빛에 의해 하늘이 밝게 변한다는 것을 깨달았지만, 왜 그런지를 이해할 수 있는 장비가 없었다. 1871년, 라일레이 경은 대기가 빛을 산란시키기 때문이라는 것을 증명했다. 이 이론의 발달에 대한 역사는 험프리Humphreys(1920, 7장)에 나온다. 현대식 설명은 린치와 리빙스턴(1995, 2장)에 있다.

**47** 달 관측에 대한 레오나르도의 설명은 《웰더Welther》(1999)에 나온다. 레오나르도는 2절판 〈코덱스 레스터〉에서 '지구에 의한 반사빛'을 발견했다고 보고했다(데스몬드와 페드레티, 2000, pp.34-5를 보시오).

**48** 그의 기록은 징그리히(2000)와 화이트(2000, p.296)에서 인용했다.

**49** 메티우스의 발명 특허 출원서 본문은 반 헬덴(1977b, pp.39-40)에 있다. 이 책 3장을 보시오.

## 전설과 렌즈

**50** 오코너O'Connor와 로버트슨Robertson(월드 와이드 웹)의 유명한 수학자들의 위인전에 나오는 베이컨 항을 보시오. 홀(1995)은 그의 업적을 요약했다.

**51** 이 문구는 널리 인용되고 있다(킹 1995, p.28; 반 헬덴 1997b, p.28; 로난 1991).

⁵² 그로스테스테의 《데 이리데》는 1220년과 1235년 사이에 씌어진 3대 비극 가운데 하나이다(로난, 1991).

⁵³ 《기하학의 첫 번째 원리를 포함한 지식으로의 오솔길*The Pathway to knowledg, containing the first principles of geometrie*》(런던, 1551)에서 로버트 레코드는 베이컨의 업적에 대해 언급한다. 킹(1955, p.28)과 반 헬덴(1977b, p.29)에 인용되어 있다.

⁵⁴ 레이시Lacey와 단지거Danziger(1999, pp.188-92)는 제르베르의 생애와 현대 사상에 대해 간단히 설명한다. 빌 게이츠에 대한 이야기는 여기에서 인용한 것이다.

⁵⁵ 이 기구와 시력을 돕기 위한 속이 빈 관의 사용은 반 헬덴(1977b, pp.9-10)에 의해 여러 군데 인용되었다. 아리스토텔레스의 《동물의 역사*Historia animalia*》의 관련된 인용도 포함한다. 템플(2000, 4장)이 인용한 출처는 제르베르가 어쩌면 망원경을 사용했을 것이라고 넌지시 암시한다. 템플은 시력을 돕는 관의 사용을 묘사하는 기원전 4, 5세기 그리스 도자기 조각을 설명하면서 이것을 망원경 그림이라고 해석한다.

⁵⁶ 템플(2000, 4장)은 (예를 들어, 로난이 언급한) 카르타고인과 고대 영국인들이 망원경에 대한 지식을 갖고 있었다는 문헌들을 널리 인용한다(베이컨의 《오푸스 마이우스》에 나오는 문구는 p.128에 인용되어 있다). 템플은 이 문헌들을 근거로 해서 고대에는 망원경이 흔했다고 결론짓는다. 그러나 아직 증명되지 않았기 때문에 주의해서 다루어야 한다.

⁵⁷ 지오바니 페티나토(로마 대학교)는 《라 스크리투라 셀레스테*La scrittura celeste*》에서 고대 아시리아인이 망원경에 대해 알고 있었을 것이라고 주장했다. 화제의 이 책은 출판 당시 여론의 화려한 조명을 받았다(예를 들면, 부르스 존스턴Bruce Johnston, 1999년 6월 1일자 런던 《데일리 텔레그라프*Daily Telegraph*》). 고대 아시리아인과 카르타고인들의 영토에 대한 야욕에 대한 해설은 킨더Kinder와 힐게만 Hilgemann(1974, pp.29-39)을 보시오.

⁵⁸ 홀(1995)은 에이브베리에 있는 거석들(기원전1500)과 스톤헨지(기원전 1400과 기원전 2400 사이에 만들어진)에 대해 설명하고 있다. 징그리히(1979)도 보시오.

⁵⁹ 크리스티안 호이겐스는 1659년에 출판된 《시스테마 사투르니움*Systema saturnium*》에서 처음으로 토성의 고리에 대해 올바르게 설명했다(킹 1955, p.51).

⁶⁰ 님루드 렌즈와 다른 고대 렌즈는 템플(2000, 1장과 부록)에 그림과 함께 설명되어 있다.

⁶¹ 예를 들어, 도즈워스Dodsworth(1982)를 보시오.

⁶² 많은 수의 바이킹 렌즈는 템플(2000, 부록 10)에 설명되어 있다. 카이저Kizer(2000)는 그것들이 망원경에 사용되었을 것이라고 추측했다.

⁶³ 반 헬덴(1977b, p.16).

⁶⁴ 윌라크Willach(2001).

### 3.개화

⁶⁵ 킨더와 힐게만(1974)이 종교개혁의 원인과 전개 상황에 대해 10절에 자세히 요약해놓았다. 이 저자들은 80년 전쟁의 주요한 사건들도 설명하고 있다(1974, p.245).

⁶⁶ 후거다이크Hoogerdijk 등(c.1994)과 반 헬덴(1997b, p.20)은 마우리츠 왕자의 역할 및 연방의 정부와 제도에 대해 설명했다.

⁶⁷ 반 헬덴(1977b, p.25)와 슬루이터Sluiter(1977b)는 1608년 평화조약 배경에 망원경이 등장한 것에 주목했다.

⁶⁸ 1608년 10월자 샴 대사의 편지는 그 다음 달 리옹에서 소책자에 재구성되었다(반 헬덴 1977b, pp.40-2; 슬루이터 1977b, n.2를 보시오).

⁶⁹ 반 헬덴(1977b, pp.35-6)이 (누가 전달했는지 실제 언급은 없지만) 리퍼라이가 가져왔을 것이라고 생각되는 편지의 내용을 옮겼다.

⁷⁰ 후커다이크 등(c.1994)이 비넨호프와 이것의 역사에 대해 설명했다.

### 소송과 반소

⁷¹ 마우리츠 왕자가 리퍼라이의 망원경에 대해 내린 평가와 스피놀라의 반응은 샴 대사의 편지에 설명되어 있다. 슬루이터(1977b)는 마우리츠 왕자가 스피놀라에게 망원경을 보여주었다는 것에 대해 반론을 제기하지만, 특별히 의심할 만한 이유는 없는 것 같다.

⁷² 슬루이터(1977b)는 이탈리아에 있는 갈릴레오에게 망원경 소식이 전달된 다양한 경로를 탐색했다. 1609년 4월 2일, 교황청의 국무장관에게 전달된 벤티보글리오의 편지를 인용했다. 이 편지에는 벤티보글리오가 망원경을 로마로 보내겠다고 언급되어 있다.

⁷³ 리퍼라이, 메티우스, 얀센의 망원경에 대해 국회가 심의한 것은 의사록과 서신에 기록되어 있다(반 헬덴, 1977b, pp.35-43).

⁷⁴ 이름의 기원에 대해 대부분 저자들은 에드워드 로젠Edward Rosen(《망원경 이름 짓기The naming of the Telescope》, 슈만, 뉴욕, 1947)을 인용한다. 예를 들어, 반 헬덴(1989, p.112)을 보시오.

⁷⁵ 야코프 메티우스는 1628년에 세상을 떠났다. 동생 아드리안Adriaen(1571-1635)이나 아드리안과 티코와의 관계에 대해서는 크리스찬슨(2000, p.322)를 보시오.

### 공공연한 비밀

⁷⁶ 마리우스가 《문두스 요비알리스》(1614) 서문에서 푸크스가 네덜란드 사람을 만난 것을 설명하고 있다. 반 헬덴(1977b, pp.47-8)이 이것을 인용했다. 마리우스는 1573년부터 1624년까지 살았다. 티코와의 관계를 포함한 그의 생애는 크리스찬슨(2000, p.319-21)에서 찾을 수 있다.

77 《코르넬리스 데 바르트》(1906)는 사카리아스 얀센이 뮈델부르흐의 젊은이이자 프랑크푸르트의 네덜란드 사람이라고 주장했다. 반 헬덴(1977b, p.22)을 보시오. 데 바르트는 얀센의 위법 행위를 폭로했다.

78 반 헬덴 (1977b, p.23)

79 윌라크(2001).

80 리퍼라이의 장례식 날짜는 슬루이터(1977b)가 알아냈다.

81 쌍안경의 개발에 대해서 왓슨(1995, 1999a, 2000)을 보시오.

## 4. 개화기

82 갈릴레오의 가계도는 소벨Sobel(1999, pp.14-15)에서 찾을 수 있다.

83 이 장에 사용된 《시데레우스 눈치우스》의 번역본은 반 헬덴(갈릴레이 1610)의 것이다.

84 플로렌스의 임명에 이르기까지의 갈릴레오의 전략은 반 헬덴(1989, pp.9ff)이 설명했다.

85 피에르 드 레스토이(1546-1611)의 일기는 슬루이터(1977b)가 인용했다. 반 헬덴(1977b, p.44)을 보시오.

86 킹(1955, pp.39-40)은 해리엇의 업적을 논의했다. 그의 달 그림은 《블룸Bloom》(1978)에서 발췌했다.

87 인용구는 해리엇에게 전달된 편지에서 발췌했다(킹, 1955, p.40).

88 반 헬덴(1977b, p.27n)은 논쟁을 간단히 설명했다.

89 반 헬덴(1977b, pp.47-8).

90 슬루이터(1977b).

91 크리스찬슨(2000, pp.358-61)은 스넬의 업적에 대해 간단히 설명한다.

92 오코너과 로버트슨에 있는 해리엇에 대한 소개를 보시오(월드 와이드 웹).

93 그레코Greco 등(1992)과 몰레시니Molesini(2003)의 최근 시험 결과는 갈릴레오의 망원경의 광학 성분이 엄청나게 좋다는 것을 증명한다.

94 그들의 전개에 대해서는 캐스퍼Caspar(1959, pp.123-42)를 보시오.

95 반 헬덴(1989, pp.102)과 킹(1955, pp.37-9)에는 《시데레우스 눈치우스》 출판 후의 관측 결과들이 설명되어 있다.

96 니콜Nicholl(2001)은 지오다노 부루노의 일생에 대해 간단히 설명하고 있다. 반 헬덴(1989, p.97)을 보시오.

97 이것은 태양 흑점에 관한 편지(쾨슬러Köestler 1959, pp.430-1). 종교재판 전에 있었던 갈릴레오의 재판들과 그의 인생에 대해서는 킹(1955, pp.40-1)을 보시오. 티엘Thiel(1958, pp.142-56), 쾨슬러(1959, 5부); 레이Ley (1963, 6장)도 보시오. 갈릴레오의 재판에 대한 최근 분석은 웨스트폴(1989)이 했다.

## 티코의 문하생

98 케플러의 성격 및 신앙심 그리고 씻기 싫어한 것에 대해서는 캐스퍼(1959, pp.368-9)와

크리스찬슨(2000, pp.299-306)을 보시오.

**99** 이것과 그의 제국 수학자 임명에 대해서는 캐스퍼(1959, pp.116-22)와 크리스찬슨(2000, pp.299-306)을 보시오.

**100** 《시데레우스 눈치우스》에 대한 그의 반응은 캐스퍼(1959, pp.192-8)과 반 헬덴(1989, pp.94-9)을 보시오.

**101** 캐스퍼(1959, pp.198-202).

**102** 킹(1955, p.45) 반 헬덴(1977a).

**103** 캐스퍼(1959, pp.204-8).

**104** 캐스퍼(1959, pp.264-90).

**105** 루돌프 표와 케플러의 죽음에 대해서는 크리스찬슨(2000, p.305)을 보시오.

## 5. 진화

**106** 반 헬덴(1977a).

**107** 캐스퍼(1959, p.201).

**108** 반 헬덴(1977a), 윌라크(2002).

**109** 슬루이터(1977a).

**110** 예를 들어, 킹(1955, p.46)을 보시오.

**111** 라이타와 비젤에 관한 것은 반 렌덴(1977a), 쾨니히와 쾰러(1959, pp.439-40) 그리고 윌라크(2002)를 보시오.

**112** 홀(1995)을 보시오.

**113** 킹(1955, pp.94-7).

**114** 폐기와 재사용에 대해서 브룩스(1989)를 보시오.

**115** 초기 접안경 측미계에 대한 설명에 대해서는 브룩스(1991)를 보시오.

### 별을 보는 관

**116** 반 헬덴(1977a).

**117** 갈릴레오의 30배율 망원경의 크기에 대해서 킹(1955, p.43)을 보시오. 비젤의 가격표는 대영박물관(슬론Sloane 651, 169-71)에 보존되어 있다. 이것은 쾨니히와 쾰러(1959, p.440)와 반 헬덴(1977a)에 인용되어 있다.

**118** 반 헬덴(1977a).

**119** 심슨Simpson(1992).

**120** 색 수차 효과는 실제로 구면 수차보다 1천 배 크다. 뉴턴(1955, p.100)과 킹(1955, p.68) 그리고 이 책 9장을 보시오.

**121** 사무엘 하틀립Samel Hartlib의 논문집 8권 3. 이 편지는 반 헬덴(1977a)이 전문을 인용하고 있다. 윌라크(2002)를 보시오.

**122** 나폴리의 유스타치오Eustachio가 열아홉 장의 렌즈로 된 망원경을 만들었다(킹, 1955, p.56). 로버트 후크도 역시 복합렌즈를 사용했다(쾨니히와 쾰러 1959, p.440).

### 개선

**123** 복권과 피프스의 인용문은 홀(1995)에 있다. 토말린(2002, 7장)을 보시오.

**124** 얍Yapp(2000, p.309)를 보시오.

**125** 반 헬덴(1977a)은 찰스 왕의 대관식 날 리브의 집에서 있었던 일을 설명하고, 호이겐스가 동생에게 보낸 편지를 인용했다. 심슨(1985)은 리브의 업적에 대해 논의했다. 또

한, 킹(1955, p.62)을 보시오.

126 호이겐스 접안경 제작 비법은 킹(1955, p.54-6)에 인용되어 있다.

127 콕의 업적에 대해서는 콕스 등과 킹(1955, pp.62)을 보시오. 토데이Thoday(1971)에 초기 콕 망원경이 그림과 함께 설명되어 있다.

128 왕립 천문대의 기원은 맥클리어(1975, pp.5-7)에 설명되어 있다. 플램스티드의 기구들에 대해서는 킹(1955, p.63)을 보시오. 아브라함 샤프와 플램스티드와의 관계는 해리슨(1963)에 설명되어 있다. 이것은 윌리엄 커드워스가 쓴 《아브라함 샤프의 생애와 편지Life and Correspondence of Abraham Sharp》에서 인용했다.

## 공룡

129 헤벨리우스의 업적에 대한 최근 평가를 위해 채프만Chapman(2002)을 보시오.

130 긴 초점거리의 굴절 망원경의 개발에 관한 설명은 킹(1955, pp.49-65)을 보시오.

131 헤벨리우스의 탑 천문대는 쾨니히와 퀄러(1959, p.441)에 설명되어 있다.

132 킹(1955, 102)을 보시오. 루이 14세에게 보낸 편지는 티엘(1958, pp.157-8)에 인용되어 있다.

13 킹(1955, p.105)과 토데이(1971)를 보시오. 호이겐스 렌즈에 사용된 낮은 품질의 유리에 대해 티너가 로난 등(1993, p.5)에서 언급했다. 최근 있었던 17세기 광학 유리의 과학적 평가에 대해서 모레시니(2003)을 보시오.

## 6.반사

134 이슬람 문화에 대한 소개를 위해서 블룸과 블레어Blair(2000)를 보시오.

135 알 하이담의 정식 이름은 오코너와 로버트슨(월드 와이드 웹)에 있다. 블룸과 블레어(2000)를 보시오.

136 킹(1955, p.26)과 로난(1991)을 보시오.

137 인용문은 〈시골 신사 이야기The Squire's Tale〉에서 발췌한 것이다. 초서(1387), 단편 5(F그룹)와 로난(1991)을 보시오. 초서의 과학에 대한 흥미는 로난(1991)과 라이트Wright(1985)가 언급하고 있다.

138 던전Danjon과 코더Couder(1935, p.605)와 아리오티Ariotti(1985)를 보시오.

139 추키의 실험은 던전과 코더(1935, p.608), 킹(1955, p.44)이 설명하고 있다.

140 왓슨(2002)은 렌즈와 거울에 필요한 표면 정확도를 비교했고 목욕탕 실험을 설명했다.

141 월라크(2001)를 보시오.

## 상상의 망원경

142 윌슨(1996, p.10)은 이 역설을 증명했다.

143 오코너와 로버트슨(월드 와이드 웹)에서 데카르트 항을 보시오.

144 데카르트와 메르센의 기여는 킹(1955, p.48)과 윌슨(1996, pp.2-6)에 설명되어 있다.

145 던전과 코더(1935, p.609), 킹(1955, p.48)

그리고 윌슨(1996, p.5)을 보시오.

## 7. 거울상

**146** 라몽-브라운Lamont-Brown(1989, 3장)을 보시오.

**147** 오코너와 로버트슨(월드 와이드 웹)의 콥슨과 그레고리 항이 있다.

**148** 오코너와 로버트슨(월드 와이드 웹)의 그레고리 항을 보시오. 그리고 심슨(1992)과 칸트Cant(1970, 75)를 보시오.

**149** 오코너와 로버트슨(월드 와이드 웹)과 칸트(1970, p.75)를 보시오.

**150** 심슨(1992)은 망원경과 광학계를 만들기 위한 리브의 시도를 설명했다.

**151** 그레고리가 유력한 왕립 학회 회원인 존 콜린(1625-1683)에게 쓴 1673년 3월 7일자 편지(턴불Turnbull, 1959, pp.258-61).

**152** 그레고리가 콜린스에게 쓴 1672년 9월 23일자 편지(턴불, 1959, pp.239-41).

**153** 킹(1955, p.77).

### 천재와 기술

**154** 리브의 업적, 살인 재판 및 죽음은 심슨(1985)이 설명하고 있다. 캄파니의 작품에 대한 현대 광학 시험은 그의 망원경의 완벽성을 증명한다. 모레시니(2003)를 보시오. 홀(1995)과 토말린(2002, 2장)은 대역병을 설명하고 있다.

**155** 뉴턴의 일생과 업적에 대해서는 오코너와 로버트슨(월드 와이드 웹)에서 그의 항목을 보시오.

**156** 색에 대한 뉴턴의 실험에 대해서는 뉴턴(1730) 1권, 킹(1955, pp.68-71), 티엘(1958, pp.173-8)을 보시오.

**157** 뉴턴(1730, p.102).

**158** 뉴턴(1730, p.106).

**159** 킹(1955, p.74).

**160** 뉴턴(1730, p.104).

**161** 뉴턴(1730, p.103)은 자신의 망원경을 설명하고, 굴절 망원경과 성능을 비교했다. 구면 거울의 초점거리는 곡률 반경의 반인 것에 주목하자. 뉴턴이 그의 망원경의 길이를 구의 지름에 4분의 1일이라고 설명한 이유도 이 때문이다.

**162** 킹(1955, p.74). 비숍Bishop(1980)은 뉴턴 망원경의 왕립 학회 모형의 유래에 대해 논의했다.

### 완성된 이론

**163** 던전과 코더(1935, p.613), 팅(1955, p.75), 턴불(1959, p.151n), 윌슨(1996, p.9), 베레느Baranne와 로네이Launay(1997)를 보시오.

**164** 벨(1922, p.22), 킹(1955, p.75), 윌슨(1996, p.470)을 보시오.

**165** 베레느와 로네이(1997).

**166** 심슨(1992). 그레고리는 콜린스에게 보낸 1672년 9월 23일자 편지에서 자신의 생각을 드러냈다. '나는 오목하고 볼록한 작은

금속거울(문자 그대로)을 가지고 실험해보았다'(턴불, 1959, pp.239-41). 결국 실제로 드러난 것처럼, 볼록부경을 광학적으로 실험하는 데에 어려움이 있기 때문에, 그레고리식 망원경은 카세그레인 망원경보다 만들기 쉬웠다. 카세그레인 망원경에 대해 처음으로 진지하게 시도한 사람은 이새 람스덴이었다(윌슨, 1996, p.15).

167 1672년 5월 4일자 올덴부르크에게 보낸 편지(턴불, 1959, pp.153-5).

168 심슨(1992). 그레고리는 1672년 9월 23일자(턴불, 1959, pp.239-41)와 1673년 3월 7일자(턴불, 1959, pp.258-61)로 콜린스에게 답장을 보냈다.

169 그레고리의 세인트앤드루스에서의 불만족스런 생활, 에든버러로의 이사, 때 이른 죽음에 대해서는 오코너와 로버트슨(월드 와이드 웹)을 보시오.

170 아리오티(1975).

## 8. 중상

171 월러Waller(2000, pp.309-11).

172 월러(2000, p.376)에 인용된 것을 보면, 노상강도는 존 홀이었다. 티번의 사형 집행에 대해서는 월러(2000, pp.327-32)가 설명하고 있다.

173 뉴턴(1730, p.100).

174 뉴턴(1730, p.102).

175 데이비드 그레고리와 그의 업적에 대해서는 오코너와 로버트슨(월드 와이드 웹)을 보시오.

176 인용문은 《카톱트리키 에 디옵트리키 스페리키 엘레멘타》의 두 번째 판(1735)에서 발췌한 것이다. 킹(1955, p.144).

177 뉴턴(1730, pp.101-2).

178 바티-킹Barty-King(1986, p.21).

179 체스터 무어 홀의 인생과, 직업, 무색렌즈의 발명 그리고 죽음에 대해서는 바티-킹(1986, p.22, 46)이 설명했다.

180 킹(1955, pp.68-71).

181 크라운 유리와 납유리에 대한 설명은 도즈워스(1982, pp.9-10)에서 찾을 수 있다.

182 스칼렛에 대한 기록은 심슨(1985)에서, 만에 대한 것은 탈보트Talbot(2002)에서 찾을 수 있다.

## 성공과 실패

183 람스덴의 인생과 업적에 대해서 킹(1955, pp.162-72)를 보시오.

184 탈보트(1996)에 전문이 있다.

185 탈보트(2002)를 보시오.

186 탈보트(1996).

187 돌런드의 유년 시절, 돌런드와 아들의 기원과 돌런드의 편지들을 대해서는 바티-킹(1986, 1장)과 킹(1955, pp.145-50)을 보시오.

188 헤인즈 등(1996, 2장).

**189** 쇼트의 인생과 업적에 대해서는 클라크 등 (1989, pp.1-10)을 보시오.

**190** 돌런드와 배스와의 우연한 만남과 무색렌즈의 개발에 대해 바티-킹(1986, 1장), 킹(1955, pp.145-8), 탈보트(1996)를 보시오.

## 참을 수 없는 비통함

**191** 돌런드의 발명 특허와 성공, 존의 죽음과 법정 공방에 대해서는 바티-킹(1986, 1장), 킹(1955, pp.154-5), 탈보트(1996)를 보시오.

**192** 람스덴의 결혼과 그 후 피터와의 논쟁에 대해서는 바티-킹(1986, pp.42-3) 킹(1955, p.162), 탈보트(1996)를 보시오.(결혼 연도가 잘못된 것에 주의하시오.)

**193** 삼중렌즈와 피터 돌런드의 후기 제품에 관해서는 킹(1955, pp.156-60)을 보시오.

**194** 돌런드 망원경과 피터의 은퇴, 죽음에 대해서는 바티-킹(1986, pp.79-82)을 보시오.

## 9. 하늘로 가는 길

**195** 8장과 그곳에 제시된 참고 문헌을 보시오.

**196** 킹(1955, pp.77-84)과 벨(1922, pp.24-7)은 하들리의 업적과 하들리의 망원경 그리고 그 망원경의 성능을 123피트짜리 망원경과 비교해 설명했다.

**197** 브룩스(2001a, b)는 18세기 거울 제작에 대해서 더 자세히 설명하고 있다.

**198** 제임스 쇼트의 유년 시절, 그의 경력, 망원경은 클라크 등(1989, pp.1-5)와 브라이든 Bryden(1972)에 설명되어 있다.

**199** 그가 만든 가장 큰 망원경과 업적은 킹(1955, p.85)에서 찾을 수 있다. 1742년 제작된 구경이 18인치인 망원경은 옥스퍼드의 과학사박물관에 전시되어 있다(채프만, 1998, p.342, n.15).

## 하늘의 음악가

**200** 허셜의 업적에 대한 이 언급은 윌슨(1996, p.15)에서 인용한 것이다.

**201** 허셜의 유년 시절에 대해서는 허쉬펠드(2001, 10장)를 보시오.

**202** 허셜이 작곡한 오르간 작품은 빈센 디스크 돔Vincennes Disques Dom이 녹음했으며(DOM CD 1418), 도미니크 프로스트가 연주했다. 허셜의 음악적 업적은 프로스트(1992)가 레코드 재킷에 요약했다.

**203** 킹(1955, pp.120-4). 킹은 굴절 망원경에 대한 허셜의 의견을 〈윌리엄 허셜 경의 과학 논문Scientific Papers of Sir William Herschel〉(J. L. E. 드라이어Dreyer)에서 인용했다.

**204** 베넷(1976)은 허셜의 7, 10, 20피트 망원경을 자세히 설명하고 있다.

## 절대적으로 가장 좋았다

**205** 허쉬펠드(2001, pp.180-1)를 보시오. 렉셀이 검증한 것과 이름 정하는 것에 대해서는 호일(1962, p.164)을 보시오.

**206** 왕실 연금, 30피트, '거대한 20피트짜리 망

원경'에 대해서는 킹(1955, pp.124-7)을 보시오.
**207** 망원경 제작으로 그는 적어도 1만 5천 파운드, 어쩌면 2만 파운드까지 벌었을 것이다(스페이트Spaight, 2004).
**208** 베넷(1976).
**209** 킹(1955, pp.127-8)과 베넷(1976).
**210** 18세기 천문대의 전통적인 위치 관측에 대해서는 베넷(1992)과 터너Turner(2002)를 보시오.

돌연한 비약
**211** 베넷(1976), 킹(1955, pp.128-9), 허스킨(2003).
**212** 캐롤린의 언급은 터너(1977)에서 인용했다.
**213** 40피트짜리 망원경 제작과 운명에 대해서는 킹(1955, pp.129-34)과 베넷(1976)을 보시오.
**214** 베넷(1976)과 킹(1955, p.128).
**215** 킹,(1955, p.1239), 허쉬펠드(2001, p,178), 베넷(1976).
**216** 베넷(1976).
**217** 킹(1955, p.128), 허쉬펠드(2001, p.182), 허스킨(2003).
**218** 킹(1955, p.133)이 40피트짜리 망원경의 마지막 관측을 인식했으나, 허스킨(2003)이 잘못된 것을 바로잡았다.
**219** 허스킨 (2003).
**220** 베넷(1976).

**221** 허스킨(2003).
**222** 킹(1955, p.142).

## 10. 예의 없는 천문학자

**223** 앤드루 바클레이의 인생과 업적에 대해서는 클라크 등(1989, pp.197-202)을 보시오.
**224** 바티-킹(1986, p.92).
**225** 킹(1955, p.189).
**226** 홀(1995).
**227** 킹(1955, p.176)과 허쉬펠드(2001, p.232).
**228** 킹(1955, p.189)과 바티-킹(1986, p.95).
**229** 구이난드의 업적과 베네딕트보이에른으로 이사 간 것에 대해서는 킹(1955, pp.176-9)을 보시오. 리커Riekher(1990, 7장)가 그의 기술에 대해서 자세히 적고 있다.
**230** 영국 전매 기간 중 가장 많은 제품을 만든 독일 기구 제작자는 게오르크 프리드리히 브란더Georg Rridrich Brander(1713-1783)이다. 브라흐너Brachner(1983)를 보시오.

똘똘한 아이
**231** 프라운호퍼의 유년기와 직장을 얻게 되는 과정에 대해 허쉬펠드(2001, 13장)와 킹(1955, pp.178-9)을 보시오.
**232** 프라운호퍼의 업적과 대도르파트 굴절 망원경에 대해서는 허쉬펠드(2001, 13, 14장), 킹(1955, pp.180-8), 리커(1990, 7장)을 보시오.
**233** 브룩스(1991)을 보시오.
**234** 허쉬펠드(2001, pp.242-3), 킹(1955, p.188).

### 전면적인 전쟁

**235** 그의 후기 업적과 초서에게 유리를 판매한 것에 대해서는 킹(1955, pp.179-80)을 보시오.

**236** 허스킨(1989, 1991)과 맥코넬(1992, pp.29-30)이 제임스 사우스, 리처드 쉽생크스 그리고 그들 사이에 있었던 반목에 대해 설명하고 있다.

**237** 맥코넬(1994).

**238** 채프만(1998, p.43).

**239** 심스의 연습 책에 대해서는 맥코넬(1994)을 보시오.

**240** 드라이어와 터너(1923, pp.52-5)를 보시오.

**241** 드라이어와 터너(1923, p.52n) 그리고 던칸 스틸Duncan Steel(허스킨, 1991)이 임시 가대에서 사우스의 렌즈가 종종 사용되었다는 것을 주목했다. 사우스는 1863년 2월 17일 있었던 로스 경의 총장 취임식 때 더블린 대학교에 렌즈를 기부했다(글라스, 1997, pp.29-32). 선물은 토머스 그럽(11장)이 세운 던싱크 천문대의 사우스 망원경의 대물렌즈가 되었다. 이 망원경은 아직도 사용 중이다.

### 11. 레비아탄

**242** 롬니 로빈슨과 토머스 그럽에 대해서는 글라츠(1997, pp.9-11)를 보시오.

**243** 그럽의 마크리 망원경은 글라츠(1997, pp.13-16)와 맥케나-롤러McKenna-Lawler와 허스킨(1984)에 설명되어 있다.

**244** 채프만(1998, p.49)은 글라츠(1997, p.15)보다 망원경의 생산성에 더 후한 점수를 주고 있다.

**245** 글라츠(1997, pp.17-19)가 알마 반사 망원경과 지렛대 지지 시스템을 설명하고 있다. 이런 거울 지지 시스템은 마구에 사용되는 미국식 용어를 따라 오늘날 종종 물추리 막대로 불린다.

**246** 나는 2004년 2월 데이비드 신든의 작업장에서 완전히 복원되어 아일랜드로 돌려보기 위해 준비 중이던 망원경을 보았다.

**247** 글라츠(1997, p.21).

**248** 버르 과학 유산 재단Birr Scientifif and Heritage Foundataion(월드 와이드 웹).

**249** 그의 초기 망원경에 대해서는 킹(1955, pp.206-9)과 허스킨(2002)을 보시오.

**250** 《필로소피컬 트랜스액션스》 130권 pp.503-27, 1840년에서 발췌했다. 글라츠(1997, p.22)와 윌슨(1996, p.404)를 보시오.

**251** 로스 망원경의 계획된 이용에 대해서는 허스킨(2002)을 보시오.

**252** 킹(1955, p.208)과 허스킨(2002).

**253** 허스킨(1989, 2002).

### 나선형 구조

**254** 6피트짜리 거울의 주조와 냉각에 대해서는 킹(1955, pp.210-11)과 허스킨(2002)을 보시오.

**255** 킹(1955, pp.212-13)을 보시오.

256 나선 은하의 초기 관측과 발견에 대해서는 허스킨(2002)을 보시오.

257 드휘르스트Dewhirst와 허스킨(1991)과 휴위-화이트Hewitt-White(2003).

위로와 기쁨

258 나스미스의 인생과 업적에 대해서는 웨일즈(1963)를 보시오.

259 나스미스의 유머 감각과 플로시와의 관계에 대해서는 채프만(1998, pp.108, 350, n.99)을 보시오.

260 킹(1955, p.217), 웨일즈(1963) 그리고 토데이(1971)

261 나스미스가 설명한 내용은 채프만(1998, p.348 n.82)에서 찾을 수 있다.

262 윌슨(1966, p.473).

263 킹(1955, p.218).

264 무어(1996, p.39). 24인치짜리 망원경의 복제품의 제막식과 더불어 1996년, 리버풀에서 트리톤 발견 150주년 기념식이 거행되었다. 이것은 두 개의 원래 거울 가운데 하나를 사용했다(채프만, 1998, pp.110, 125).

265 킹(1955, pp.220-4). 나스미스가 개방형 경통을 제안한 것에 대해서는 채프만(1998, p.107)을 보시오. 라셀의 무정위 지지에 관해서는 윌슨(1999, p.257-8)을 보시오.

12. 마음 아픈 일

266 킹(1955, pp.200-3)과 베넷(1976).

267 워너(1982)에서 발췌했다.

268 워너(1982)와 글라츠(1997, pp.39-40).

269 워너(1982), 글라츠(1997, p.40), 헤인즈 등(1996, p.98).

270 글라츠(1997, pp.42-3).

271 워너(1982)와 글라츠(1997, p.44)

272 빅토리아 시대의 번영과 윌슨의 임명에 대해 헤인즈 등(1996, pp.98-9), 글라츠(1997, p.44), 개스코인(1996)을 보시오.

273 버든의 역할과 왕립 학회의 대응에 대해서는 헤인즈 등(1996, p.99)을 보시오.

공학적 대작

274 헤인즈(1996, p.101), 글라츠(1997, pp.46-7) 그리고 개스코인(1996).

275 글라츠(1997, pp.44, 49)와 개스코인(1996).

276 글라츠(1997, p.49). 그럽 회사의 회사명 변경에 대해서는 버넷Burnett과 모리스-로Morrison-Low(1989, p.125)와 앤더슨Anderson 등(1990, p.35).

277 글라츠(1997, pp.49-58)는 망원경의 제작과 시험에 대한 설명하고 있다.

278 헤인즈 등(1996, p.103).

쇠퇴와 재난

279 질 낮은 상, 르 쉬외르Le Sueur의 재광택 작업과 사임, 거울의 문제와 개스코인의 결론은 모두 개스코인(1996)에 언급되어 있다.

280 킹(1955, p.267).

281 제2차 세계대전 이후의 발달에 대해서는 헤인즈 등(1996, pp.111-113), 개스코인(1996), 하트Hart 등(1996) 그리고 프레임Frame과 폴크너(2003, 6, 7, 10장)를 보시오.
282 프레임과 폴크너(2003, pp.271-6).

## 13. 꿈의 광학

283 브람스와 〈독일 장송곡〉에 대해서는 홀름스Holmes(1987, 7장)를 보시오.
284 1676년 2월 5일 뉴턴이 후크에게 보낸 서신에서 인용되었다(턴불 1959, p.416).
285 캐롤리Karolyi(1965)와 아처슨Acheson(2002)은 각각 음악과 수학에서 기호와 구조에 대해 훌륭히 소개한다.
286 아베의 업적에 대한 평가는 슈츠Schutz(1966)에서 찾을 수 있다.
287 윌슨(1996, pp.472-6).
288 마틴(1948, 8장).
289 《차이스》(1996, pp.6-12)를 보시오.
290 차이스 쌍안경의 발전에 대해 왓슨(1995, 1999a)을 보시오.
291 킹(1955, pp.346-50).

## 별빛을 채질하다

292 리커(1990, pp.193, 7), 킹(1955, pp.248-9).
293 맥코넬(1992, 6-7장)은 토머스 쿡의 인생과 업적에 대해 설명했다.
294 채프만(1998, pp.114-15)은 호이겐스와 그의 굴절 망원경에 대해 설명했다.

295 1672년 2월 6일 뉴턴이 올덴부르크에게 보낸 서신에서 인용되었다(턴불, 1959, p.92).
296 분광기의 초기 업적에 대해서는 헌쇼(1986, 2-4장)를 보시오. 태커레이Thacjeray(1961)는 일반적인 소개를 했다.
297 허스킨(1982, pp.151-2).
298 어떻게 해결했는지에 대한 것과 자세한 내용은 왓슨(2003a)을 보시오.

## 기록 갱신

299 맥코넬(1992, p.57)과 킹(1955, pp.252-4)은 뉴웰 굴절 망원경에 대해 자세히 설명했다.
300 킹(1955, pp.255-9)은 클락과 워싱턴 굴절 망원경에 대해 설명했다.
301 그럽의 비엔나 굴절 망원경에 대한 설명은 킹(1955, p.306)과 글라츠(1997, 4장)에서 찾을 수 있다.
302 그럽과 릭 망원경에 대한 설명은 글라츠(1997, 5장)에 있다.
303 미쉬와 스톤(월드 와이드 웹).
304 구경이 1미터보다 큰 굴절 망원경이 하나 더 있었지만, 결국 완성되지 못했다. 이 망원경은 러시아의 풀코보 천문대에 세워질 계획이었다. 망원경과 돔은 1929년에 완성되었지만, 소비에트 천문학자들이 41인치(1.04미터)짜리 대물렌즈에 쓸 유리 덩어리를 받아들이지 않아 그만두게 되었다(그럽

파슨스, 1926, 그림 2와 6 그리고 워너, 1975).
305 킹(1955, pp.314-18).
306 브레니Brenni(1996)와 데바바Debarbat와 로네이(2002)는 파리 만국박람회 망원경을 설명했다. 후자는 렌즈의 재활용에 대해 보고하고 있다.
307 이 기간 동안 군사용 광학 기구에 대해서는 글라이헨Gleichen(1918), 쾨니히와 쾰러(1959) 그리고 모스Moss와 러셀Russell(1988, 1-3장)을 보시오.
308 광학 군수품과 영국이 독일 광학 기구를 사려고 했던 일에 대해서는 라이드(2001, 1장, 라이드(1983) 그리고 맥코넬(1992, pp.75-6)을 보시오.

## 14. 은과 유리

309 푸코에 대한 설명과 슈타인하일 망원경에 대한 설명을 위해 킹(1955, p.262), 글라츠(1997, p.46), 리커(1990, p.223)를 보시오.
310 유리와 금속거울의 성능비교를 위해서 개스코인(1996)과 리커(1990, p.224)를 보시오.
311 글라츠(1997, pp.69-70). 피아치 스미스에 대해서는 브뤽Bruck(1983, 4-5장)을 보시오.
312 킹(1955, pp.262-4)과 리커(1990, pp.224-7).
313 디미트로프Dimitroff와 베이커Baker(1945, 3,4장)는 천체 사진과 사진용 망원경에 대해 20세기 중반 관점에서 분명하게 설명하고 있다.

314 헌쇼(1996, pp.136-42)를 보시오. 러셀(1892)은 카르트 두 시엘을 위해 시드니 천문대에 세워진 13인치(33센티미터)짜리 사진 망원경에 대해 재미있게 설명하고 있다. 이것의 대물렌즈는 하워드 그럽 경이 제작한 것이다.

## 완전히 성운 모양인

315 킹(1955, p.327), 리커(1990, pp.267-9), 윌슨(1996, p.416).
316 40인치 굴절 망원경과의 성능을 비교하려면 레버링턴(1995, p.264)를 보시오.
317 레버링턴(1995, pp.284-5).
318 킹(1955, p.328-32), 리커(1990, pp.269-76), 윌슨(1996, pp.416-19)은 60인치짜리 망원경에 대해 설명하고 있다.
319 킹(1955, p.332-8), 리커(1990, pp.276-81), 윌슨(1996, pp.419-22)은 후커 망원경에 대해 설명하고 있다. 후커 망원경을 위한 자금 문제는 헤일(1928)에서 찾을 수 있다.
320 허블(1925)은 나선 은하까지의 거리 측정에 관한 돌파구를 발표했다.
321 헤더링턴과 브래셔(1992)는 애덤스의 비밀메모의 내용뿐 아니라 허블과 마넨 사이의 반목에 대해서도 설명했다.

## 더 넓은 전망

322 그의 조카(슈미트 1996)가 슈미트의 인생과 업적에 대해 믿을 만하게 자세하게 설명

했다. 이것은 호지스(1953) 등 여러 저자들이 반복하던 오해를 없앴다.

323 전쟁 기간 중 슈미트 망원경 형태를 갖는 광학 기구의 사용에 대해서는 오스터브록 Osterbrock(1994)을 보시오.

324 슈미트의 유일한 과학 논문은 그가 광학계를 설명하기 위해 쓴 논문뿐이다(슈미트, 1931).

325 왓슨(2001)은 현재까지 건설된 거대한 슈미트 망원경에 대해 설명했다.

326 도우와 왓슨(1984)은 슈미트 망원경이 다목표 분광학 기술에서 갖는 장점을 요약했다. 왓슨(2003b)은 이 기술의 변천에 관해서도 정리했다.

## 팔로마와 그 후

327 헤일(1928).

328 헤일 망원경은 킹(1955, pp.401-15), 리커(1990, 16장), 윌슨(1996, pp.427-30)에 자세히 설명되어 있다.

329 디 치코Di Cicco(1986)는 헤일 망원경에 사용된 거울 덩어리의 제작과 배송에 대해 설명했다.

330 BTA에 대한 설명은 리커(1990, 22장)과 윌슨(1996, pp.430-3)에 나와 있다.

331 이 책의 16장과 그곳에 제시된 참고 문헌을 보시오. 무어(1997)에 20세기 후반에 세워진 큰 반사 망원경들이 설명되어 있지만, 그림 설명 가운데 오류가 몇 군데 있다.

## 공장 마루에서

332 4미터짜리 망원경에 대한 설명은 리커(1990, 21장)와 윌슨(pp.433-42)에 있다.

333 러너Learner(1986)는 헤일 망원경이 그 후에 제작된 망원경에 미친 영향에 대한 논의했다.

334 윌슨(1999, pp.216-31)은 망원경 거울에 사용되는 유리 덩어리의 재질을 비교했다.

335 아논(1969)은 두 개의 커다란 세르비트 덩어리의 주조 과정을 설명했다. 개스코인 등(1990, 6장)은 앵글로-오스트레일리언 망원경의 세르비트 덩어리의 구매에 대해 자세히 설명했다.

336 글라츠(1997, pp.213-25)는 그럽 회사의 종말과 파슨스가 인수하게 된 것을 설명했다.

337 스트란트Strandh(1979, p.225)는 찰스 파슨스 경이 증기 기관 발전에 기여한 업적을 설명했다.

338 《네이처》 115권, p.581. 글라츠(1997, p.225)가 인용했다.

339 그럽 파슨스가 1950년대 중반까지 생산한 천문학 관련 제품에 대한 요약은 그럽 파슨스(1956, p.28)에 있다.

340 신든(1989).

341 컴퓨터를 이용한 광학 광택 작업은 윌슨(1999, pp.2-4)이 주목했다.

342 개스코인 등(1990, p.97)을 보시오.

## 15. 은하와 함께 걷기

**343** 은하의 속도-거리 관계식은 허블(1929)이 수식화했다. 레버링턴(1995, pp.236-7, 12장)을 보시오.

**344** 니콜슨Nicolson(2001)은 암흑 물질과 암흑 에너지의 관측 증거를 이해하기 쉽게 요약했다.

**345** 킹(1955, p.140).

**346** 전파 망원경의 발달 과정은 레버링턴(1995, 15장)에 요약되어 있다. 헤인즈 등(1996, 8장을 보시오)은 호주에 세워진 전파 망원경의 발전상을 정리했다.

**347** 프레임과 폴크너(2003, p.108)를 보시오.

### 우주 망원경

**348** 맥클리어(1975, pp.51-66).

**349** 프레임과 폴크너(2003, p.108).

**350** 감마선 폭발체에 대해서는 머딘Murdin(1998)을 보시오.

**351** 클레이와 도슨(1997)은 원자보다 작은 것에 관련된 천문학을 설명하고 있다.

**352** 가리비 눈과 슈미트 광학에 대해서는 밀스(1993)를 보시오.

**353** 퀘이사의 발견에 대해서는 레버링턴(1995, pp.237-40)을 보시오.

**354** 중력렌즈의 초기 예는 레버링턴(1995, pp.241-3)을 보시오.

**355** 나타라얀Natarajan(1998)은 중력렌즈와 아인슈타인 고리에 연관된 작용을 설명하고 있다.

## 16. 강력한 망원경

**356** '새천년을 향한 강력한 망원경과 기기'는 대형 망원경에 관한 국제 심포지엄 시리즈 가운데 하나이다. 이 시리즈는 유럽 남반구 천문대(ESO), SPIE, 광학 공학 국제 학회가 공동으로 지원한다.

**357** 전통적으로 망원경의 분해능은 두 별이 두 점으로 분리되어 보이는 최소 거리로 정의된다. 현대적 정의는 다소 이해하기 어렵지만, 기본 원리는 같다.

**358** 분해능은 렌즈나 거울의 지름에 의해서만 결정되는 것이 아니고, 어떤 파장의 빛으로 관측하는가 하는 것과도 관련이 있다. 파장이 길어지면 분해능도 나빠진다. 예를 들어, 망원경이 정해졌을 경우 적외선보다 가시광선으로 관측하면 더 작은 부분까지 관측할 수 있다. 분해능은 망원경의 광학 성분의 품질에도 영향을 받는다. 이 책에서 말하는 숫자는 대기의 난류나 광학 부품에 오류가 없다고 가정한 숫자이다. 이런 조건에서 얻은 분해능을 회절 한계라고 부른다(회절이라는 물리 현상에 의해서만 제한을 받기 때문이다). 분해능에 대한 설명은 킹(1955, pp.272-3)에서, 이론적 근거는 여러 광학 교과서에서 찾을 수 있다(예를 들어, 롱허스트Longhurst, 1957, pp.283-4).

## 보이지 않는 것을 보다

**359** 고도 6백 킬로미터에서 작동하고 있으며, 지구를 96분마다 한 바퀴씩 돌고 있다. 자세한 기술적인 내용은 관련된 발표 자료를 보면 알 수 있다. 대표적인 것이 몰러(1996)이다.

**360** (이전에 차세대 우주 망원경이라고 알려져 있었다.) 제임스 웹 우주 망원경은 2010년대 초에 발사될 예정이다. 기기와 수행할 연구에 대한 정보는 유럽 우주항공국ESA(1998)에 요약되어 있다.

**361** 큰 지상용 광학 망원경의 지리적 분포는 왓슨(1999b)을 보면 알 수 있다.

**362** 천문학 기기의 초기 상황은 킹(1995)과 헌쇼(1986, 1996)에 설명되어 있다.

## 강력한 망원경

**363** 현재 8미터짜리 망원경의 거울은 세 부류로 나눌 수 있다.
1. 대략적으로 오목한 모양이 되도록 회전하는 오븐에서 주조된 두껍고, '전통적인' 유리거울(애리조나 대학교의 마젤란 프로젝트에 쓰일 큰 쌍안경 Large Binocular과 쌍둥이 망원경).
2. 초대형 시계 유리처럼 생긴 얇은 단일 오목거울(쌍둥이 망원경 제미니 Gemini, 수바루 망원경 그리고 매우 큰 망원경Very Large Telescope).
3. 작은 거울들로 이루어진 분할 거울(켁 망원경, 허비-에벌리 망원경). 분할 거울을 처음 생각해낸 발명가들에 대해서는 마라(2000)를 보시오. 왓슨(1999b)과 이 책 328페이지를 보시오.

**364** 8미터짜리 거울 두 장을 가진 망원경은 큰 쌍안경이다(지지대로 같은 구조물을 사용한다). 그리고 네 개(각각 독립적인 구조물을 갖고 있다)로 이루어진 망원경은 ESO의 매우 큰 망원경이다. 실링Schilling(2000)과 첸Chen(2000)을 보시오.

**365** 연찬회에서 발표된 보조 장비와 적응광학에 대한 자료는 SPIE(2000d)와 SPIE(2000c)에 각각 수록되어 있다.

## 병을 약화시키다

**366** 바쉬Bash 등(1997)은 원조 극대형 망원경을 설명한다. 이것은 오늘날 일상적이지 않은 8미터짜리 망원경(허비-에벌리 망원경)의 25미터 급에서 파생한 망원경이었다. 왓슨(1999b)을 보시오.

**367** 2004년에 GSMT와 CELT사업은 TMT(30미터짜리 망원경)으로 합쳐질 계획이다.

**368** 길모어지Gilmorezzi와 디릭스Dierickx(2000)는 1백 미터 OWL를 포함해서 25미터보다 구경이 큰 광학 망원경 사업에 대해 요약했다. 더 자세한 내용에 대해 마운틴Mountain과 질렛Fillett(1998)을 보시오. 뮌헨 심포지엄에서 발표된 극대형 망원경에 관련된 자료

는 SPIE(2000a, b)에 실려 있다.
369 VLT와 마찬가지로 OWL은 유럽 남반구 천문대의 사업이다.

## 에필로그

370 소행성 2041FU는 가상적인 것이다. 그러나 소행성 충돌이 가져올 수 있는 효과는 거짓이 아니다. 스틸(2002)을 보시오.
371 현재 진행 중인 계획을 근거해서 대략적으로 예상해본 것이다.
372 2040년 9월 8일, 실제 행성들의 정렬이 일어날 것이다.
373 라이베리에(1999.)
374 라이베리에(1979).
375 HD172051은 태양계 밖에서 지구 같은 행성을 찾으려고 만든 관측 후보 목록에 나오는 후보 별 가운데 하나이다.

## 참고 문헌

Acheson, David, 2002, *1089 and All That: A Journey into Mathematics*, Oxford.

Anderson, R.G.W., Burnett, J. and Gee, B., 1990, *Handlist of Scientific Instrument-Makers' Trade Catalogues, 1600–1914*, National Museums of Scotland, Edinburgh.

Anon, 1969, 'Giant mirror blanks poured for Chile and Australia', *Sky & Telescope*, vol. 38, pp. 140–3.

Ariotti, Piero E., 1975, 'Bonaventura Cavalieri, Marin Mersenne, and the reflecting telescope', *Isis*, vol. 66, pp. 303–21.

Baranne, André and Launay, Françoise, 1997, 'Cassegrain: un célèbre inconnu de l'astronomie instrumentale', *Journal of Optics*, vol. 28, pp. 158–72.

Barty-King, Hugh, 1986, *Eyes Right: The Story of Dollond & Aitchison Opticians, 1750–1985*, Quiller Press, London.

Bash, Frank N., Sebring, Thomas A., Ray, Frank B. and Ramsey, Lawrence W., 1997, 'The extremely large telescope: a twenty-five meter aperture for the twenty-first century' in Arne Ardeberg (ed.), *Optical Telescopes of Today and Tomorrow: Following in the Direction of Tycho Brahe*, Proc. SPIE, vol. 2841, pp. 576–84.

Bell, Louis, 1922, *The Telescope*, McGraw-Hill, New York.

Bennett, J.A., 1976, '"On the power of penetrating into space": the telescopes of William Herschel', *Journal for the History of Astronomy*, vol. 7, pp. 75–108.

——1992, 'The English quadrant in Europe: instruments and the growth of consensus in practical astronomy', *Journal for the History of Astronomy*, vol. 23, pp. 1–14.

Birr Scientific and Heritage Foundation, *Birr Castle Demesne*, http://www.birrcastleireland.com, March 2004.

Bishop, Roy L., 1980, 'Newton's telescope revealed', *Sky & Telescope*, vol. 59, p. 207.

Bloom, Jonathan and Blair, Sheila, 2000, *Islam: A Thousand Years of Faith and Power*, TV Books, New York.

Bloom, Terrie F., 1978, 'Borrowed perceptions: Harriot's maps of the Moon', *Journal for the History of Astronomy*, vol. 9, pp. 117–22.

Brachner, Alto, et al., 1983, *G.F. Brander, 1713–1783: Wissenschaftliche Instrumente aus seiner Werkstatt*, Deutsches Museum, München.

Brenni, Paolo, 1996, 'Nineteenth-century French scientific instrument makers, XI: the Brunners and Paul Gautier', *Bulletin of the Scientific Instrument Society*, no. 49, pp. 3–8.

Brooks, Randall C., 1989. 'Methods of fabrication of fiducial lines for 17th–19th century micrometers', *Bulletin of the Scientific Instrument Society*, no. 23, pp. 11–14.

——1991, 'The development of micrometers in the seventeenth, eighteenth and nineteenth centuries', *Journal for the History of Astronomy*, vol. 22, pp. 127–73.

——2001a, 'Techniques of eighteenth century telescope makers—Part 1', *Bulletin of the Scientific Instrument Society*, no. 69, pp. 27–30.

——2001b, 'Techniques of eighteenth century telescope makers—Part 2', *Bulletin of the Scientific Instrument Society*, no. 70, pp. 6–9.

Brück, Hermann A., 1983, *The Story of Astronomy in Edinburgh from its Beginnings until 1975*, Edinburgh University Press.

Bryden, D.J, 1972, *Scottish Scientific Instrument-Makers, 1600–1900*, Royal Scottish Museum Information Series, Edinburgh.

Burnett, J.E. and Morrison-Low, A.D., 1989, *'Vulgar and Mechanick': The Scientific Instrument Trade in Ireland, 1650–1921*, National Museums of Scotland, Edinburgh, and The Royal Dublin Society, Dublin.

Cant, Ronald Gordon, 1970, *The University of St Andrews*, Scottish Academic Press, Edinburgh.

Caspar, Max, 1959, *Kepler* (trans. C. Doris Hellman), Dover Publications, New York (Dover edn 1993).

Chapman, Allan, 1998, *The Victorian Amateur Astronomer: Independent Astronomical Research in Britain, 1820–1920*, Wiley-Praxis, Chichester.

——2002, 'Johannes Hevelius: the last renaissance astronomer' in Patrick Moore (ed.), *2003 Yearbook of Astronomy*, Macmillan, London, pp. 246–55.

Chaucer, Geoffrey, c.1387, *The Canterbury Tales* (trans. by David Wright), Oxford (see Wright 1985).

Chen, P.K., 2000, 'Visions of today's giant eyes', *Sky & Telescope*, vol. 100, no. 2, pp. 34–41.

Christianson, John R., 2000, *On Tycho's Island: Tycho Brahe and His Assistants, 1570–1601*, Cambridge.

Clarke, T.N., Morrison-Low, A.D. and Simpson, A.D.C., 1989, *Brass & Glass: Scientific Instrument Making Workshops in Scotland*, National Museums of Scotland, Edinburgh.

Clay, Roger and Dawson, Bruce, 1997, *Cosmic Bullets: High Energy Particles in Astrophysics*, Allen & Unwin, Sydney.

Danjon, André and Couder, André, 1935, *Lunettes et télescopes*, Éditions de la Revue d'Optique Théorique et Instrumentale, Paris.

Davidson, D.C., 1989, *Spectacles, Lorgnettes and Monocles*, Shire Publications, Princes Risborough.

Dawe, J.A. and Watson, F.G., 1984, 'The application of optical fibre technology to Schmidt telescopes' in N. Capaccioli (ed.), *Astronomy with Schmidt-type Telescopes*, D. Reidel, Dordrecht, pp. 181–4.

Débarbat, Suzanne and Launay, Françoise, 2002, 'The objectives of the "Great Paris Exhibition Telescope" of 1900', *Bulletin of the Scientific Instrument Society*, no. 74, pp. 22–3.

Desmond, Michael and Pedretti, Carlo, 2000, *Leonardo da Vinci: The Codex Leicester—Notebook of a Genius*, Powerhouse Publishing, Sydney.

Dewhirst, David W. and Hoskin, Michael, 1991, 'The Rosse spirals', *Journal for the History of Astronomy*, vol. 22, pp. 257–66.

Di Cicco, Dennis, 1986, 'The journey of the 200-inch mirror', *Sky & Telescope*, vol. 71, no. 4, pp. 347–8.

Dimitroff, George Z. and Baker, James G., 1945, *Telescopes and Accessories*, Blakiston, Philadelphia.

Dobbins, Thomas and Sheehan, William, 2000, 'Beyond the Dawes limit: observing Saturn's ring divisions', *Sky & Telescope*, vol. 100, no. 5, pp. 117–21.

Dodsworth, Roger, 1982, *Glass and Glassmaking*, Shire Publications, Princes Risborough.

Dreyer, J.L.E. and Turner, H.H. (eds), 1923, *History of the Royal Astronomical Society, 1820–1920*, Royal Astronomical Society, London (rep. 1987 by Blackwell, Oxford).

ESA (European Space Agency), 1998, *The Next Generation Space Telescope: Science Drivers and Technological Challenges*, Proceedings of the 34th Liège International Astrophysics Colloquium, ESA SP-429, Noordwijk.

Frame, Tom and Faulkner, Don, 2003, *Stromlo: An Australian Observatory*, Allen & Unwin, Sydney.

Galilei, Galileo, 1610, *Sidereus Nuncius* (trans. Albert Van Helden), Chicago (see Van Helden 1989).

Gascoigne, S.C.B., 1996, 'The Great Melbourne Telescope and other 19th-century reflectors', *Quarterly Journal of the Royal Astronomical Society*, vol. 37, pp. 101–28.

Gascoigne, S.C.B., Proust, K.M. and Robins, M.O., 1990, *The Creation of the Anglo-Australian Observatory*, Cambridge.

Gilmozzi, Roberto and Dierickx, Phillipe, 2000, 'OWL concept study', *ESO Messenger*, no. 100, pp. 1–10.

Gingerich, Owen, 1979, 'The basic astronomy of Stonehenge' in Kenneth Brecher and Michael Feirtag (eds), *Astronomy of the Ancients*, MIT Press, Cambridge, Mass., pp. 117–32.

Gingrich, Mark, 2000, 'The telescope of Leonardo's dreams' (letter), *Sky & Telescope*, vol. 99, no. 3, p. 14.

Giscard d'Estaing, Valérie-Anne, 1985, *Inventions*, World Almanac Publications, New York.

Glass, I.S., 1997, *Victorian Telescope Makers: The Lives and Letters of Thomas and Howard Grubb*, Institute of Physics, Bristol.

Gleichen, Alexander, 1918, *The Theory of Modern Optical Instruments* (trans. H.H. Emsley and W. Swaine), H.M. Stationery Office, London.

Greco, Vincenzo, Molesini, Giuseppe and Quercioli, Franco, 1992, 'Optical tests of Galileo's lenses', *Nature*, vol. 358, p. 101.

Grubb Parsons, Sir Howard, & Company, 1926, *Astronomical & Optical Instruments Catalogue*, Publication No. 4, Newcastle-upon-Tyne.

——1956, *Astronomical Instruments*, Publication No. 17, Newcastle-upon-Tyne.

Hale, George Ellery, 1928, 'The possibilities of large telescopes', *Harper's Magazine*, vol. 156, pp. 639–46.

Hall, Simon (ed.), 1995, *The Hutchinson Illustrated Encyclopedia of British History*, Helicon, Oxford.

Harrison, Richard F., 1963, *Abraham Sharp, Mathematician and Astronomer, 1653–1742*, Bolling Hall Museum, Bradford.

Hart, J., van Harmelen, J., Hovey, G., Freeman, K.C., Peterson, B.A., Axelrod, T.S., Quinn, P.J., Rodgers, A.W., Allsman, R.A., Alcock, C., Bennett, D.P., Cook, K.H., Griest, K., Marshall, S.L., Pratt, M.R., Stubbs, C.W. and Sutherland, W., 1996, 'The telescope system of the MACHO program', *Publications of the Astronomical Society of the Pacific*, vol. 108, pp. 220–2.

Haynes, Raymond, Haynes, Roslynn, Malin, David and McGee, Richard, 1996, *Explorers of the Southern Sky: A History of Australian Astronomy*, Cambridge.

Hearnshaw, J.B., 1986, *The Analysis of Starlight: One Hundred and Fifty Years of Astronomical Spectroscopy*, Cambridge.

——1996, *The Measurement of Starlight: Two Centuries of Astronomical Photometry*, Cambridge.

Hetherington, Norriss S. and Brashear, Ronald S., 1992, 'Walter S. Adams and the imposed settlement between Edwin Hubble and Adriaan van Maanen', *Journal for the History of Astronomy*, vol. 23, pp. 52–6.

Hewitt-White, Ken, 2003, 'Observing Lord Rosse's spirals', *Sky & Telescope*, vol. 105, no. 5, pp. 116–21.

Hirshfeld, Alan W., 2001, *Parallax: The Race to Measure the Cosmos*, Freeman, New York.

Hodges, Paul C., 1953, 'Bernhard Schmidt and his reflector camera' in Albert G. Ingalls (ed.), *Amateur Telescope Making (Book Three)*, *Scientific American*, pp. 365–73.

Holmes, Paul, 1987, *Brahms*, Omnibus Press, London.

Hoogerdijk, Wim, et al., c.1994, *Binnenhof*, Information Centre Binnenhof, The Hague.

Hoskin, Michael, 1982, *Stellar Astronomy: Historical Studies*, Science History Publications, Chalfont St Giles.

——1989, 'Astronomers at war: South v. Sheepshanks', *Journal for the History of Astronomy*, vol. 20, pp. 175–212.

——2002, 'The Leviathan of Parsonstown: ambitions and achievements', *Journal for the History of Astronomy*, vol. 33, pp. 57–70.

——2003, 'Herschel's 40-ft reflector: funding and functions', *Journal for the History of Astronomy*, vol. 34, pp. 1–32.

Hoskin, Michael, et al., 1991, 'More on "South v. Sheepshanks"', *Journal for the History of Astronomy*, vol. 22, pp. 174–9.

Hoyle, Fred, 1962, *Astronomy*, Macdonald, London.

Hubble, Edwin P., 1925, 'Cepheids in spiral nebulae', *Publication of the American Astronomical Society*, vol. 5, pp. 261–4.

——1929, 'A relation between distance and radial velocity among extra-galactic nebulae', *Proceedings of the National Academy of Sciences*, vol. 15, pp. 168–73.

Humphreys, W.J., 1920, *Physics of the Air*, Franklin Institute, Philadelphia.

Hydbom, Doris, 1995, *Hven Ön i Öresund* (information leaflet), Landskrona-Vens Turistbyrå.

Károlyi, Ottó, 1965, *Introducing Music*, Penguin Books, London.

Kinder, Hermann and Hilgemann, Werner, 1974, *The Penguin Atlas of World History*, vol.1 (trans. Ernest Menze), Penguin Books, London.

King, Henry C., 1955, *The History of the Telescope*, Griffin, London.

Kizer, Kristin, 2000, 'Viking conquest of the heavens?', *Astronomy*, vol. 28, no. 9, pp. 32–4.

Koestler, Arthur, 1959, *The Sleepwalkers: A History of Man's Changing Vision of the Universe*, Hutchinson, London.

König, Albert and Köhler, Horst, 1959, *Die Fernrohre und Entfernungsmesser (Telescopes and Rangefinders)*, 3rd edn, Springer, Berlin.

Labeyrie, Antoine, 1979, 'Standing wave and pellicle: a possible approach to very large space telescopes', *Astronomy and Astrophysics*, vol. 77, pp. L1–L2.

——1999, 'Snapshots of alien worlds: the future of interferometry', *Science*, vol. 285, pp. 1864–5.

Lacey, Robert and Danziger, Danny, 1999, *The Year 1000: What Life was Like at the Turn of the First Millennium*, Abacus, London.

Lamont-Brown, Raymond, 1989, *The Life and Times of St Andrews*, John Donald, Edinburgh.

Learner, Richard, 1986, 'The legacy of the 200-inch', *Sky & Telescope*, vol. 71, no. 4, pp. 349–53.

Leverington, David, 1995, *A History of Astronomy from 1890 to the Present*, Springer-Verlag, London.

Ley, Willy, 1963, *Watchers of the Skies*, Sidgwick & Jackson, London.

Longhurst, R.S., 1957, *Geometrical and Physical Optics*, Longmans, Green, London.

Lynch, David K. and Livingston, William, 1995, *Color and Light in Nature*, Cambridge.

Marra, Monica, 2000, 'New astronomy library in Bologna is named after Guido Horn D'Arturo: a forefather of modern telescopes', *Journal of the British Astronomical Association*, vol. 110, no. 2, p. 88.

Martin, L.C., 1948, *Technical Optics*, vol. 1, Pitman, London.

Mayr, Otto et al., 1990, *The Deutsches Museum*, Scala, London.

McConnell, Anita, 1992, *Instrument Makers to the World: A History of Cooke, Troughton & Simms*, William Sessions, York.

——1994, 'Astronomers at war: the viewpoint of Troughton & Simms', *Journal for the History of Astronomy*, vol. 25, pp. 219–35.

McCrea, W.H., 1975, *The Royal Greenwich Observatory: An Historical Review issued on the Occasion of its Tercentenary*, H.M. Stationery Office, London.

McKenna-Lawlor, Susan and Hoskin, Michael, 1984, 'Correspondence of Markree Observatory', *Journal for the History of Astronomy*, vol. 15, pp. 64–8.

Mills, A. (attrib.), 1992, 'Did an Englishman invent the telescope? Leonard Digges' "Perspective" of 1560', *Bulletin of the Scientific Instrument Society*, no. 35, p. 2.

——1993, 'Postscript—nature got there first!', *Bulletin of the Scientific Instrument Society*, no. 37, p. 10.

Misch, Tony and Stone, Remington, *James Lick, the 'Generous Miser': The Building of Lick Observatory*, University of California Observatories/Lick Observatory, http://www.ucolick.org/ [February 2002]

Molesini, Giuseppe, 2003, 'The telescopes of seventeenth-century Italy', *Optics & Photonics News*, vol. 14, no. 6, pp. 34–9.

Møller, Palle (ed.), 1996, *Hubble Space Telescope Cycle 7 Call for Proposals*, Space Telescope Science Institute, Baltimore.

Moore, Patrick, 1996, *The Planet Neptune: An Historical Survey Before Voyager*, 2nd edn, John Wiley, Chichester.

——1997, *Eyes on the Universe: The Story of the Telescope*, Springer, London.

Moss, Michael and Russell, Iain, 1988, *Range and Vision: The First 100 Years of Barr and Stroud*, Mainstream Publishing, Edinburgh.

Mountain, Matt, and Gillett, Fred, 1998, 'The revolution in telescope aperture', *Nature*, supplement to vol. 395, no. 6701, pp. A23–A29.

Murdin, Paul, 1998, 'The origin of cosmic gamma-ray bursts' in Patrick Moore (ed.), *1999 Yearbook of Astronomy*, Macmillan, London, pp. 169–79.

Natarajan, Priyamvada, 1998, 'The Universe through gravity's lens' in Peter Coles (ed.), *The Icon Critical Dictionary of the New Cosmology*, Icon Books, Cambridge, pp. 99–114.

Newton, Isaac, 1730, *Opticks*, 4th edn, Dover Publications, New York (Dover edn 1979).

Nicholl, Charles, 2001, 'A "mad priest of the sun" burns', *BBC History Magazine*, vol. 2, no. 2, pp. 44–5.

Nicolson, Iain, 2001, 'A Universe of darkness' in Sir Patrick Moore (ed.), *2002 Yearbook of Astronomy*, Macmillan, London, pp. 243–64.

Osterbrock, Donald E., 1994, 'Getting the picture: wide-field astronomical photography from Barnard to the achromatic Schmidt, 1888–1992', *Journal for the History of Astronomy*, vol. 25, pp. 1–14.

O'Connor, John J. and Robertson, Edmund F., *The MacTutor History of Mathematics Archive*, http://www-history.mcs.st-andrews.ac.uk/history/index.html [May 2004]

Panek, Richard, 2000, *Seeing and Believing: The Story of the Telescope, or How We Found Our Place in the Universe*, Fourth Estate, London.

Proust, Dominique, 1992, 'William Herschel (1738–1822)—organ works', sleeve note for *Pièces d'orgue de William Herschel*, Disques Dom, Vincennes (DOM CD 1418).

Reid, William, 1983, 'Binoculars in the Army, Part II, 1904–19' in Elizabeth Talbot Rice and Alan Guy (eds), *Army Museum '82*, National Army Museum, London, pp. 15–30.

——2001, *'We're Certainly Not Afraid of Zeiss': Barr & Stroud Binoculars and the Royal Navy*, National Museums of Scotland, Edinburgh.

Riekher, Rolf, 1990, *Fernrohre und ihre Meister (Telescopes and Their Masters)*, 2nd edn, Verlag Technik GmbH, Berlin.

Ronan, Colin A., 1991, 'The origins of the reflecting telescope', *Journal of the British Astronomical Association*, vol. 101, no. 6, pp. 335–42.

Ronan, Colin A., Turner, G.L'E., Darius, J., Rienitz, J., Howse, D. and Ringwood, S.D., 1993, 'Was there an Elizabethan telescope?', *Bulletin of the Scientific Instrument Society*, no. 37, pp. 2–10.

Roslund, Curt, 1989, 'Tycho Brahe's innovations in instrument design', *Bulletin of the Scientific Instrument Society*, no. 22, pp. 2–4.

Russell, H.C. (attrib.), 1892, *Description of the Star Camera, at the Sydney Observatory*, Minister for Public Instruction, Sydney.

Schilling, Govert, 2000, 'Giant eyes of the future', *Sky & Telescope*, vol. 100, no. 2, pp. 52–6.

Schmidt, Bernhard, 1931, 'Ein lichtstarkes Komafreies Spiegelsystem', *Zentralzeitung für Optik und Mechanik*, vol. 52, pp. 25–6. (Trans. Nicholas U. Mayall, 1946, 'A rapid coma-free mirror system', *Publications of the Astronomical Society of the Pacific*, vol. 58, pp. 285–90.)

Schmidt, Erik, 1995, *Optical illusions: The Life Story of Bernhard Schmidt, the Great Stellar Optician of the Twentieth Century*, Estonian Academy Publishers.

Schütz, Wilhelm, 1966, 'Ernst Abbe: university teacher and industrial physicist' in *Carl Zeiss: 150th Anniversary of his Birthday* (supplement to *Jena Review*), pp. 13–23, Carl Zeiss, Jena.

Simpson, A.D.C., 1985, 'Richard Reeve—the "English Campani"—and the origins of the London telescope-making tradition', *Vistas in Astronomy*, vol. 28, pp. 357–65.

——1992, 'James Gregory and the reflecting telescope', *Journal for the History of Astronomy*, vol. 23, pp. 77–92.

Sisson, George, 1989, 'David Scatcherd Brown (1927–1987)', *Quarterly Journal of the Royal Astronomical Society*, vol. 30, pp. 279–81.

Sluiter, Engel, 1997a, 'The first known telescopes carried to America, Asia and the Arctic, 1614–39', *Journal for the History of Astronomy*, vol. 28, pp. 141–5.

——1997b, 'The telescope before Galileo', *Journal for the History of Astronomy*, vol. 28, pp. 223–34.

Sobel, Dava, 1999, *Galileo's Daughter*, Fourth Estate, London.

Spaight, John Tracy, 2004, '"For the good of astronomy": the manufacture, sale and distant use of William Herschel's telescopes', *Journal for the History of Astronomy*, vol. 35, pp. 45–69.

Spargo, P.E., 1984, 'Burning glasses', *Bulletin of the Scientific Instrument Society*, no. 4, pp. 7–8. (See also the erratum in *Bulletin of the Scientific Instrument Society*, no. 5, p. 23.)

SPIE, 2000a, *Telescope Structures, Enclosures, Controls, Assembly/Integration/Validation and Commissioning*, Proc. SPIE, vol. 4004.

——2000b, *Discoveries and Research Prospects from 8–10 Meter-Class Telescopes*, Proc. SPIE, vol. 4005.

——2000c, *Adaptive Optical Systems Technology*, Proc. SPIE, vol. 4007.

——2000d, *Optical and IR Telescope Instrumentation and Detectors*, Proc. SPIE, vol. 4008.

Steel, Duncan, 2002, 'Near-Earth objects: getting up close and personal' in Sir Patrick Moore (ed.), *2003 Yearbook of Astronomy*, Macmillan, London, pp. 154–80.

Stooke, Philip, 1996, 'The mirror in the Moon', *Sky & Telescope*, vol. 91, no. 3, pp. 96–8.

Strandh, Sigvard, 1979, *Machines: An Illustrated History*, AB Nordbok, Gothenburg.

Talbot, Stuart, 1996, 'Jesse Ramsden F.R.S.: his optical testament', *Bulletin of the Scientific Instrument Society*, no. 50, pp. 27–9.

——2002, 'The astroscope by James Mann of London: the first commercial achromatic refracting telescope c.1735', *Bulletin of the Scientific Instrument Society*, no. 75, pp. 6–8.

Temple, Robert, 2000, *The Crystal Sun: Rediscovering a Lost Technology of the Ancient World*, Century, London.

Thackeray, A.D., 1961, *Astronomical Spectroscopy*, Eyre & Spottiswoode, London.

Thiel, Rudolf, 1958, *And There was Light: The Discovery of the Universe* (trans. Richard and Clara Winston), Andre Deutsch, London.

Thoday, A.G., 1971, *Astronomy 2: Astronomical Telescopes*, Science Museum, H.M. Stationery Office, London.

Thoren, Victor E. (with contributions by John R. Christianson), 1990, *The Lord of Uraniborg: A Biography of Tycho Brahe*, Cambridge.

Tomalin, Claire, 2002, *Samuel Pepys: The Unequalled Self*, Penguin Books, London.

Turnbull, H.W. (ed.), 1959, *The Correspondence of Isaac Newton, Vol. 1: 1661–1675*, Cambridge.

Turner, A.J., 1977, 'Some comments by Caroline Herschel on the use of the 40-ft telescope', *Journal for the History of Astronomy*, vol. 8, pp. 196–8.

——2002, 'The observatory and the quadrant in eighteenth-century Europe', *Journal for the History of Astronomy*, vol. 33, pp. 373–85.

Van Helden, Albert, 1977a, 'The development of compound eyepieces, 1640–1670', *Journal for the History of Astronomy*, vol. 8, pp. 26–37.

——1977b, 'The invention of the telescope', *Transactions of the American Philosophical Society*, vol. 67, part 4.

——1989, 'Introduction' and 'Conclusion' to the translation of Galileo's *Sidereus Nuncius*, Chicago.

Wachtmeister, Hélène and Wachtmeister, Henrik, c.1996, *Welcome to Knutstorp*, privately-produced leaflet.

Wailes, Rex, 1963, 'James Nasmyth—artist's son' in The Institute of Mechanical Engineers, *Engineering Heritage: Highlights from the History of Mechanical Engineering*, Heinemann, London, pp. 106–11.

Waller, Maureen, 2000, *1700: Scenes from London Life*, Hodder & Stoughton, London.

Warner, Brian, 1975, 'A forgotten 41-inch refractor', *Sky & Telescope*, vol. 50, no. 6, p. 370.

——1982, 'The Large Southern Telescope: Cape or Melbourne?', *Quarterly Journal of the Royal Astronomical Society*, vol. 23, pp. 505–14.

Watson, Fred, 1995, *Binoculars, Opera Glasses and Field Glasses*, Shire Publications, Princes Risborough.

——1999a, 'How Zeiss binoculars made their London début', *Zeiss Historica*, vol. 21, no. 2, pp. 4–11.

——1999b, 'Optical astronomy, the early Universe and the telescope super-league' in Patrick Moore (ed.), *2000 Yearbook of Astronomy*, Macmillan, London, pp. 178–204.

——2000, 'The dawn of binocular astronomy' in Patrick Moore (ed.), *2001 Yearbook of Astronomy*, Macmillan, London, pp. 162–83.

——2001, 'The enduring legacy of Bernhard Schmidt' in Sir Patrick Moore (ed.), *2002 Yearbook of Astronomy*, Macmillan, London, pp. 224–42.

——2002, 'Newton's telescope and the half-filled bathtub', *Anglo-Australian Observatory Newsletter*, no. 100, pp. 14–15.

——2003a, 'Absolutely nebulous' in Sir Patrick Moore (ed.), *2004 Yearbook of Astronomy*, Macmillan, London, pp. 233–44.

———2003b, 'Optical spectroscopy today and tomorrow' in John Mason (ed.), *Astrophysics Update*, Springer-Praxis, Chichester, pp. 185–214.

Watson, W., & Sons Ltd, c.1925, *A Catalogue of Binoculars and Telescopes* (44th edn), London.

Welther, Barbara L., 1999, 'Leonardo da Vinci and the Moon', *Sky & Telescope*, vol. 98, no. 4, pp. 40–4.

Wennberg, Arne, 1996, *Tänk, om det är så! Om Tycho Brahes instrument och vad han kunde göra med dessa*, Maxi Data HB, Landskrona.

Wesley, Walter G., 1978, 'The accuracy of Tycho Brahe's instruments', *Journal for the History of Astronomy*, vol. 9, pp. 42–53.

West, Richard M., 1997, 'Tycho and his observatory as sources of inspiration to modern astronomy' in Arne Ardeberg (ed.), *Optical Telescopes of Today and Tomorrow: Following in the Direction of Tycho Brahe*, Proc. SPIE, vol. 2841, pp. 774–83.

Westfall, Richard S., 1989, 'The trial of Galileo: Bellarmino, Galileo and the clash of two worlds', *Journal for the History of Astronomy*, vol. 20, pp. 1–23.

———1991, 'Victor E. Thoren (1935–1991)', *Journal for the History of Astronomy*, vol. 22, pp. 253–4.

White, Michael, 2000, *Leonardo: The First Scientist*, Little Brown, London.

Willach, Rolf, 2001, 'The development of lens grinding and polishing techniques in the first half of the 17th century', *Bulletin of the Scientific Instrument Society*, no. 68, pp. 10–15.

———2002, 'The Wiesel telescopes in Skokloster Castle and their historical background', *Bulletin of the Scientific Instrument Society*, no. 73, pp. 17–22.

Wilson, R.N., 1996, *Reflecting Telescope Optics I*, Springer, Berlin.

———1999, *Reflecting Telescope Optics II*, Springer, Berlin.

Wright, David, 1985, 'Introduction' to his translation of Chaucer's *The Canterbury Tales*, Oxford.

Yapp, Nick, 2000, *The British Millennium: 1000 Remarkable Years of Incident and Achievement*, Könemann, Köln.

Zeiss, Carl, GmbH, 1996, *Anticipating the Future*, Microscopes Business Unit, Carl Zeiss, Jena.

부록

# 세계의 대형 망원경

2004년 현재 작동 중이거나 곧 작동할 예정인 세계 최대의 지상 광학 망원경과 적외선 망원경 목록

## ■ 구경이 3.6미터보다 큰 반사 망원경

**매우 큰 망원경**Very Large Telescope(VLT) 8.2미터 얇은 단일 거울 네 개(동시에 함께 사용하면 지름 16.4미터 망원경과 동일 성능). 위치: 칠레 체로 빠라날 산, 고도 2,635미터. 1998-2001년 완공, 망원경 네 대의 이름은 각각 태양Antu, 달kueyen, 남십자Melipal, 금성Yepun이다. 유럽 남반구 천문대 운영.

**켁 망원경**Keck Telescope(I 과 II) 9.8미터 분할 거울 두 개(함께 사용하면 13.9미터 망원경과 동일 성능). 위치: 하와이 마우나케아, 4,145미터. 1991년과 1996년 완공. W. M. 켁 천문대(캘리포니아 대학교, 칼텍, 나사) 운영.

**큰 쌍안경**Large Binocular Telescope(LBT) 회전 주조된 8.4미터 단일 거울 두 개(11.9미터 망원경과 동일 성능). 위치: 애리조나 그레함 산, 3,260미터. 2005년 작동 예정, 애리조나 대학교, 아르체트리 천체물리 천문대(이탈리아), 미국과 독일 참여 연구소 운영.

**그랜 텔레스코피오 카나리아스**Gran Telescopio Canarias(GTC) 10.4미터 분할 거울. 위치: 카나리아 제도 라팔마 섬 로크 데 로스 무차코스, 2,400미터, 2004년 예정. 에스파냐의 카나리아 천체물리 연구소와 다른 참여 연구소 운영.

**허비-에벌리 망원경**Hobby-Eberly Telescope(HET) (유효 직경) 9.1미터 분할 거울. 위치: 텍사스 폴크스 산, 2,025미터. 1997년 완공. 미국과 독일 대학의 컨소시엄 운영.

**남반구 아프리카 큰 망원경**Southern African Large Telescope(SALT) (유효 직경) 9.1미터 분할 거울. 위치: 남아프리카 공화국 서덜랜드, 1,798미터. 2004년 예정. 남아프리카 공화국, 폴란드, 뉴질랜드, 미국 대학의 컨소시엄 운영.

**수바루**Subaru 8.2미터 얇은 단일 거울. 위치: 하와이 마우나케아, 4,139미터. 1999년 완공. 일본 국립 천문대 운영.

## The world's Great Telescopes

쌍둥이 북반구 망원경Gemini North Telescope 8.1미터 얇은 단일 거울. 위치: 하와이 마우나케아, 4,214미터. 1999년 완공. 미국, 영국, 캐나다, 호주, 아르헨티나, 브라질, 칠레 컨소시엄과 쌍둥이 천문대 운영.

쌍둥이 남반구 망원경Gemini South Telescope 8.1미터 얇은 단일 거울. 위치: 칠레 체로 파촌, 2,715미터. 2002년 완공. 미국, 영국, 캐나다, 호주, 아르헨티나, 브라질, 칠레 컨소시엄과 쌍둥이 천문대 운영.

MMT 천문대 회전 주조된 6.5미터 단일 거울. 위치: 애리조나 홉킨스 산, 2,606미터. 2000년 완공 (1979년 만들어진 다중거울 망원경을 수정한 것임). 스미소니언 연구소와 애리조나 대학교 운영.

마젤란(I 과 II) 회전 주조된 6.5 미터 단일 거울 두 개. 위치: 칠레 라스 캄파나스, 2,300미터. 2000년과 2002년 완공. 이름은 각각 바데Baade와 클레이Clay 망원경임. 카네기 연구소, 하버드, 미시간, 애리조나, MIT 공동 운영.

대형 경위 망원경Bolshoi Telescope Azimuthal'ny(BTA) 무거운 6.0미터 단일 거울. 위치: 러시아 파스투코프 산, 2,100미터. 1976년 완공. 특수 천체물리 천문대, 러시아 과학원 운영

큰 천정 망원경Large Zenith Telescope(LZT) 회전하는 수은 접시에서 만들어진 6.0미터 액체 거울. 위치: 캐나다 브리티시컬럼비아 메이플 리지, 395미터. 2001년 완공. 브리티시컬럼비아 대학교, 라발 대학교, 파리 천체물리 연구소 운영

헤일 망원경Hale Telescope 무거운 5.1미터 단일 거울. 위치: 캘리포니아 팔로마 산, 1,706미터, 1948년 완공. 칼텍 운영.

윌리엄 허셜 망원경William Herschel Telescope 무거운 4.2미터 단일 거울. 위치: 카나리아 제도 라팔마 섬 로크 데 로스 무차코스, 2,332미터, 1987년 완공, 영국, 네덜란드, 에스파냐 컨소시엄과 아이작 뉴턴 망원경 그룹 운영.

소아 망원경SOAR Telescope 얇은 4.2미터 단일 거울. 위치: 칠레 체로 파촌, 2,701미터. 2002년 완공. 브라질, 미국 국립 광학 천문대, 미국 대학의 컨소시엄과 천체물리 연구를 위한 남반구 천문대 운영.

빅터 블랑코 망원경Victor M. Blanco Telescope 무거운 4.0미터 단일 거울. 위치: 칠레 체로 톨로로, 2,215미터. 1976년 완공. 미국 국립 과학 재단과 천문학 연구를 위한 대학 연합체의 지원을 받아 체로 톨로로 인터 아메리칸 천문대 운영.

니콜라스 메이올 망원경Nicholas U. Mayall Telescope 무거운 4.0미터 단일 거울. 위치: 애리조나 킷픽,

2,120미터. 1973년 완공. 킷픽 국립 천문대 운영.

앵글로-오스트레일리언 망원경Anglo-Australian Telescope 무거운 3.9미터 단일 거울. 위치: 호주 사이딩 스프링 산, 1,150미터. 1974년 완공. 앵글로-오스트레일리언 천문대 운영

영국 적외선 망원경United Kingdom Infrared Telescope 3.8미터 단일 거울. 위치: 하와이 마우나케아, 4,194미터. 1979년 완공. 영국, 캐나다, 네덜란드 컨소시엄과 연합 천문학 센터 운영.

고등 광전자 망원경Advanced Electro-Optical System Telescope 얇은 3.6미터 단일 거울. 위치: 하와이 할레아칼라, 3,058미터. 2000년 완공. 미국 공군 연구 실험실 운영.

캐나다-프랑스-하와이 망원경Canada-France-Hawaii Telescope 무거운 3.6미터 단일 거울. 위치: 하와이 마우나케아, 4,200미터. 1979년 완공. 캐나다-프랑스-하와이 망원경 법인.

텔레스코피오 나쇼날레 갈릴레오Telescopio Nazionale Galileo 얇은 3.6미터 단일 거울. 위치: 카나리아 제도 라팔마 로크 데 로스 무차코스, 2,370미터. 1997년 완공. 천문학과 천체물리학을 위한 국립 컨소시엄을 위한 갈릴레오 갈릴레이 센터(이탈리아) 운영.

ESO 3.6-m 망원경ESO 3.6-m Telescope 무거운 3.6미터 단일 거울. 위치: 칠레 라 실라 2,387미터. 1976년 완공. 유럽 남반구 천문대 운영.


■ 70센티미터 이상 되는 굴절 망원경

여키스 40인치 굴절 망원경Yerkes 40-inch Refractor 102센티미터 렌즈. 위치: 위스콘신 윌리엄스 베이, 334미터, 1897년 완공. 시카고 대학교 운영.

릭 36인치 반사 망원경Lick 36-inch Refractor 91센티미터 렌즈. 위치: 캘리포니아 해밀턴 산, 1,280미터. 1888년 완공. 릭 천문대, 캘리포니아 대학교 운영.

메동 33인치Meudon 33-inch(Grande Lunette) 83센티미터 렌즈. 위치: 프랑스 메동, 162미터. 1889년 완공. 파리 천문대 운영.

포츠담 반사 망원경Potsdam Refractor 80센티미터 렌즈. 위치: 독일 포츠담, 107미터. 1899년 완공. 포츠담 천체물리연구소 운영.

소우 반사 망원경Thaw Refractor 76센티미터 렌즈. 위치: 필라델피아 피츠버그, 380미터. 1912년 완공. 피츠버그 대학교 앨러게니 천문대 운영.

루네트 비쇼프세임Lunette Bischoffscheim 74센티미터 렌즈. 위치: 프랑스 그로스 산, 372미터. 1886년 완공. 옵세르바투아 드 라 코트 다쥐르 운영.

그리니치 28인치 반사 망원경Greenwich 28-inch Refractor 71센티미터 렌즈. 위치: 영국 그리니치, 47미터. 1893년 완공. 왕립 그리니치 천문대 운영.

## ■ 1미터 이상인 슈미트 망원경

LAMOST(Large-Area Multi-Object Survey Telescope) 5.70×4.40미터 분할 반사 보정판과 6.70×6.00미터 분할 구형 거울. 위치: 중국 싱룽, 960미터. 2006년 계획. 북경 천문대 운영.

타우텐부르크 슈미트 망원경Tautenburg Schmidt Telescope 1.34미터 보정판과 2미터 구면 거울. 위치: 독일 타우텐부르크, 331미터. 1960년 완공. 카를 슈발츠쉴트 천문대 운영.

오스킨 (팔로마) 슈미트 망원경Oschin (Palomar) Schmidt Telescope 1.24미터 무색 보장판과 1.83미터 구면 거울. 위치: 캘리포니아 팔로마 산, 1706미터. 1948년 완공. 칼텍 운영.

영국 슈미트 망원경United Kingdom Schmidt Telescope 1.24미터 무색 보정판과 1.83미터 구면 거울. 위치: 호주 사이딩 스프링 산, 1,145미터. 1973년 완공. 앵글로-오스트레일리언 천문대 운영.

키소 슈미트 망원경Kiso Schmidt Telescope 1.05미터 보정판과 1.50미터 구면 거울. 위치: 일본 키소, 1,130미터. 1976년 완공. 동경대학교 운영.

ESO 슈미트 망원경ESO Schmidt Telescope 1미터 무색 보정판과 1.62미터 구면 거울. 위치: 칠레 라 실라, 2,318미터. 1972년 완공. 유럽 남반구 천문대 운영.

라노 델 하토 슈미트 망원경Llano del Hato Telescope 1미터 보정판과 1.52미터 구면 거울. 위치: 베네수엘라 메리다, 3,610미터. 1978년 완공. 베네수엘라 센트로 F. J. 두아르테 운영.

뷰라칸 슈미트 망원경Byurakan Schmidt Telescope 1미터 보정판과 1.50미터 구면 거울. 위치: 아르메니아 아라가츠 산, 1,450미터. 1961년 완공. 뷰라칸 천체물리 천문대 운영.

크비스타베르크 슈미트 망원경Kvistaberg Schmidt Telescope 1미터 보정판과 1.35미터 구면 거울. 위치: 스웨덴 크비스타베르크, 33미터. 1963년 완공. 웁살라 대학교 웁살라 천문대 운영.

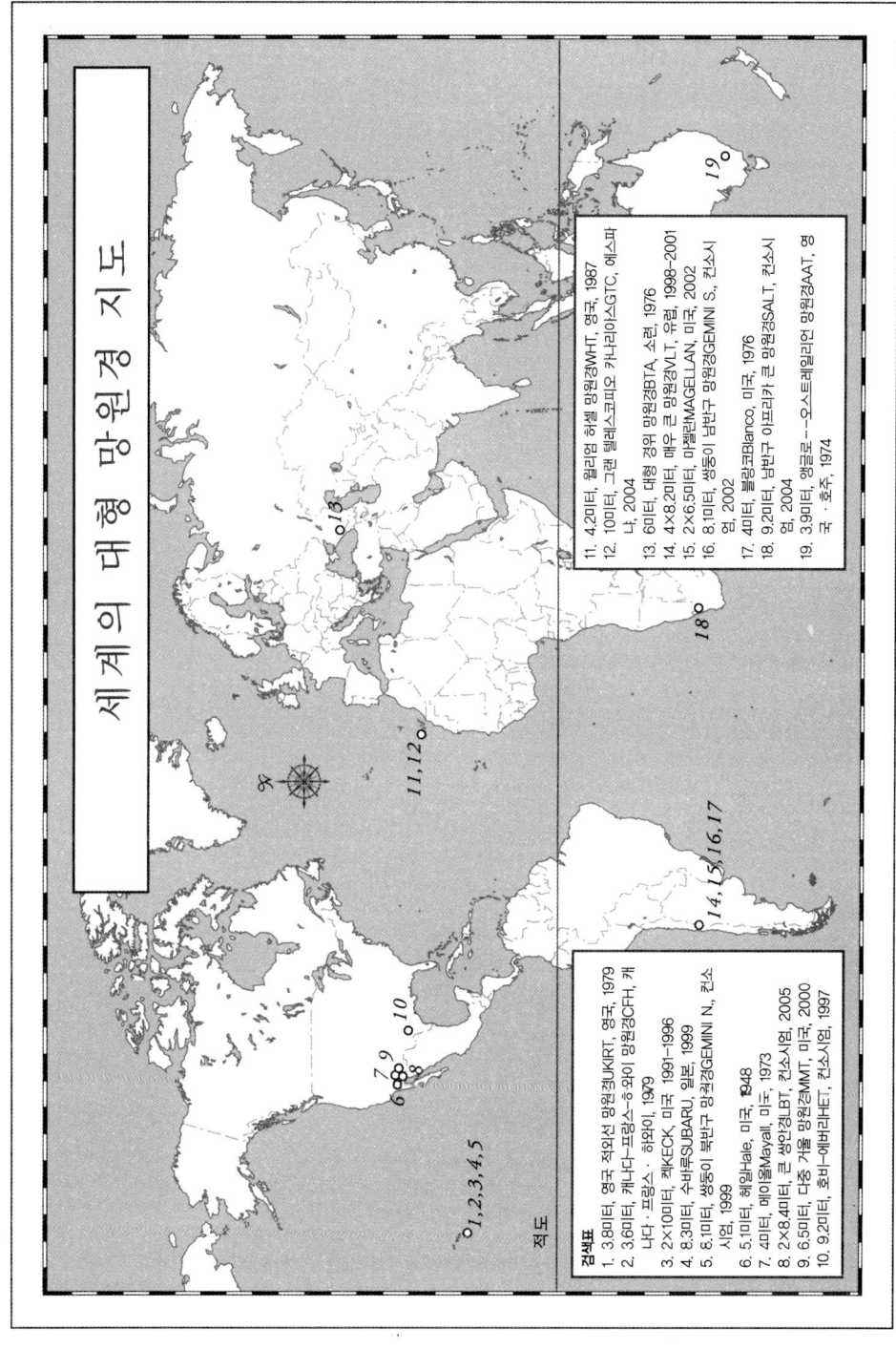

# 감사의 글

고 스파이크 밀리건Spike Milligan은 자신의 첫 번째 소설 서문에 이렇게 썼다. '이 몹쓸 책이 나를 미치게 만들었다.' 그게 정확히 어떤 기분인지 안다. 더 정확하게 말하자면, 《망원경으로 떠나는 4백 년의 여행Stargazer》은 우리 가족을 미치게 만들었다. 내가 가장 많이 고마워해야 할 사람들은 바로 내 가족이다. 트리쉬Trish, 제임스James, 윌Will 그리고 (스코틀랜드에서 원격 조정으로) 헬렌Helen과 애나Anna의 지칠 줄 모르는 도움이 없었다면 불가능했을 것이다.

시드니에 있는 앵글로-오스트레일리언 천문대의 사서 산드라 리케츠Sandra Ricketts가 성심껏 도와주지 않았다면 이 책을 쓰지 못했을 것이다. 산드라는 내가 부탁한 온갖 불명확한 참고 문헌을 찾느라 최선을 다했을 뿐만 아니라 급하게 사진을 찾는 일까지도 눈 하나 깜짝하지 않고 떠맡아주었다. 에든버러에 있는 왕립 천문대의 사서 카렌 모란Karen Moran도 나를 크로포드 소장품으로 기꺼이 안내해주었다. 여러 도서관의 사서들이 큰 도움을 주었다. 특히 벨파스트에 있는 퀸스 대학교와 웨스턴 시드니 대학교의 사서는 도움을 많이 주었다. 앵글로-오스트레일리언 천문대의 폴 카스Paul Cass는 인심 좋게도 천문학에 관한 개인 소장 도서를 볼 수 있게 허락해주었다.

친절하게 서문을 써주었을 뿐 아니라 일생의 영감을 준 패트릭 무어 경에게 감사한다. 데이비드 말린David Malin은 이 책에 들어간 화려한 그림 그 이상의 것을 내게 주었다. 나를 지지해준 사이딩 스프링 천문대의 동료들과 시드니에 있는 앵글로-오스트레일리언 천문대의 동료들에게도 큰 고마움을 전한다.

《망원경으로 떠나는 4백 년의 여행》은 여러 해에 걸친 동료들의 도움과 격려 덕분에 나올 수 있었다. 피터 에이브람스Peter Abrahams, 서크딥 올라Sukdeep Aulakh, 리처드 빙

햄Richard Bingham, 브라이언 보일Brian Boyle, 마릴린 캠벨Marilyn Campbell, 매튜 콜리스 Matthew Colless, 로저 데이비스Roger Davis, 존 도우, 헤이든 가브리엘Hayden Gabriel, 벤 개스코인, 피터 길링햄Peter Gillingham, 이안 글래스Ian Glass, 톰 재릿Tom Jarrett, 케빈 존슨 Kevin Johnson, 닉 롬Nick Lomb, 앨리슨 모리슨-로우Alison Morrison-Low, 이안 니콜슨Iain Nicolson, 패디 오츠Paddy Oates, 웨인 오키스턴Wayne Orchiston, 존 페드릭스John Perdrix, 길버트 새터스웨이트Gilbert Satterthwaite, 알렌 심슨, 데이비드 신든, 존 왓슨과 수 워스윅 Sue Worswick에게 감사한다. 나의 첫 번째 직장 상사인 고故 데이비드 브라운에게 감사한다.

출판사의 이안 바우링Ian Bowring의 통찰력 있는 격려 덕분에 이 책을 쓰게 되었다. 그는 오랜 기획 단계 동안 열정을 갖고 나를 이끌어주었다. 출판사 선임 편집인 엠마 코터Emma Cotter와 함께 일한 것은 큰 영광이었다. 그녀의 진정한 능력 덕분에 책이 모양을 갖추게 되었다. 출판사의 마리 베어드Marie Baird, 엘리자베스 브레이Elizabeth Bray, 조 폴Jo Paul, 엠마 싱어Emme Singer와 루스 윌리엄스Ruth Williams에게도 고마움을 전한다.

《망원경으로 떠나는 4백 년의 여행》은 짐 베넷Jim Bennett, 로널드 브래셔Ronald S. Brashear, 랜달 브룩스Randall C. Brooks, 앨런 채프만Allan Chapman, 존 크리스찬슨John R. Christianson, 오웬 징거리히Owen Gingerich, 리처드 해리슨Richard F. Harrison, 레이몬드와 로즐린 헤인즈Raymond and Roslynn Haynes, 존 헌쇼, 로니스 헤서링튼Norriss S. Hetherington, 알란 허쉬펠트Alan W. Hirshfeld, 마이클 허스킨, 데이비드 레버링턴, 아니타 맥코넬Anita McConnell, 리처드 맥기Rachard McGee, 고 콜린 로난, 엥겔 스루이터Engel Sluiter, 스튜어트 탈보트, 고 빅터 토렌Victor E. Thoren, 알베르트 판 헬덴, 브라이언 워너Brian Warner와 레이 윌슨Ray N. Wilson의 출판된 연구물을 많이 이용했다. 이 조예 깊은 천문학 역사학자들에게 찬사와 감사를 함께 드린다.

1996년에 방문했을 때 나를 친절히 환대해준, 크누스트루프에 있는 티코 브라헤의 생가 소유주인 헬레네Helene와 헨드릭 바크트마이스터Hendrik Wachtmeister에게 감사한 마음을 전할 수 있어서 기쁘다. 마지막으로 영감을 준 안젤라 카턴스Angela Catterns, 로스Ross와 헬렌 에드워즈Helen Edwards, 말크Malc와 로라 하틀리Laura Hartley, 젠 레이시Jen Lacey, 제임스 올로프린James O'Loghlin과 윌리엄과 니나 리드William and Nina Reid에게 고마움을 전한다.

# 옮긴이 후기

과학에 관심 있는 아이들이라면 하나쯤 선물로 받았음직한 장난감. 먼 곳의 물체를 확대하여 똑똑히 볼 수 있게 하는 장비. 밤하늘의 멋진 광경을 보기 위해 인간의 눈을 대신하는 광학 기구. 우주를 이해하는 데 없어서는 안 될 중요한 연구 시설. 이게 바로 망원경이다. 오늘날 망원경은 최첨단 고정밀 광학, 전자공학, 기계공학, 재료공학 등의 결정체이다. 더 이상 구경이 10미터인 망원경이 우리가 가질 수 있는 가장 큰 망원경이 아니다. 뿐만 아니라 우주 공간에 망원경을 쏘아 올려 원하는 대상을 관측하고 어마어마한 양의 자료를 지상으로 송신하는 것이 당연하고 자연스럽기까지 하다. 오늘날 망원경은 흔하디흔한 물건이지만 동시에 초정밀 과학과 최첨단 공학의 혼합체이기도 하다.

2008년 9월 25일은 역사상 처음으로 망원경의 특허가 신청된 지 꼭 4백년이 되는 날이다. 이 세상 여느 물건과 마찬가지로 망원경이 오늘날의 모양을 갖추게 된 것이 한 순간에 당연하고 자연스럽게 주어진 것은 절대 아니다. 망원경은 누가 왜 만들게 되었을까? 망원경이 어떻게 세상에 알려지게 되었을까? 망원경을 누가, 지금의 형태로 발전시켰을까? 망원경은 언제부터 하늘을 보는 데 사용되었을까? 신비한 우주를 탐구하는 데 망원경이 어떤 역할을 하고 있는가? 망원경에 얽힌 이야기는 궁금하기만 한데 여전히 잘 알려지지 않고 있고 실제로 확인되어야 하는 부분도 많다. 사실 누가 정확히 언제 망원경을 발명했는가는 한참을 따져도 끝이 없는 이야기일지 모른다. 심지어 전설속 북방정토인들이 망원경으로 달을 보았다는 문헌도 있어 망원경과 관련된 역사를 다루는 사람들을 당혹스럽게 만든다.

이 책은 이런 궁금증과 관련된 망원경 이야기를 천문학에 관심이 있는 사람은 물론 망원경 공학에 관심이 있는 사람 그리고 일반 독자에게 들려주기 위한 책이다. 망원경의 작동 원리를 기술적으로 설명하는 책은 많다. 사실 망원경의 역사와 관련한 천문학사에 관한 책 또한, 우리 주변에서 쉽게 구할 수 있다. 하지만, 이 책은 그러한 관측천문학 또는 역사천문학과 관련된 책들이 망원경을 소개할 때 흔히 사용하는 방식과 내용으로 꾸며진 책이 아니다. 망원경의 야사와 정사에 대한 해박한 지식을 갖춘 저자가 자신만의 독특한 방식으로 흥미롭게 쓴 책이다. 저자의 개인적인 견해와 편향된 생각이 중간중간 묻어 있기는 하지만, 주변에서 구할 수 있는 책에서 쉽게 읽을 수 없는 흥미진진한 이야기로 가득한 책이다. 게다가 에필로그는 저자의 상상력의 극치를 보여준다. 거기에서 미래의 망원경과 관련된 이야기를 통해 앞으로 천문학계에서 벌어질 수 있겠다 싶은 일을 전망해 보는 안목을 갖게 한다.

망원경의 발달사는 단순히 어느 특정한 기구의 개선 사례 모음이 아니다. 망원경의 역사는 인류의 세계관과 인식 체계가 어떻게 변화하고 있는지 보여주는 가치관의 발전사와 깊은 연관이 있다. 더 강력한 망원경의 개발로 인류는 '모르고 있다'는 개념조차 없던 더 많은 것을 발견하게 되었다. 더 넓은 우주를 대할 때 인류가 이해해야 하는 우주의 크기 자체는 인류가 우주를 이해하는 속도보다 훨씬 더 빠르게 커졌다. 이는 가치관의 혼돈과 새로운 가치관의 생성을 의미한다. 갈릴레오가 처음으로 망원경을 사용해 목성 주위를 돌고 있는 위성들을 발견했을 때도 그랬다. 지구의 달 외에 인류에게 알려진 첫 번째 위성들이었다. 물론 당시의 과학자들 가운데서도 수학적으로 코페르니쿠스의 지동설을 인정한 사람들이 있었다. 하지만 그들이 수학과 자연을 하나로 보지 않았다는 점에서 갈릴레오와 구분된다. 그들은 수학적으로는 코페르니쿠스의 지동설이 가능하지만, 실제 자연은 그 수학적 의미와 관계가 없다고 생각했다. 반면 갈릴레오는 자연이 수학적이며 수학은 자연의 언어이기 때문에, 수학이 자연을 이해하는 열쇠가 될 수 있다고 믿었다. 그리고 망원경을 이용한 '실험'을 통해 그러한 세계관을 확신하게 되었다. 오염되지 않은 감각으로 인지되는 것들만 '자연과학'으로 인정하던 중세의 아리스토텔레스학파 철학자들에게, '순수 수학'이 자연을 이해하는 도구가 될 수 있다는 것은 결코 받아들일 수 없는 새로운 철학이었던 것이다. 그 당시 사람들이 처음에 망원경을 사용해서 얻은 관측 결과를 함께 '보고도' 믿지 않았던 것이 바로 이 때문이었다. 갈릴레오는 어떻게 추상적 수학적 개념이 관측과 세심한 측정을 통해 자연을 이해하는 데 하나가 될 수 있는지 망원경을 통해 우리에게 보여주었다. 갈릴레오의 종교재판은 종교재판의 모양을 갖춘 이데올로기 즉, 의식 체계의 전쟁인 셈이었다. 지난 4백년 동안의 망원경 역사는 한결같은 마음을 가진 사람들이 쓴 역사다. 이들은 지난번 것보다 더 좋은 망원경을 제작해야 한다는 동기를 가진 사람들이었다. 더 좋은 망원경은 그들에게 새로운 우주관을 의미했기 때문이다.

어렵게 부탁드린 추천의 글을 흔쾌히 써주신 나일성 교수님께 감사와 존경의 마음을 표하고 싶다. 나일성 선생님은 번역자로서 부족한 옮긴이에게 용기를 주는 격려의 글을 써주셨을 뿐 아니라 한결같이 성실함으로써 학자로서 모범이 되어주셨다.

이 책을 출판할 수 있도록 허락해주신 '도서출판 사람과 책'의 이보환 사장님과 여러 모양으로 많이 도와준 직원 여러분께도 감사의 마음을 전한다. 특별히 전유선 편집 팀장님께 고마움을 전한다. 원저자인 프레드 왓슨이 이 책의 원출판사인 알렌앤언윈의 권유로 글을 쓰게 되었다고 하던데 어떤 우연의 일치인지 옮긴이 역시 전유선 팀장님의 느닷없는 '한밤중' 전화로 이 책의 번역을 시작하게 되었다. 귀중하고 유익한 책을 번역할 수 있도록 즐거운 기회를 준 데 대해 감사한다. 번역을 끝낼 수 있도록 여러 주 동안 지루한 주말을 참아준 사랑하는 가족 이수연, 장예린, 장예원에게 고마운 마음을 전하고 싶다. 내가 '미치게 만들지' 않았다 해도 지루하게는 만들었을 테니까 말이다.

# Index

## 찾아보기

### ㄱ

가대
  경위식 274
  그럽식 206
  나스미스식 216, 217
  멍에식 261
  적도의식 252, 256
  포크식 219, 260
  프라운호퍼식 193
  허셜식 176
가시광선 210, 243, 280, 284-285, 291-292, 313-314
가우스, 카를 프리드리히 237
갈릴레오식 망원경 39, 41, 51, 56, 74-75, 79-80, 92-93, 111, 113
  군사용 80
  시야 75-76, 81
감각, 확대된 인간의 53
감마선 폭발체 285, 287
감자 기근 214
개스코인, 벤
개스코인, 윌리엄 232-233, 278, 356
개신교주의 49-50, 148
거대한 멜버른 망원경 227, 230-236, 239, 240, 247, 256, 275
  거울 주조 227-229
  화재로 인한 손실 234-235
거대한 분할 거울 망원경 302
거울
  알루미늄 코팅 272
  오목거울 33, 104, 111, 125, 132, 162, 165, 174, 178, 268
  은 코팅 226, 256

태양열 수렴 거울 35, 37
포물면 – 포물면 거울을 보시오.
거울 망원경 – 반사 망원경을 보시오.
거울 제작
  광택 36, 126, 131-132, 137, 144-145, 159, 178-179, 186, 208, 211, 217, 218, 226, 231
  무정위 지지 219
  연마 48, 162, 178, 211, 229, 231, 256-257, 261
  진공 침전 273
  표면 정확도 257
  피겨링 163, 165-166, 169
게이츠, 빌 25, 43
경도 94, 123, 261, 277
경사축 193
경위식 설치 216
고대의 영국인 45
고티에, 폴 253
공중에 걸린 망원경 99, 160
광각 천체 사진기 240
광전측광 233
광택 연마용 송진 48, 131-132, 182, 277
광학 기계상 – 안경 제작자를 보시오.
광학 망원경 208, 210, 278, 280, 283-285, 292-293, 298, 301, 304, 308
광학 프리즘 239
구경 10, 23, 81, 96, 157, 163, 166, 177, 180-181, 208, 210, 219, 224, 240, 256, 259, 267, 274, 303, 306
구경병 10-11, 167, 177, 300-301, 304, 306
구면 수차 86-87, 109, 126, 141, 157, 264, 267
구상 성단 176

구이난드, 피에르 루이 189-191, 195-196, 248, 251
국제 자외선 탐사선 IUE 285
국제적 가상 천문대 286
국회, 헤이그 52
  의사록 55
굴절 망원경
  가장 큰 239, 247
  갑작스런 등장 32, 34
  매우 긴 96
  색 수차 184
  20세기 최고품 239
굴절 광학계 125
그랑 루네트 253
그럽 파슨스 276-278
그럽, 토머스 204, 206, 208, 224, 227, 232, 248, 257, 275, 277
  지렛대가 있는 거울통 206
그럽, 하워드 경 227, 247-248, 250, 256, 275-276
그레고리 제임스 112, 112-129, 132, 134-139, 160, 164
  망원경 분석 124-125
그레고리, 데이비드 142-143
그레고리식 망원경 125-127, 136, 165-166, 169, 186
그로스테스테, 로버트 43
극대형 망원경 302-303
극축 24, 192-193, 198, 200-201, 219, 233-235, 260-261, 274
근시 38, 40
근적외선천문학 284
금성 71, 96, 149
  위상 71

360

태양면 통과 149
금속거울 126, 131-132, 162, 165, 167, 170-171, 173, 176, 180, 184, 186-187, 203, 206, 208, 215, 217-219, 222, 224, 226-228, 231, 256
급수 전개 123
기구
    독일 광학 기구 239, 254
    맨눈을 위한 기구 20, 23
기구 제작자 238
길, 데이비드 258

## ㄴ

나선 은하 214, 263
나스미스 초점 217
나스미스, 제임스 215, 216-219, 224
    망원경 215-219
남극 대륙 297
납유리 144, 150-151, 157, 188-189
내란(영국) 83
내열유리 233, 272-273
노안 37, 46
눈렌즈 82, 89, 93
눈의 해상도 23
뉴게이트 감옥 140
뉴웰 망원경 247
뉴웰, 로비트 스털링 247
뉴턴, 아이작 경
    광택 방법 131
    논란 127, 136-137, 159
    반사 망원경에 대해 133, 141, 142
    스펙트럼 발견 130, 242
    운동 법칙 129

중력 법칙 129
《프린키피아》 129, 137
뉴턴식 망원경 138-139, 160, 170, 174, 208
님루드 렌즈 46-47

## ㄷ

다 빈치, 레오나르도 49
다르키, 앙투안 153
다목표 기술 270
다중쌍 적응광학 303, 305, 309
다중초점 렌즈 40
달
    분화구 66, 217
    산의 높이가 계산된 69
    사진 231
    지도 95
    해리엇의 그림 66, 67
대기의 굴절 24
대기의 요동 283, 294, 297, 303
대물렌즈 47-48, 51, 86
    뉴턴식 143
    호이겐스식 긴초점 100
대적도의식 혼천의 24-25, 31, 193
대폭발 279, 280, 286, 310
대형 경위 망원경 273
데 라이타, 안톤 마리아 쉬름 81
데 베르세, 헨리 134-136
《데 스텔라 노바》 22
《데 이리데》 43
데이모스 247
데카르트, 르네 69, 86, 108-110, 112, 124, 134, 138-139

델라 포르타, 지오바니바티스타 38-40, 42, 60
도립상 망원경 76, 80
도우, 존 270
독일식 적도의식 193, 198, 205, 219
돌런드, 사라 156
돌런드, 엘리자베스 149
돌런드, 존 148-151, 156-157, 160, 164
돌런드, 피터 149, 151, 154-158
돌런드와 그의 아들 149
    망원경과 부속품 152
    무색렌즈 151, 153, 155-156
돌런드와 에잇키슨 149
돔, 위아래로 움직이는 마루가 있는 250-252
동역학 71
드 라 루, 와랭 257
드 레스토이, 피에르 65
드래퍼, 헨리 258
디게스, 레오나드 34
디게스, 토머스 32-33
디오도로스 45
《디옵트리스》 74, 76-77, 79, 80
    86번째 정리 76
《디옵트리크》 86, 109, 124
딕, 토머스 188
W.M. 켁 망원경 274, 280

## ㄹ

라베이리, 앙투안 312
라셀, 윌리엄 217, 224, 227, 257
    48인치짜리 망원경 219-220, 227

# Index

라슨, 게리 293
라이헨바흐, 게오르크 프리드리히 폰 189, 195
란차우, 하인리히 29
람스덴, 이새 146, 150, 155-156, 177
러더퍼드, 루이스 258
러셀, 플로시 216
레버, 그로트 282
레이어드 렌즈 – 님루드 렌즈를 보시오.
레이어드, 오스틴 헨리 46
레코드, 로버트 43
렉셀, 안데르스 요한 172
렌, 크리스토퍼 94
렌즈
    선사 44-45
    수차를 갖는 성질 86
렌즈 제작 82, 100, 145, 162, 169, 191
    가공되지 않은 납유리 원재료 188
    곡률 48, 87, 106, 132, 163, 267, 288
《로 스페치오 우스토리오》 138-139
로난, 콜린 34
로네이, 프랑수아 135
로마 가톨릭교회 42, 49, 70
로빈슨, 토머스 롬니 203
로스, 파슨스 백작 207
로워, 윌리엄 경 66, 69
록펠러 재단 271
롭티크 251, 253
루돌프 2세 73
루돌프 표 78
루이 14세 98
《르 몽드》 109, 138
르 쉬외르, 알베르 231
르네상스 시대 16

리브, 리처드 92, 126-127, 129, 135, 145
리치, 조지 윌리스 259
리퍼라이, 한스 51-52, 55-56, 61, 63
    국회와 면접 54
    특허 신청 54
릭 망원경 250
릭 천문대 248-250
릭, 제임스 248, 250
릭, 존 248

## ㅁ

마르실리, 케사레 104
마리우스, 시몬 59, 67, 81
마셜, 존 94
마스켈린, 네빌 153, 172
《마시나에 코엘레스티스》 97
마우리츠, 나사우의 왕자 50, 52-54, 59
마크리 굴절 망원경 205
막시밀리안 요제프 왕자 190
만, 제임스 145-146, 148
말러, 프란츠 요제프 240
망원경
    매우 긴 93
    선사 31-47
    애매한 시작 60
    자연의 발명품 286
    처음 등장 50
    초기 이름 56
망원경 시야 83
망투아 251, 253
매우 큰 망원경 302
매슈스, 프랜시스 155

매클로린, 콜린 164
맥클리어, 토머스 223
맥키, 빅 짐 277
메디치의 별 64
메디치 가문의 코시모 2세 64
메르센, 마랭 110
    거울만 있는 망원경 110
메르츠, 게오르크 240
메티우스, 야코프 41, 57
멜버른 천문대 225, 230
모차르트, 레오폴트 153
목성 64, 67, 69-70, 73, 80-81, 96, 138, 148, 186-187, 310-311
    구름 띠 80
    위성의 발견 73, 81, 96
무색 망원경의 발명에 관한 관측 147
《문두스 요비알리스》 67
    뮌헨 연구소 – 수학과 기계 연구소를 보시오.
미적분학 123
    적분 138
밀러, 윌리엄 244

## ㅂ

바데, 발터 266
바도브레, 자크 68
베레느, 앙드레 135
바이셜베르거, 필리프 190
바이킹의 수정렌즈 46
바클레이, 앤드루 185, 215
반 마넨, 아드리안 262
반 헬덴, 알베르트 39, 60

반사 망원경
    거울면 문제 105
    발명에 관한 논쟁 34
    복합 112
    성공적 이론 108, 134
    유리에 은을 입힌 240, 254
    짧고 폭이 넓은 259
    카세그레인의 발명 135-136
반사 광학계 125
반사 굴절 광학계 125
발광선 242-245
발광선 스펙트럼 243
방위각 174
배비지, 찰스 경 199
배스, 조지 145, 151
배율 53
뱅크스, 요셉 경 178, 182
버드, 존 148
버든, 조지 225
베셀, 프리드리히 빌헬름 194
베스트팔렌 조약 50
베이컨, 로저 42, 44-45, 103
벤 19, 21-22, 24, 26, 28-31, 46
    주민들의 행동 30
벤티볼리오, 구이도 54, 68
별 목록 258
별의 스펙트럼 241, 243-244, 270
별의 시차 171
보나파르트, 나폴레옹 187
보데, 요하네스 172
보이크틀랜더, 요한 프리드리히 62
보일, 로버트 94, 128
본, 윌리엄 32, 34
    초보적 망원경 34

복사 285, 292
《복소수 함수의 이론》 122
부지, 가장 좋은 관측 조건에 대해 평가된 296
북방정토인 45
분센, 로베르트 242
분할 거울 기술 303
분해능 23
브라운, 데이비드 스캐처드 276
브라헤, 요르겐 14
브라헤, 티게 – 티코 브라헤를 보시오.
브라헤, 티코
    고정밀 관측 25
    보철코 13, 18
    복합 모형 26
    우라니아의 성 20
    유산 25
    인쇄소/제재소 27, 30, 38
    죽음 13
    천문대 21
브람스, 요하네스 236-237
부루노, 지오다노 71
블랙홀 287, 298, 314
블레어, 토니 95
비구면 86-87, 109, 126, 137, 142, 162-163, 165, 169, 278, 293
비젤, 요하네스 82
    망원경 가격 85
    사용법 89
    토성의 그림 89
비텔로 103, 124
빅토리아, 금광의 발견 225
빛
    굴절 42, 106, 131, 141-142

백색광 86, 123, 130, 144, 242-243
    '보이지 않는 빛' 183
분산 123
스펙트럼 130
파장 87, 130, 242-243, 272, 291

## ㅅ

사그레도, 잔 프란체스코 104
사르피, 파올로 68
사우스, 제임스 경 196-197, 201-203, 209
    천문대 201
사이딩 스프링 천문대 269, 296, 301, 354
사진
    광각 240
사카라이센, 요하네스 59
삼중렌즈 157
상의 질 85, 93, 146, 148
새천년을 향한 강력한 망원경과 기기 28, 195, 291, 298, 301, 307
색 수차 87
색 수차 및 구면 수차가 없는 렌즈 157
생 고뱅 유리 공장 260
샤이너, 크리스토프 76
샤프, 아브라함 95, 146
성도 268
성운 64
    나선 팔 177
    밝게 빛나는 기체 245
    M51 214
세인트앤드루스 대학교 122-124, 277
세인트앤드루스 성당 122
세페이드 변광성 262

# Index

소비세 188
쇼트, 오토 238
쇼트, 제임스 150-151, 164-165, 167, 169-170
    망원경 150, 164, 169
수성 71, 92, 126
    태양면 통과 126
수학과 기계 연구소 189-190
술레이만 술탄의 죽음 18
쉽생크스, 리처드 196-202, 209
슈미트 망원경 268-270, 277
슈미트, 베른하르트 볼데마르 265
슈타인하일, 카를 아우구스트 폰 256
슈트루베, 빌헬름 193
스네이블리, 바바라 248
스넬, 빌레브로르드 69
스로우턴, 에드워드 198-199
스미스, 로버트 163
스미스, 애디슨 155
스미스, 찰스 피아치 257
스칼렛, 에드워드 145-146
스테르네보르그 20, 23-24, 30
스트라다누스, 요하네스 58
스트랫포드, 에드워드 197
스트롬를로 산 천문대 233, 282
    산불로 파괴된 234, 235
    영연방 태양 천문대를 함께 보시오.
스펙트럼 130
스펙트럼 분석 243, 246
스푸트니크 1호 284
스피놀라, 암브로기오 51
스피처 우주 망원경 286
《시데레우스 눈치우스》 64, 67-70
    편견 없는 문제 69

표지 64
시데로스탯 252
시리우스 243
시상 209
시야 23
신든, 데이비드 206-207, 276, 278
신성로마제국 50
실베스테르 2세 43
심스, 윌리엄 198-199
심슨, 알렌 126, 128
쌍곡면 렌즈 127
쌍안경 33
4미터짜리 망원경 274-275, 298-301
12년간의 휴전 협정 50

## ㅇ

아레치보 망원경 283
아리오티, 피에로 139
아베, 에른스트 237, 238
《아스트로노미아 노바》 25, 70
아부 알리 알 하산 이븐 알 하이담-알하젠을 보시오.
아시리아인 44
아이스코프, 제임스 148
아인슈타인 고리 288
아인슈타인, 알베르트 287
안경 제작자 49, 51-52, 57, 59-60
안경, 초기 역사 37
안경상 58
안드로메다은하 80-81, 262
알마 망원경 206
알하젠 102-104, 124

암흑 물질 233, 280, 288, 309
암흑 에너지 280, 309
앙리, 폴 258
앙리, 프로스페르 258
애덤스, 월터 시드니 주니어 263
앤 여왕 137
앵글로-오스트레일리언 망원경 269-270, 277, 301, 309
야웰, 존 94
얀센, 사카리아스 59
양성자 286
에어리, 조지 경 199, 223-224
엑스선 285-286, 291-292, 269
엘러리, 로버트 230
여키스 굴절 망원경 251
여키스, 찰스 타이슨 250
연속 스펙트럼 243
영, 토머스 242
《영국 기계학과 과학의 세계》 186
영국 슈미트 망원경 269, 277
영국 적외선 망원경 351
영국식 적도의식 198
영연방 태양 천문대 233
오리온성운 220
오베르, 알렉산더 174
오스킨 슈미트 망원경 269
《오스트레일리언 저널》 230
오웬-일리노이 275
오일러, 레오나르드 150
오페라용 소형 망원경 39, 62
《오푸스 마이우스》 42, 44
옥스, 잉거 14
올덴버그, 헨리 136
《옵티카 프로모타》 124-125

《옵티카 필로소피아》 104
《옵틱스》 130, 132, 143, 160
《완벽한 광학계》 163, 169
왓슨, 윌리엄 170-171, 173
왓슨, 프레드 182, 270
왓킨스, 프랜시스 154-155
왕립 그리니치 천문대 84, 283
왕립 천문학회 178, 197, 202
    인장 178
왕립 학회
    남반구 망원경 위원회 224, 226
    코플리 메달 146, 153, 173
    《필로소피컬 트랜스액션스》 137, 151, 164, 208
    회의 일지 160
외계 생명 310
요르겐스다터, 키르스텐 30
우라니보르그 19-23, 26-27, 30-31
우주
    코페르니쿠스 모형 16, 194
    팽창하는 279-280
우주 망원경 231, 283-286, 295, 308
우주론 279-280, 286, 288, 309-311
우주선 211, 284-286, 292, 311-312
우트자흐나이더, 요제프 촌 190
울러스턴, 윌리엄 242
울리, 리처드 반 데어 리엇 283
워너와 스웨이지 250-251
워쉬풀 컴퍼니 오브 스펙터클 메이커 154, 157-158
월식 18
위치 정확도 24
윌리엄 허셜 망원경 275, 277
윌슨 산 천문대 260, 262-263

윌슨, 레이 108
윌슨, 윌리엄 파킨슨 225
유럽 남반구 천문대 301, 309
유로50 302
유리 제작 195
은하 15
    지도 270
은하수 64, 69, 177, 183, 281
이중퀘이사 287
이중렌즈 153
이중성 84, 149, 171, 183, 193-194, 196, 199, 210, 223, 240
일반 상대성 이론 288, 298
OWL 303-305, 307, 309

## ㅈ

자오선 211
자이델, 루트비히 폰 237
잰스키, 칼 구데 281
적외선천문학 269, 284
적외선천문학 인공위성IRAS 285
적응광학 297
전자 감지기 258, 274
전자기파 스펙트럼 291-292
전파 망원경 218, 282-283
    배열 283
전파천문학 282-284, 287, 292
전하결합소자 269
점성술 17
접안경 측미계 84
정립렌즈 79, 82
제1차 세계대전 266, 275

제2차 세계대전 265, 268, 271, 280, 282
제곱킬로미터 배열 283, 309
제로듀어 275
제르베르, 오릴락 43
제임스 웹 우주 망원경JWST 295, 308
제퍼슨, 토머스 153
조드럴 뱅크 282
조지 3세 153, 172, 178-179
종교개혁 49, 122
주판 43
중력렌즈 288-289
중성미자 286
중성자별 298
지구에서 반사된 빛 41
지상용 망원경 81, 85, 93

## ㅊ

차이스, 로더리히 238
차이스, 카를 238
찬드라 엑스선 천문대 285
찰스 1세 83
찰스 2세 92, 94-95, 128
창문 망원경 35-36, 39
챔프니스, 제임스 155
천문 기기 297
    보조 장치 297
천문학용 망원경 – 도림상 망원경을 보시오.
천왕성 182
    발견 182
    위성 182
천체물리학 242
《천체물리학 저널》 263-264

천체생물학 310
체로 빠라날, 칠레 301
초(각초) 293
초서렌즈 202, 203
초서, 로베르―아글리 196, 198, 205
초서, 제프리 103
초신성 21-22
초점거리 36
초점비 259
최대 구경 망원경 302
추키, 니콜로 104
측지학 94

## ㅋ

카네기 연구소 260
카라바기, 케사레 104
카르타고인 44
카르트 두 시엘 258
카발리에리, 보나벤투라 프란체스코 138
카세그레인 형식 224
카세그레인, 로랑 135
　　　망원경 도안 136
카시니, 장 도미니크 96
카이사르, 율리우스 44
카테시안 좌표계 109
《카톱트리키 에 디옵트리키 스페리키 엘리멘타》 142
카펜터, 제임스 217
칼텍 302
캄파니, 주제페 127
캐빈디시, 찰스 경 84, 86-87, 127
《캔터베리 이야기》 103

커먼, 앤드루 258
케플러, 요하네스
　　개선된 망원경 74
　　위성에 관한 생각 73
　　행성 운동에 관한 법칙 26, 70, 77-78
케플러가 해결한 26, 75
케플러식 망원경 75-76, 79-80, 82, 85, 92
켁 I · II―W.M. 켁 망원경을 보시오.
코닝 272
〈코덱스 레스터〉 25
〈코덱스 아틀란티쿠스〉 41
코마 264-265, 273
코페르니쿠스 16-17, 26, 70-71, 194
콕, 크리스토퍼 94, 126, 128, 145
콕스, 존 94
콤프튼 감마선 천문대 285
콥슨, 에드워드 122
쿠퍼, 에드워드 204-205, 224
　　마크리 망원경 204-205
쿡, 제임스 선장 149
쿡, 토머스 240, 247
크누스트루프, 스웨덴 14
크라운 유리 144, 150-151, 157, 248-249
크롬웰, 올리버 83
크리스티안 4세 28
크림 전쟁 224
클라비우스, 크리스토퍼 68
클라크, 앨번 241, 247-248, 251
클레멘트 4세 42
클링겐스티르나, 사무엘 150
키르히호프, 구스타브 242
킹, 헨리 36, 66, 166, 214

## ㅌ

타원면 거울 165
태양 스펙트럼 242-243
태양계 15-16, 26, 72-73, 149, 168-169, 194, 234, 310-311, 313
　　지구 중심 이론 16
태양 측미계 149
텔레스코피욲 56
토성
　　바클레이의 그림 187
　　발견된 위성 96, 182
톨레미 16-17
통 시력 44
투크, 크리스토퍼 66

## ㅍ

파리 만국박람회 망원경 333
파리 천문대 94, 96, 226, 253, 257
파스버그, 맨드럽 13, 17
파슨스, 로렌스 214
파슨스, 윌리엄 브렌던 215
파슨스, 윌리엄 206-207
　　파슨스타운의 레비아탄 210, 212, 214
파슨스, 찰스 경 276
파키스 전파 망원경 282
《판토메트리아》 32-34
팔로마 산 천문대 268
팔로마 슈미트 망원경―오스킨 슈미트 망원경을 보시오.
퍼거슨, 제임스 168
페르스피실럼 67, 74

페일, 샤를 248
페츠발, 요제프 237
평철렌즈 89, 93, 132
포물면 거울 109-111, 126, 138, 265-267, 273
    코마 264
포보스 247
폰타나, 프란시스코 80
푸코, 레온 255
    칼날 검사 257
    프랭클린, 벤자민 40
푸크스, 요한 필리프 59, 67
프라운호퍼, 요제프 폰 190, 237
    도르파트 굴절 망원경 240
프라운호퍼선 242
프레데리크 2세 22, 28
프레데리크 헨드리크 왕자 54
프로스트, 도미니크 168
프록시마 센타우리 311
프리드리히 대제 153
프리즘 쌍안경 239
플램스티드, 존 94, 123
플로이드, 리처드 S. 248
피프스, 사무엘 91
피펀치, 헨리 155
필드, 매리 207
《필로소피에 나투랄리스 프린키피아 마테마티카》 129
필리페 2세 50
8미터짜리 망원경 299-300, 302, 304
80년 전쟁 50

## ㅎ

하들리, 조지 162
하들리, 존 162
    반사 망원경 162-164
하들리, 헨리 162
《하모니 유니베르셀》 110
《하모니세스 문디》 78
항성분광학 241
항해용 팔분의 163
해리엇, 토머스 66, 69-70
해왕성 218
    트리톤 위성 218
핼리 에드먼드 94
행성상 성운 245
허블 우주 망원경 230-231, 285, 295
허블, 에드윈 포웰 262
허셜, 매리 181
허셜, 알렉산더 174
허셜, 윌리엄 167, 170-172, 179, 184, 245, 275, 277, 281
    거대한 20피트짜리 망원경 171, 174-176, 178-181, 216
    게이징 177
    관측 기술 180
    궁중 천문학자 173, 181
    행성 발견 172
    7피트짜리 망원경 170, 1/2, 174, 176
    40피트짜리 망원경 175, 77, 179, 180-182, 184, 208, 216
허셜, 존 178, 222, 224
허셜, 캐롤린 167-168, 170, 178-181, 183
허스킨, 마이클 181, 201, 209
헤벨리우스, 엘리자베스 100
헤벨리우스, 요하네스 27, 95, 217
    달 지도 95
    불에 타버린 천문대 97
    슈퍼 망원경 96
    토성의 그림 90
헤일 망원경 271-273, 275
헤일, 조지 엘러리 250, 260, 270-271
혜성 23, 26, 101, 129, 169, 172, 181, 246, 259, 264
호이겐스 접안경 93, 96, 146
호이겐스, 마가레트 246
호이겐스, 윌리엄 241, 243-247
    분광기 240-241, 244-245
호이겐스, 콘스탄테인 100
호이겐스, 크리스티안 91-93, 95, 99, 100, 111, 124, 146, 160, 213
호일, 프레드 279
홀, 아이샵 247
홀, 체스터 무어 143-147, 149, 151, 153-154, 158
화성 26, 96, 186, 247, 308, 310
    발견된 위성 247
확대경 37, 48, 51, 75
회절격자 123
후커, 존 D. 261
후크, 로버트 94, 127, 159
흡수선 242, 244
흡수선 스펙트럼 243
《히스토리아 코엘레스티스 브리태니커》 95, 146

**망원경으로 떠나는 4백 년의 여행**
Stargazer: The Life and Times of the Telescope

지은이 | 프레드 왓슨 • 옮긴이 | 장헌영

1판 1쇄 인쇄 | 2007년 2월 28일
1판 1쇄 발행 | 2007년 3월 19일

펴낸이 | 이보환
펴낸곳 | 도서출판 사람과책
등  록 | 1994년 4월 20일(제16-878호)

주  소 | 서울시 강남구 역삼1동 605-10 세계빌딩 5층
전  화 | 02-556-1612~4 • 팩스 | 02-556-6842
이메일 | manbook@hanafos.com • 홈페이지 | http://www.mannbook.com

ⓒ 도서출판 사람과책 2007
Printed in Seoul, Korea

ISBN 978-89-8117-098-1  03440

• 잘못된 책은 바꾸어 드립니다.
• 값은 뒤표지에 있습니다.

「이 도서의 국립중앙도서관 출판시도서목록(CIP)은 e-CIP 홈페이지(http://www.nl.go.kr/cip.php)
에서 이용하실 수 있습니다. (CIP제어번호: CIP2007000519)」

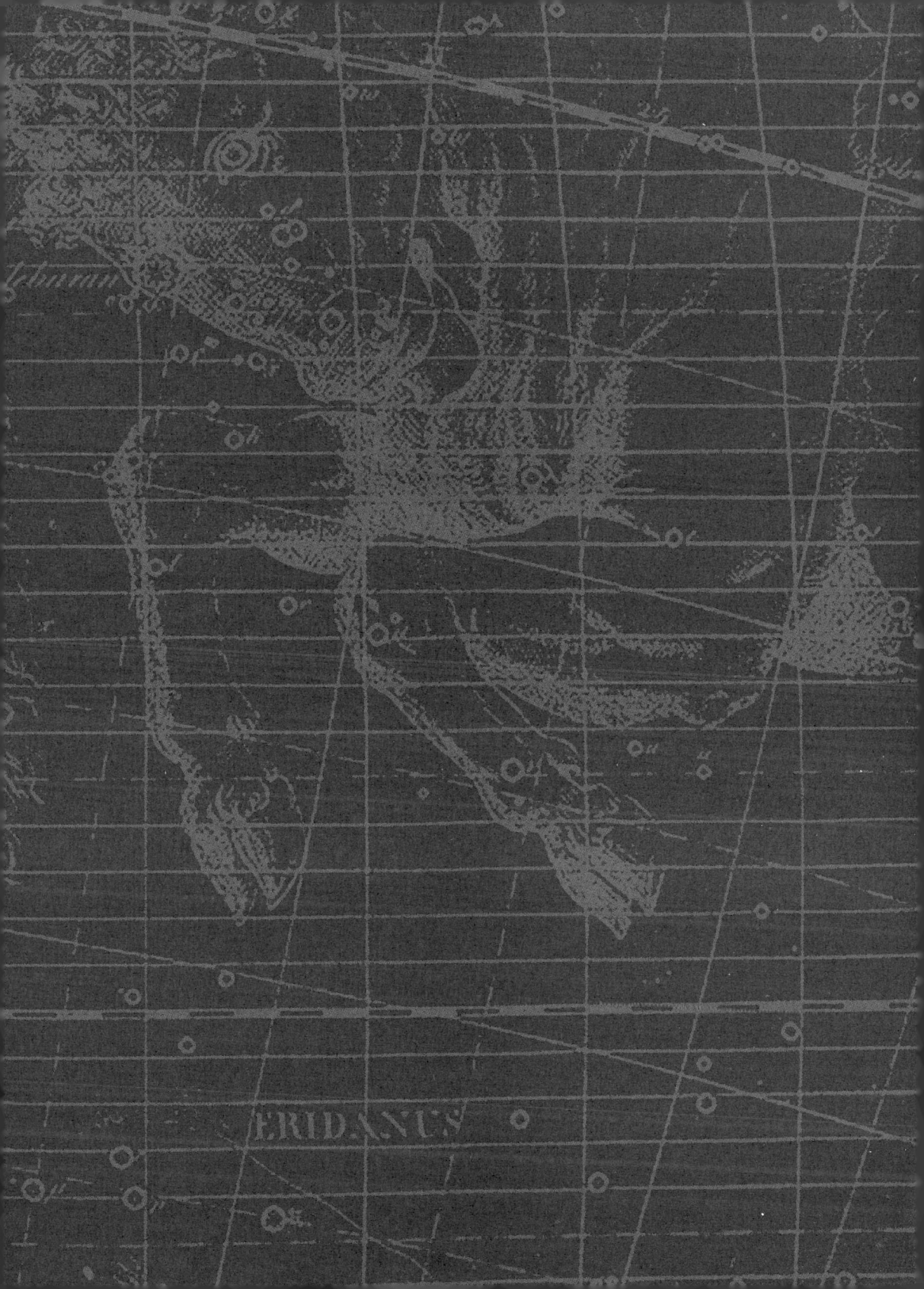